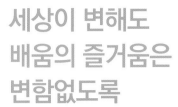

세상이 변해도
배움의 즐거움은
변함없도록

시대는 빠르게 변해도
배움의 즐거움은
변함없어야 하기에

어제의 비상은
남다른 교재부터
결이 다른 콘텐츠
전에 없던 교육 플랫폼까지

변함없는 혁신으로
교육 문화 환경의 새로운 전형을
실현해왔습니다.

비상은 오늘, 다시 한번
새로운 교육 문화 환경을 실현하기 위한
또 하나의 혁신을 시작합니다.

오늘의 내가 어제의 나를 초월하고
오늘의 교육이 어제의 교육을 초월하여
배움의 즐거움을 지속하는 혁신,

바로, 메타인지 기반 완전 학습을.

상상을 실현하는 교육 문화 기업 비상

메타인지 기반 완전 학습

초월을 뜻하는 meta와 생각을 뜻하는 인지가 결합한 메타인지는
자신이 알고 모르는 것을 스스로 구분하고 학습계획을 세우도록 하는
궁극의 학습 능력입니다. 비상의 메타인지 기반 완전 학습 시스템은
잠들어 있는 메타인지를 깨워 공부를 100% 내 것으로 만들도록 합니다.

개념+유형 **파워**

공부 계획표

4-2
12주
완성

1주

1. 분수의 덧셈과 뺄셈

개념책 5~8쪽	개념책 9~10쪽	개념책 11~14쪽	개념책 15~17쪽	개념책 18~19쪽
월 일	월 일	월 일	월 일	월 일

2주

1. 분수의 덧셈과 뺄셈

개념책 20~24쪽	유형책 3~6쪽	유형책 7~9쪽	유형책 10~11쪽	유형책 12~14쪽
월 일	월 일	월 일	월 일	월 일

3주

1. 분수의 덧셈과 뺄셈 · 2. 삼각형

유형책 15~17쪽	유형책 18~22쪽	개념책 25~30쪽	개념책 31~33쪽	개념책 34~35쪽
월 일	월 일	월 일	월 일	월 일

4주

2. 삼각형

개념책 36~40쪽	유형책 23~27쪽	유형책 28~31쪽	유형책 32~34쪽	유형책 35~37쪽
월 일	월 일	월 일	월 일	월 일

5주

2. 삼각형 · 3. 소수의 덧셈과 뺄셈

유형책 38~42쪽	개념책 41~45쪽	개념책 46~48쪽	개념책 49~52쪽	개념책 53~55쪽
월 일	월 일	월 일	월 일	월 일

6주

3. 소수의 덧셈과 뺄셈

개념책 56~57쪽	개념책 58~62쪽	유형책 43~46쪽	유형책 47~50쪽	유형책 51~53쪽
월 일	월 일	월 일	월 일	월 일

공부 계획표 12주 완성에 맞추어 공부하면
단원별로 개념책, 유형책을 번갈아 공부하며
응용 실력을 완성할 수 있어요!

7주

3. 소수의 덧셈과 뺄셈			4. 사각형	
유형책 54~56쪽	유형책 57~59쪽	유형책 60~64쪽	개념책 63~67쪽	개념책 68~69쪽
월 일	월 일	월 일	월 일	월 일

8주

4. 사각형				
개념책 70~74쪽	개념책 75~77쪽	개념책 78~79쪽	개념책 80~84쪽	유형책 65~69쪽
월 일	월 일	월 일	월 일	월 일

9주

4. 사각형				5. 꺾은선그래프
유형책 70~73쪽	유형책 74~75쪽	유형책 76~79쪽	유형책 80~84쪽	개념책 85~89쪽
월 일	월 일	월 일	월 일	월 일

10주

5. 꺾은선그래프				
개념책 90~91쪽	개념책 92~93쪽	개념책 94~98쪽	유형책 85~88쪽	유형책 89~91쪽
월 일	월 일	월 일	월 일	월 일

11주

5. 꺾은선그래프		6. 다각형		
유형책 92~95쪽	유형책 96~100쪽	개념책 99~104쪽	개념책 105~107쪽	개념책 108~109쪽
월 일	월 일	월 일	월 일	월 일

12주

6. 다각형				
개념책 110~114쪽	유형책 101~104쪽	유형책 105~107쪽	유형책 108~111쪽	유형책 112~116쪽
월 일	월 일	월 일	월 일	월 일

● '6. 다각형' 단원에 사용하세요.

개념╋유형

파워

개념책

초등 수학 ——

4·2

구성과 특징

빠르고 알찬 **개념 학습**

개념 정리

개념 문제를
한 번 더!

한 번 더 확인

중~상 수준의 다양한 실전유형 문제를 풀어 **실전 감각을 강화**

실전유형 강화

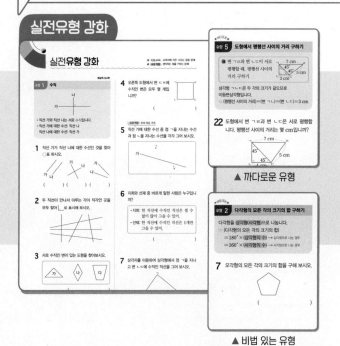

▲ 까다로운 유형

▲ 비법 있는 유형

개념책

유형책

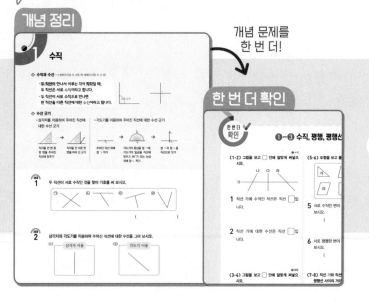

개념책으로 실력을 쌓은 뒤
응용 유형이 강화된 **유형책**으로 응용 완성!

잘 나오는 실전·응용문제 학습

STEP 1 실전문제

STEP 2 응용문제

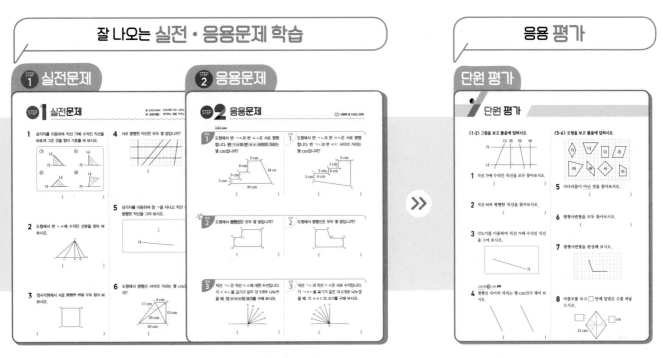

응용 평가

단원 평가

상~최상 수준의 대표문제를 풀어 **최상위로 도약**

상위권유형 강화

수준별 평가로 **어려운 시험**까지 대비

응용·심화 단원 평가

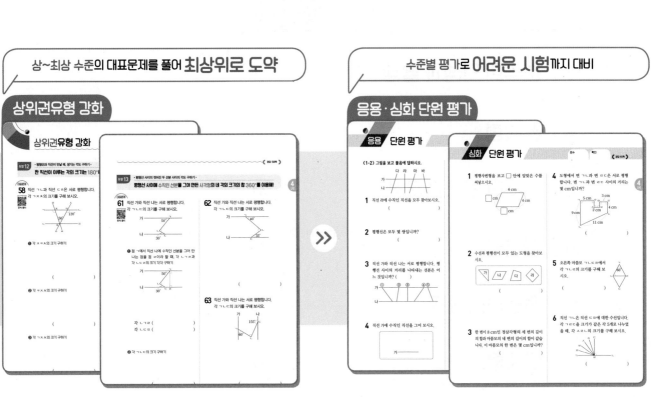

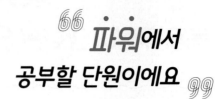
"파워에서
공부할 단원이에요"

개념+유형 파워

차례

1 분수의 덧셈과 뺄셈

1 진분수의 덧셈

◇ $\dfrac{2}{4} + \dfrac{3}{4}$의 계산

> 분모는 그대로 두고 분자끼리 더합니다.
> 이때, 계산 결과가 가분수이면 대분수로 바꿉니다.

분자끼리 더하기

$$\dfrac{2}{4} + \dfrac{3}{4} = \dfrac{2+3}{4} = \dfrac{5}{4} = 1\dfrac{1}{4}$$

분모는 그대로 두기   가분수 → 대분수

+ $\dfrac{2}{4} + \dfrac{3}{4}$의 계산 원리

$\dfrac{2}{4}$는 $\dfrac{1}{4}$이 2개,

$\dfrac{3}{4}$은 $\dfrac{1}{4}$이 3개이므로

$\dfrac{2}{4} + \dfrac{3}{4}$은 $\dfrac{1}{4}$이 5개입니다.

⇨ $\dfrac{2}{4} + \dfrac{3}{4} = \dfrac{5}{4} = 1\dfrac{1}{4}$

예제 1 수직선을 이용하여 $\dfrac{4}{7} + \dfrac{2}{7}$가 얼마인지 알아보시오.

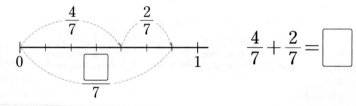

$\dfrac{4}{7} + \dfrac{2}{7} = \boxed{}$

유제 2 $\dfrac{6}{9} + \dfrac{7}{9}$이 얼마인지 ☐ 안에 알맞은 수를 써넣으시오.

> $\dfrac{6}{9}$은 $\dfrac{1}{9}$이 ☐개, $\dfrac{7}{9}$은 $\dfrac{1}{9}$이 ☐개이므로
>
> $\dfrac{6}{9} + \dfrac{7}{9}$은 $\dfrac{1}{9}$이 ☐개입니다.
>
> ⇨ $\dfrac{6}{9} + \dfrac{7}{9} = \dfrac{\boxed{}+\boxed{}}{9} = \dfrac{\boxed{}}{9} = \boxed{}\dfrac{\boxed{}}{9}$

유제 3 계산해 보시오.

(1) $\dfrac{1}{6} + \dfrac{3}{6}$

(2) $\dfrac{2}{5} + \dfrac{2}{5}$

(3) $\dfrac{6}{7} + \dfrac{5}{7}$

(4) $\dfrac{4}{10} + \dfrac{9}{10}$

대분수의 덧셈

◆ $1\dfrac{3}{5}+1\dfrac{4}{5}$의 계산

방법1 자연수 부분끼리 더하고, 진분수 부분끼리 더하기

$$1\dfrac{3}{5}+1\dfrac{4}{5}=(1+1)+\left(\dfrac{3}{5}+\dfrac{4}{5}\right)=2+\dfrac{7}{5}=2+1\dfrac{2}{5}=3\dfrac{2}{5}$$

방법2 대분수를 가분수로 바꾸어 더하기

$$1\dfrac{3}{5}+1\dfrac{4}{5}=\dfrac{8}{5}+\dfrac{9}{5}=\dfrac{17}{5}=3\dfrac{2}{5}$$

 예제 4

그림을 보고 $1\dfrac{1}{4}+2\dfrac{2}{4}$가 얼마인지 알아보시오.

$1\dfrac{1}{4}$

$2\dfrac{2}{4}$

$1\dfrac{1}{4}+2\dfrac{2}{4}=\boxed{}$

 유제 5

$2\dfrac{3}{7}+3\dfrac{5}{7}$를 어떻게 계산하는지 두 가지 방법으로 알아보시오.

방법1 $2\dfrac{3}{7}+3\dfrac{5}{7}=(2+\boxed{})+\left(\dfrac{3}{7}+\dfrac{\boxed{}}{7}\right)$

$$=5+\dfrac{\boxed{}}{7}=5+\boxed{}\dfrac{\boxed{}}{7}=\boxed{}\dfrac{\boxed{}}{7}$$

방법2 $2\dfrac{3}{7}+3\dfrac{5}{7}=\dfrac{17}{7}+\dfrac{\boxed{}}{7}=\dfrac{\boxed{}}{7}=\boxed{}\dfrac{\boxed{}}{7}$

 유제 6

계산해 보시오.

(1) $2\dfrac{2}{9}+1\dfrac{4}{9}$ (2) $1\dfrac{1}{8}+1\dfrac{4}{8}$

(3) $1\dfrac{1}{2}+5\dfrac{1}{2}$ (4) $3\dfrac{5}{6}+2\dfrac{5}{6}$

❶~❷ 분수의 덧셈

1 $\dfrac{5}{10} + \dfrac{1}{10}$

2 $2\dfrac{4}{7} + \dfrac{6}{7}$

3 $3\dfrac{1}{6} + 1\dfrac{4}{6}$

4 $\dfrac{3}{4} + \dfrac{3}{4}$

5 $\dfrac{4}{9} + \dfrac{3}{9}$

6 $5\dfrac{7}{8} + 4\dfrac{4}{8}$

7 $1\dfrac{2}{5} + 1\dfrac{1}{5}$

8 $2\dfrac{5}{9} + \dfrac{16}{9}$

9 $\dfrac{3}{11} + \dfrac{6}{11}$

10 $10\dfrac{3}{8} + 2\dfrac{5}{8}$

11 $4\dfrac{5}{9} + 3\dfrac{8}{9}$

12 $2\dfrac{2}{3} + \dfrac{17}{3}$

13 $\dfrac{5}{8} + \dfrac{6}{8}$

14 $1\dfrac{9}{12} + 4\dfrac{6}{12}$

1 두 분수의 합을 구해 보시오.

$$\frac{3}{5} \qquad \frac{2}{5}$$

(　　　　　　)

2 빈칸에 알맞은 수를 써넣으시오.

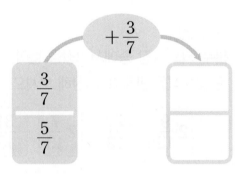

3 설명하는 수를 구해 보시오.

$4\frac{2}{8}$ 보다 $3\frac{4}{8}$ 만큼 더 큰 수

(　　　　　　)

4 계산 결과에 맞게 선으로 이어 보시오.

$2\frac{1}{11} + 4\frac{1}{11}$ ·

$2\frac{9}{11} + 2\frac{3}{11}$ ·

· $5\frac{1}{11}$

· $5\frac{10}{11}$

· $6\frac{2}{11}$

5 계산 결과의 크기를 비교하여 ◯ 안에 >, =, <를 알맞게 써넣으시오.

$$\frac{5}{12} + \frac{8}{12} \bigcirc \frac{2}{12} + \frac{11}{12}$$

6 개념 확인 서술형

$2\frac{2}{4} + 1\frac{3}{4}$ 을 두 가지 방법으로 계산해 보시오.

방법 1 | _____

_____

방법 2 | _____

_____

7 계산 결과가 가장 큰 것을 찾아 ◯표 하시오.

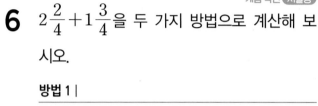

$2\frac{3}{10} + 2\frac{5}{10}$	$1\frac{7}{10} + \frac{22}{10}$	$3\frac{7}{10} + \frac{8}{10}$

8 미술 시간에 진희는 찰흙 $\frac{5}{11}$ kg을 사용하고, 희수는 찰흙 $\frac{4}{11}$ kg을 사용했습니다. 진희와 희수가 사용한 찰흙은 모두 몇 kg입니까?

(　　　　　　)

9 계산 결과가 4보다 큰 덧셈식을 모두 찾아 기호를 써 보시오.

> ㉠ $1\frac{4}{6}+\frac{5}{6}$ ㉡ $1\frac{2}{5}+2\frac{4}{5}$
>
> ㉢ $2\frac{1}{3}+1\frac{2}{3}$ ㉣ $3\frac{2}{9}+\frac{10}{9}$

(   )

10 공원에서 소방서를 지나 우체국까지의 거리는 몇 km입니까?

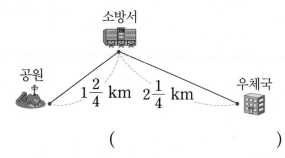

소방서

공원 $1\frac{2}{4}$ km $2\frac{1}{4}$ km   우체국

(   )

11 ☐ 안에 알맞은 수를 써넣으시오.

(1) $\frac{6}{15}+\frac{\boxed{}}{15}=\frac{11}{15}$

(2) $\frac{\boxed{}}{9}+\frac{4}{9}=1\frac{2}{9}$

12 분모가 7인 진분수 중에서 $\frac{5}{7}$ 보다 작은 분수들의 합을 구해 보시오.

(   )

교과서 pick

13 분수 카드 4장 중에서 2장을 뽑아 합이 가장 큰 덧셈식을 만들고, 계산해 보시오.

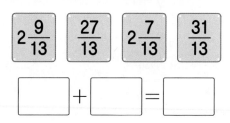

$2\frac{9}{13}$ $\frac{27}{13}$ $2\frac{7}{13}$ $\frac{31}{13}$

$\boxed{}+\boxed{}=\boxed{}$

교과서 pick

14 1부터 9까지의 수 중에서 ☐ 안에 들어갈 수 있는 수를 모두 구해 보시오.

> $\frac{2}{6}+\frac{\boxed{}}{6}<1\frac{1}{6}$

(   )

3 진분수의 뺄셈

◇ $\dfrac{4}{6} - \dfrac{2}{6}$ 의 계산

> 분모는 그대로 두고 분자끼리 뺍니다.

분자끼리 빼기

$$\dfrac{4}{6} - \dfrac{2}{6} = \dfrac{4-2}{6} = \dfrac{2}{6}$$

분모는 그대로 두기

$+$ $\dfrac{4}{6} - \dfrac{2}{6}$ 의 계산 원리

$\dfrac{4}{6}$ 는 $\dfrac{1}{6}$ 이 4개,

$\dfrac{2}{6}$ 는 $\dfrac{1}{6}$ 이 2개이므로

$\dfrac{4}{6} - \dfrac{2}{6}$ 는 $\dfrac{1}{6}$ 이 2개입니다.

$\Rightarrow \dfrac{4}{6} - \dfrac{2}{6} = \dfrac{2}{6}$

예제 1 수직선을 이용하여 $\dfrac{7}{8} - \dfrac{3}{8}$ 이 얼마인지 알아보시오.

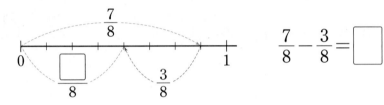

$\dfrac{7}{8} - \dfrac{3}{8} = \boxed{}$

유제 2 $\dfrac{6}{7} - \dfrac{4}{7}$ 가 얼마인지 $\boxed{}$ 안에 알맞은 수를 써넣으시오.

$\dfrac{6}{7}$ 은 $\dfrac{1}{7}$ 이 $\boxed{}$ 개, $\dfrac{4}{7}$ 는 $\dfrac{1}{7}$ 이 $\boxed{}$ 개이므로

$\dfrac{6}{7} - \dfrac{4}{7}$ 는 $\dfrac{1}{7}$ 이 $\boxed{}$ 개입니다.

$\Rightarrow \dfrac{6}{7} - \dfrac{4}{7} = \dfrac{\boxed{} - \boxed{}}{7} = \dfrac{\boxed{}}{7}$

유제 3 계산해 보시오.

(1) $\dfrac{4}{5} - \dfrac{1}{5}$

(2) $\dfrac{5}{6} - \dfrac{3}{6}$

(3) $\dfrac{8}{9} - \dfrac{5}{9}$

(4) $\dfrac{10}{11} - \dfrac{5}{11}$

4. 받아내림이 없는 대분수의 뺄셈

◇ $3\frac{4}{5} - 1\frac{1}{5}$ 의 계산

방법1 자연수 부분끼리 빼고, 진분수 부분끼리 빼기

$$3\frac{4}{5} - 1\frac{1}{5} = (3-1) + \left(\frac{4}{5} - \frac{1}{5}\right) = 2 + \frac{3}{5} = 2\frac{3}{5}$$

방법2 대분수를 가분수로 바꾸어 빼기

$$3\frac{4}{5} - 1\frac{1}{5} = \frac{19}{5} - \frac{6}{5} = \frac{13}{5} = 2\frac{3}{5}$$

예제 4 그림을 보고 $3\frac{2}{3} - 1\frac{1}{3}$ 이 얼마인지 알아보시오.

 $\qquad 3\frac{2}{3} - 1\frac{1}{3} = \boxed{}$

유제 5 $4\frac{5}{6} - 2\frac{3}{6}$ 을 어떻게 계산하는지 두 가지 방법으로 알아보시오.

방법1 $4\frac{5}{6} - 2\frac{3}{6} = (4 - \boxed{}) + \left(\frac{5}{6} - \frac{\boxed{}}{6}\right) = \boxed{} + \frac{\boxed{}}{6} = \boxed{}\frac{\boxed{}}{6}$

방법2 $4\frac{5}{6} - 2\frac{3}{6} = \frac{29}{6} - \frac{\boxed{}}{6} = \frac{\boxed{}}{6} = \boxed{}\frac{\boxed{}}{6}$

유제 6 계산해 보시오.

(1) $4\frac{3}{4} - 1\frac{1}{4}$

(2) $3\frac{7}{9} - 1\frac{4}{9}$

(3) $3\frac{8}{10} - 2\frac{1}{10}$

(4) $5\frac{11}{15} - 3\frac{7}{15}$

5 (자연수)−(분수)

◆ $1-\dfrac{1}{9}$ 의 계산 → $1-(진분수)$

> **1을 가분수로 바꾸어**
> 분모는 그대로 두고
> 분자끼리 뺍니다.

$$1-\dfrac{1}{9}=\dfrac{9}{9}-\dfrac{1}{9}=\dfrac{9-1}{9}=\dfrac{8}{9}$$

빼는 분수의 분모가 9이므로
1을 분모가 9인 가분수로 바꾸기

◆ $3-1\dfrac{3}{4}$ 의 계산 → $(자연수)-(분수)$

방법1 자연수에서 1만큼을 가분수로 바꾸어 빼기

$$3-1\dfrac{3}{4}=2\dfrac{4}{4}-1\dfrac{3}{4}$$

3에서 1만큼을
$\dfrac{4}{4}$ 로 바꾸기

$$=(2-1)+\left(\dfrac{4}{4}-\dfrac{3}{4}\right)$$

$$=1+\dfrac{1}{4}=1\dfrac{1}{4}$$

방법2 자연수와 대분수를 가분수로 바꾸어 빼기

$$3-1\dfrac{3}{4}=\dfrac{12}{4}-\dfrac{7}{4}=\dfrac{5}{4}=1\dfrac{1}{4}$$

예제 7 그림을 보고 $1-\dfrac{4}{6}$ 가 얼마인지 알아보시오.

$$1-\dfrac{4}{6}=\boxed{}$$

예제 8 $5-4\dfrac{1}{2}$ 을 어떻게 계산하는지 두 가지 방법으로 알아보시오.

방법1 $5-4\dfrac{1}{2}=4\dfrac{\boxed{}}{2}-4\dfrac{1}{2}=(4-4)+\left(\dfrac{\boxed{}}{2}-\dfrac{1}{2}\right)=\dfrac{\boxed{}}{2}$

방법2 $5-4\dfrac{1}{2}=\dfrac{\boxed{}}{2}-\dfrac{9}{2}=\dfrac{\boxed{}}{2}$

유제 9 계산해 보시오.

(1) $1-\dfrac{6}{12}$

(2) $2-\dfrac{5}{8}$

(3) $4-2\dfrac{3}{5}$

(4) $6-1\dfrac{2}{7}$

받아내림이 있는 대분수의 뺄셈

◆ $3\frac{1}{3}-1\frac{2}{3}$의 계산

> **방법 1** 자연수에서 1만큼을 가분수로 바꾸어 빼기

$$3\frac{1}{3}-1\frac{2}{3}=2\frac{4}{3}-1\frac{2}{3}=(2-1)+\left(\frac{4}{3}-\frac{2}{3}\right)=1+\frac{2}{3}=1\frac{2}{3}$$

$$3\frac{1}{3}=2\frac{1}{3}+1=2\frac{1}{3}+\frac{3}{3}=2\frac{4}{3}$$

> **방법 2** 대분수를 가분수로 바꾸어 빼기

$$3\frac{1}{3}-1\frac{2}{3}=\frac{10}{3}-\frac{5}{3}=\frac{5}{3}=1\frac{2}{3}$$

예제 10 그림을 보고 $3\frac{2}{5}-1\frac{4}{5}$가 얼마인지 알아보시오.

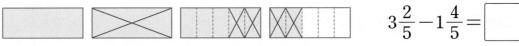

$$3\frac{2}{5}-1\frac{4}{5}=\boxed{}$$

유제 11 $4\frac{1}{4}-1\frac{3}{4}$을 어떻게 계산하는지 두 가지 방법으로 알아보시오.

> **방법 1** $4\frac{1}{4}-1\frac{3}{4}=3\frac{\boxed{}}{4}-1\frac{3}{4}=(3-1)+\left(\frac{\boxed{}}{4}-\frac{3}{4}\right)$
>
> $$=2+\frac{\boxed{}}{4}=\boxed{}\frac{\boxed{}}{4}$$

> **방법 2** $4\frac{1}{4}-1\frac{3}{4}=\dfrac{\boxed{}}{4}-\dfrac{7}{4}=\dfrac{\boxed{}}{4}=\boxed{}\dfrac{\boxed{}}{4}$

유제 12 계산해 보시오.

(1) $3\frac{2}{8}-1\frac{5}{8}$

(2) $5\frac{3}{7}-2\frac{4}{7}$

(3) $4\frac{3}{9}-3\frac{8}{9}$

(4) $7\frac{2}{10}-1\frac{6}{10}$

③~⑥ 분수의 뺄셈

1 $\dfrac{4}{5} - \dfrac{3}{5}$

2 $1 - \dfrac{1}{8}$

3 $2 - \dfrac{3}{2}$

4 $4\dfrac{7}{9} - \dfrac{3}{9}$

5 $6\dfrac{5}{6} - \dfrac{7}{6}$

6 $1 - \dfrac{4}{10}$

7 $5 - 2\dfrac{5}{8}$

8 $\dfrac{5}{6} - \dfrac{2}{6}$

9 $4\dfrac{2}{5} - 2\dfrac{3}{5}$

10 $2\dfrac{1}{7} - 1\dfrac{5}{7}$

11 $7 - 1\dfrac{5}{6}$

12 $5 - \dfrac{3}{4}$

13 $3\dfrac{8}{12} - 1\dfrac{4}{12}$

14 $6\dfrac{4}{7} - \dfrac{20}{7}$

1 빈칸에 두 분수의 차를 써넣으시오.

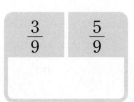

2 빈칸에 알맞은 수를 써넣으시오.

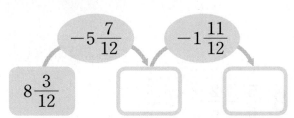

교과 역량 의사소통, 태도 및 실천   개념 확인 서술형

3 예준이의 질문에 대한 답을 써 보시오.

$3 - 1\frac{5}{8}$를 이렇게 계산했는데 왜 틀렸지?
$3 - 1\frac{5}{8} = 3\frac{8}{8} - 1\frac{5}{8} = 2\frac{3}{8}$

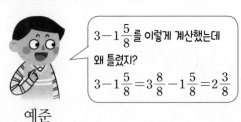

예준

답 |

4 계산 결과의 크기를 비교하여 ◯ 안에 >, =, <를 알맞게 써넣으시오.

$$\frac{5}{7} - \frac{3}{7} \bigcirc \frac{4}{7} - \frac{1}{7}$$

5 계산 결과가 $4\frac{7}{11}$인 칸에 모두 색칠해 보시오.

$7\frac{10}{11} - 3\frac{4}{11}$	$8\frac{6}{11} - 4\frac{8}{11}$
$9\frac{9}{11} - 5\frac{2}{11}$	$6\frac{3}{11} - 1\frac{7}{11}$

6 계산 결과가 2와 3 사이인 뺄셈식을 찾아 ◯표 하시오.

$2 - \frac{2}{9}$	$4 - \frac{5}{3}$	$5 - 3\frac{4}{5}$

7 ㉠과 ㉡이 나타내는 두 수의 차를 구해 보시오.

㉠ 가장 큰 한 자리 수
㉡ 분모가 6인 가장 큰 진분수

( )

8 직사각형에서 긴 변의 길이는 짧은 변의 길이보다 몇 m 더 깁니까?

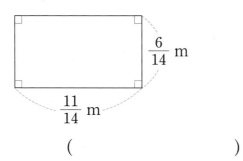

$\dfrac{6}{14}$ m

$\dfrac{11}{14}$ m

( )

9 진호와 미나가 블록 쌓기 놀이를 해서 진호는 $28\dfrac{11}{16}$ cm만큼, 미나는 $25\dfrac{6}{16}$ cm만큼 쌓았습니다. 누가 몇 cm 더 높이 쌓았습니까?

(,)

10 계산 결과가 큰 것부터 차례대로 기호를 써 보시오.

ㄱ $4\dfrac{3}{8}-2\dfrac{4}{8}$ ㄴ $\dfrac{41}{8}-\dfrac{19}{8}$

ㄷ $3\dfrac{4}{8}-\dfrac{5}{8}$ ㄹ $7\dfrac{2}{8}-4\dfrac{7}{8}$

( )

교과 역량 태도 및 실천

11 현수와 민지가 두 분수를 종이에 쓴 후 더하여 5를 만드는 놀이를 하고 있습니다. 현수가 종이에 $\dfrac{5}{7}$를 썼다면 민지가 쓴 수는 무엇입니까?

( )

12 주영이는 주스 1 L 중에서 어제 $\dfrac{1}{6}$ L를, 오늘 $\dfrac{3}{6}$ L를 마셨습니다. 남은 주스는 몇 L입니까?

( )

교과서 pick

13 수 카드 4장 중에서 2장을 뽑아 차가 가장 큰 뺄셈식을 만들고, 계산해 보시오.

$1\dfrac{2}{5}$ 4 $\dfrac{14}{5}$ $3\dfrac{1}{5}$

$\boxed{}-\boxed{}=\boxed{}$

교과서 pick

14 ☐ 안에 들어갈 수 있는 자연수 중에서 가장 큰 수는 얼마입니까?

$1\dfrac{5}{9}-\dfrac{\square}{9}>\dfrac{7}{9}$

( )

☆ 시험에 잘 나오는 문제

예제 1 밀가루가 $2\frac{7}{8}$ kg 있습니다. 빵 한 개를 만드는 데 밀가루가 $1\frac{3}{8}$ kg 필요하다면 빵을 몇 개까지 만들 수 있고, 남는 밀가루는 몇 kg입니까?

(,   )

유제 1 물이 $6\frac{4}{9}$ L 있습니다. 물을 물병 한 개에 $1\frac{5}{9}$ L씩 담는다면 물병 몇 개까지 담을 수 있고, 남는 물은 몇 L입니까?

(,   )

교과서 pick

예제 2 어떤 수에 $\frac{4}{5}$를 더해야 할 것을 잘못하여 뺐더니 $\frac{3}{5}$이 되었습니다. 바르게 계산하면 얼마입니까?

(   )

유제 2 어떤 수에서 $1\frac{2}{6}$를 빼야 할 것을 잘못하여 더했더니 $5\frac{1}{6}$이 되었습니다. 바르게 계산하면 얼마입니까?

(   )

예제 3 대분수로 만들어진 뺄셈식에서 ㉠과 ㉡에 알맞은 수를 각각 구해 보시오.

$$4\frac{㉠}{10} - 3\frac{㉡}{10} = 1\frac{8}{10}$$

㉠ (   )
㉡ (   )

유제 3 대분수로 만들어진 뺄셈식에서 ㉠과 ㉡에 알맞은 수를 각각 구해 보시오.

$$9\frac{㉠}{15} - 6\frac{㉡}{15} = 3\frac{13}{15}$$

㉠ (   )
㉡ (   )

예제 4

수 카드 4장 중에서 3장을 뽑아 한 번씩만 사용하여 분모가 11인 대분수를 만들려고 합니다. 만들 수 있는 가장 큰 대분수와 가장 작은 대분수의 합은 얼마입니까?

| 3 | 5 | 9 | 11 |

( )

유제 4

수 카드 4장 중에서 3장을 뽑아 한 번씩만 사용하여 분모가 13인 대분수를 만들려고 합니다. 만들 수 있는 가장 큰 대분수와 가장 작은 대분수의 차는 얼마입니까?

| 9 | 10 | 12 | 13 |

( )

교과서 pick

예제 5

길이가 $9\frac{4}{5}$ cm인 색 테이프 3장을 그림과 같이 $\frac{9}{5}$ cm씩 겹치게 이어 붙였습니다. 이어 붙인 색 테이프의 전체 길이는 몇 cm입니까?

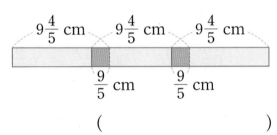

( )

유제 5

길이가 11 cm인 색 테이프 4장을 그림과 같이 $2\frac{2}{4}$ cm씩 겹치게 이어 붙였습니다. 이어 붙인 색 테이프의 전체 길이는 몇 cm입니까?

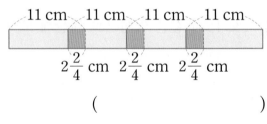

( )

예제 6

분모가 7인 진분수가 2개 있습니다. 합이 $\frac{5}{7}$, 차가 $\frac{3}{7}$인 두 진분수를 구해 보시오.

(,)

유제 6

분모가 9인 진분수가 2개 있습니다. 합이 $1\frac{2}{9}$, 차가 $\frac{3}{9}$인 두 진분수를 구해 보시오.

(,)

1 수직선을 보고 ☐ 안에 알맞은 수를 써넣으시오.

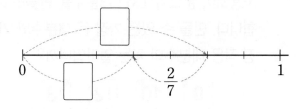

$$\boxed{} - \frac{2}{7} = \boxed{}$$

2 계산해 보시오.

$$\frac{6}{12} + \frac{7}{12}$$

3 〈보기〉와 같은 방법으로 계산해 보시오.

〈보기〉
$$4 - 1\frac{1}{2} = \frac{8}{2} - \frac{3}{2} = \frac{5}{2} = 2\frac{1}{2}$$

$$5 - 3\frac{2}{4}$$

4 설명하는 수를 구해 보시오.

$2\dfrac{7}{9}$ 보다 $\dfrac{14}{9}$ 만큼 더 큰 수

(   )

5 계산 결과에 맞게 선으로 이어 보시오.

$8\dfrac{7}{11} - 5\dfrac{5}{11}$ ·   · $2\dfrac{5}{11}$

$5\dfrac{8}{11} - 3\dfrac{3}{11}$ ·   · $3\dfrac{2}{11}$

6 계산 결과의 크기를 비교하여 ◯ 안에 >, =, <를 알맞게 써넣으시오.

$$\frac{5}{10} + \frac{8}{10} \bigcirc 6\frac{3}{10} - 4\frac{7}{10}$$

교과서에 꼭 나오는 문제
7 계산 결과가 3과 4 사이인 식을 찾아 ◯표 하시오.

$1\dfrac{2}{7} + \dfrac{9}{7}$ $4 - \dfrac{12}{13}$ $9\dfrac{2}{5} - 6\dfrac{3}{5}$

(   ) (   ) (   )

8 ㉠과 ㉡이 나타내는 두 수의 차를 구해 보시오.

㉠ 가장 작은 두 자리 수
㉡ 분모가 15인 가장 큰 진분수

(   )

9 민재는 철사 $3\frac{3}{4}$ m로 기린 모양을 만들고, $4\frac{2}{4}$ m로 코끼리 모양을 만들었습니다. 민재가 사용한 철사는 모두 몇 m입니까?

( )

10 윤지가 찬 공은 $6\frac{1}{5}$ m를 날아갔고, 민호가 찬 공은 $5\frac{4}{5}$ m를 날아갔습니다. 누가 찬 공이 몇 m 더 멀리 날아갔습니까?

(,)

잘 틀리는 문제

11 ☐ 안에 알맞은 대분수를 구해 보시오.

$$\square - 3\frac{2}{9} = 1\frac{8}{9}$$

( )

12 분모가 13인 진분수 중에서 $\frac{9}{13}$ 보다 큰 분수들의 합을 구해 보시오.

( )

13 정호와 선주는 피자 한 판을 나누어 먹었습니다. 정호가 피자 한 판의 $\frac{3}{8}$ 을 먹고, 선주가 피자 한 판의 $\frac{2}{8}$ 를 먹었다면 남은 피자는 전체의 몇 분의 몇입니까?

( )

교과서에 꼭 나오는 문제

14 분수 카드 4장 중에서 2장을 뽑아 차가 가장 큰 뺄셈식을 만들고, 계산해 보시오.

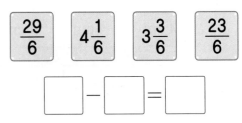

$$\boxed{} - \boxed{} = \boxed{}$$

15 1부터 9까지의 수 중에서 □ 안에 들어갈 수 있는 수를 모두 구해 보시오.

$$1\dfrac{4}{12} - \dfrac{\square}{12} < \dfrac{10}{12}$$

(   )

16 수 카드 4장 중에서 3장을 뽑아 한 번씩만 사용하여 분모가 9인 대분수를 만들려고 합니다. 만들 수 있는 가장 큰 대분수와 가장 작은 대분수의 합을 구해 보시오.

  1   4   8   9

(   )

잘 틀리는 문제

17 길이가 4 cm인 색 테이프 3장을 그림과 같이 $1\dfrac{4}{7}$ cm씩 겹치게 이어 붙였습니다. 이어 붙인 색 테이프의 전체 길이는 몇 cm 입니까?

4 cm   4 cm   4 cm

$1\dfrac{4}{7}$ cm $1\dfrac{4}{7}$ cm

(   )

서술형 **문제**

18 동미는 귀리 $6\dfrac{3}{5}$ kg과 콩 $3\dfrac{2}{5}$ kg을 샀습니다. 귀리와 콩을 모두 몇 kg 샀는지 풀이 과정을 쓰고 답을 구해 보시오.

풀이|

답|

19 $1\dfrac{3}{17}$에 어떤 수를 더했더니 $2\dfrac{8}{17}$이 되었습니다. 어떤 수는 얼마인지 풀이 과정을 쓰고 답을 구해 보시오.

풀이|

답|

20 분모가 11인 진분수가 2개 있습니다. 합이 $\dfrac{10}{11}$, 차가 $\dfrac{4}{11}$인 두 진분수를 구하려고 합니다. 풀이 과정을 쓰고 답을 구해 보시오.

풀이|

답| ,

1 자이언트 판다 알아보기

자이언트 판다는 중국에 서식하는 동물로 대나무를 주로 먹으며 쥐, 토끼, 새 등을 먹기도 합니다. 서식지가 점점 줄어 멸종 위기 동물이었으나 동물 보호 단체와 중국 정부의 보존 노력이 결실을 맺어 멸종 위기에서 벗어났습니다.

▲ 자이언트 판다

자이언트 판다가 어제는 대나무를 $11\frac{5}{6}$ 시간 동안 먹었고, 오늘은 $12\frac{4}{6}$ 시간 동안 먹었습니다. 자이언트 판다가 이틀 동안 대나무를 먹은 시간은 모두 몇 시간입니까?

(   )

2 레일 바이크 알아보기

레일 바이크는 철로 위를 달릴 수 있도록 만든 자전거로 철도(Rail)와 자전거(Bike)를 합친 말입니다. 자전거처럼 페달을 밟아 그 추진력으로 철로 위를 달리며 자연 경치를 볼 수 있어 많은 사람들이 여행 코스로 이용하고 있습니다.

수지와 선우는 전체 코스가 $5\frac{2}{5}$ km인 곳에서 레일바이크를 타고 있습니다. 수지는 출발 지점으로부터 $2\frac{3}{5}$ km만큼 왔고, 선우는 $\frac{16}{5}$ km만큼 왔습니다. 도착 지점까지 남은 거리는 누가 몇 km 더 멉니까?

(,   )

다른 부분을 찾아라!

○ 땅에 서 있는 양과 물에 비친 양의 모습에서 서로 다른 부분 5군데를 찾아보세요.

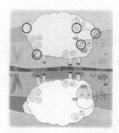

2

삼각형

삼각형을 변의 길이에 따라 분류하기

◆ **이등변삼각형**

> 이등변삼각형: **두 변의 길이가 같은 삼각형**

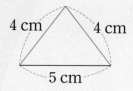

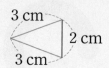

◆ **정삼각형**

> 정삼각형: **세 변의 길이가 같은 삼각형**

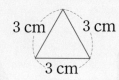

이등변삼각형과 정삼각형의 관계

• 정삼각형은 두 변의 길이가 같으므로 이등변삼각형이라고 할 수 있습니다.

• 이등변삼각형은 세 변의 길이가 같을 수도 있고, 다를 수도 있으므로 정삼각형이라고 할 수 없습니다.

예제 1

이등변삼각형과 정삼각형을 각각 찾으려고 합니다. 알맞은 것에 ○표 하시오.

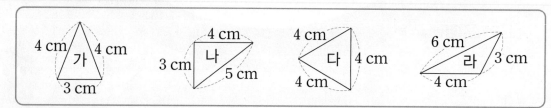

(1) 이등변삼각형은 (두 , 세) 변의 길이가 같은 삼각형이므로
(가 , 나 , 다 , 라)입니다.

(2) 정삼각형은 (두 , 세) 변의 길이가 같은 삼각형이므로
(가 , 나 , 다 , 라)입니다.

유제 2

☐ 안에 알맞은 수를 써넣으시오.

(1) 이등변삼각형

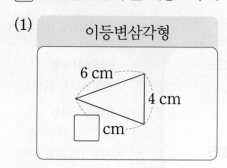

(2) 정삼각형

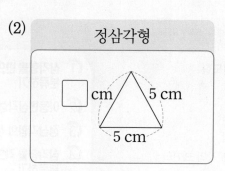

이등변삼각형의 성질

◆ **이등변삼각형의 성질**

> 이등변삼각형은 **두 각**의 크기가 **같습니다.**

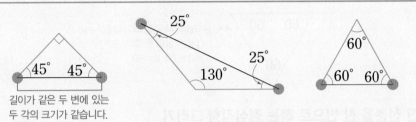

길이가 같은 두 변에 있는
두 각의 크기가 같습니다.

참고 세 각의 크기가 같은 삼각형도 이등변삼각형이라고 할 수 있습니다.

◆ **각도기와 자를 이용하여 주어진 선분을 한 변으로 하고 두 각의 크기가**
 각각 35°인 이등변삼각형 그리기

선분의 양 끝에 각각
35°인 각 그리기

두 각의 변이 만나는 점을
찾아 삼각형 완성하기

예제 3 이등변삼각형을 모두 찾아 ◯표 하시오.

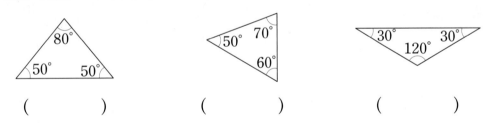

(   )   (   )   (   )

예제 4 주어진 선분의 양 끝에 각각 65°인 각을 그리고, 두 각의 변이 만나는 점을 찾아
이등변삼각형을 완성해 보시오.

3 정삼각형의 성질

◆ **정삼각형의 성질**

> 정삼각형은 **세 각의 크기가 같습니다.**

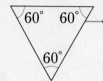 • (삼각형의 세 각의 크기의 합)＝180°
⇨ (정삼각형의 한 각의 크기)
＝180°÷3＝60°

◆ **각도기와 자를 이용하여 주어진 선분을 한 변으로 하는 정삼각형 그리기**

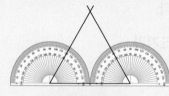 →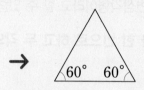

선분의 양 끝에 각각
60°인 각 그리기

두 각의 변이 만나는 점을
찾아 삼각형 완성하기

정삼각형을 찾아 ○표 하시오.

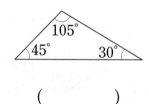

(   )

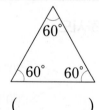

(   )

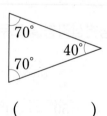

(   )

주어진 선분의 양 끝에 각각 60°인 각을 그리고, 두 각의 변이 만나는 점을 찾아 정삼각형을 완성해 보시오.

4 삼각형을 각의 크기에 따라 분류하기

◈ **예각삼각형**

예각삼각형: **세 각이 모두 예각인 삼각형**

 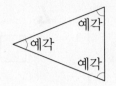

◈ **둔각삼각형**

둔각삼각형: **한 각이 둔각인 삼각형**

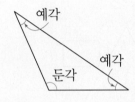 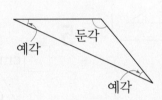

➕ 삼각형의 종류에 따른 각의 수

예각삼각형	예각 3개
직각삼각형	직각 1개, 예각 2개
둔각삼각형	둔각 1개, 예각 2개

예각이 있다고 해서 항상 예각삼각형은 아닙니다. 세 각이 모두 예각이어야 예각삼각형입니다.

예제 7 예각삼각형과 둔각삼각형을 각각 찾으려고 합니다. 알맞은 것에 ○표 하시오.

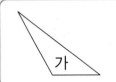

(1) 예각삼각형은 (한 , 두 , 세) 각이 모두 예각인 삼각형이므로
(가 , 나 , 다 , 라 , 마)입니다.

(2) 둔각삼각형은 (한 , 두 , 세) 각이 둔각인 삼각형이므로
(가 , 나 , 다 , 라 , 마)입니다.

유제 8 예각삼각형과 둔각삼각형을 각각 그려 보시오.

(1) 예각삼각형

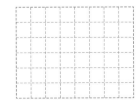

(2) 둔각삼각형

❶ 삼각형을 변의 길이에 따라 분류하기

1 이등변삼각형과 정삼각형을 각각 찾아보시오.

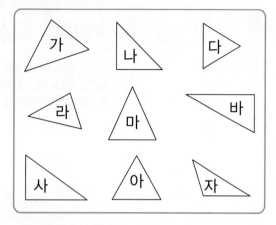

이등변삼각형 (   )

정삼각형 (   )

❷ 이등변삼각형의 성질

(2~3) 이등변삼각형입니다. ☐ 안에 알맞은 수를 써넣으시오.

2

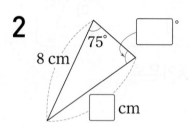

3

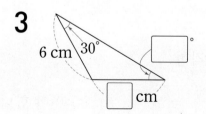

❸ 정삼각형의 성질

(4~5) 정삼각형입니다. ☐ 안에 알맞은 수를 써넣으시오.

4

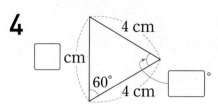

5

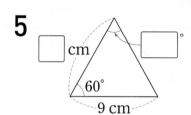

❹ 삼각형을 각의 크기에 따라 분류하기

6 예각삼각형과 둔각삼각형을 각각 찾아보시오.

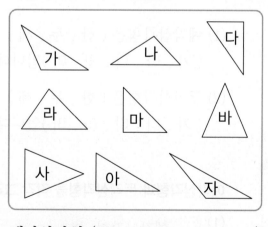

예각삼각형 (   )

둔각삼각형 (   )

1 삼각형의 세 변의 길이를 나타낸 것입니다. 정삼각형을 찾아 기호를 써 보시오.

> ㉠ 6 cm, 9 cm, 6 cm
> ㉡ 7 cm, 7 cm, 7 cm
> ㉢ 3 cm, 8 cm, 10 cm

(   )

2 그림을 보고 이등변삼각형을 찾아 빨간색으로 따라 그리고, 정삼각형을 찾아 파란색으로 색칠해 보시오.

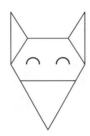

3 선분 ㄱㄴ을 이용하여 (보기)와 같은 이등변삼각형을 그려 보시오.

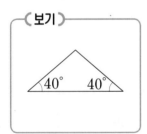

4 주어진 선분을 한 변으로 하는 정삼각형을 그려 보시오.

5 이등변삼각형이면서 직각삼각형인 것을 찾아 보시오.

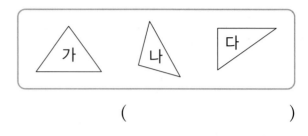

(   )

6 삼각형의 세 각의 크기를 나타낸 것입니다. 예각삼각형을 찾아 기호를 써 보시오.

> ㉠ 30°, 130°, 20°
> ㉡ 45°, 45°, 90°
> ㉢ 70°, 50°, 60°

(   )

교과 역량 추론, 창의·융합

7 친구 세 명이 운동장에서 고무줄로 삼각형을 만들었습니다. 둔각삼각형을 만들려면 지수가 어느 쪽으로 몇 칸 이동해야 합니까?

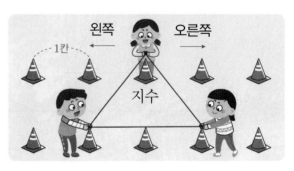

☐ 으로 ☐ 칸 이동해야 합니다.

8 그림과 같이 오각형의 꼭짓점을 이어 삼각형을 만들었습니다. 만든 예각삼각형과 둔각삼각형은 각각 몇 개입니까?

예각삼각형 (   )

둔각삼각형 (   )

9 이등변삼각형입니다. ☐ 안에 알맞은 수를 써넣으시오.

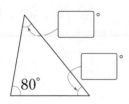

교과 역량 추론, 의사소통   개념 확인 서술형

10 도형이 정삼각형이 <u>아닌</u> 이유를 써 보시오.

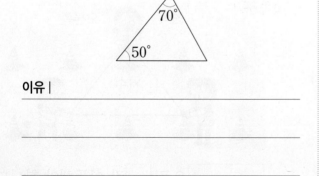

이유 |

_____

_____

11 색종이를 이용하여 그림과 같이 삼각형 3개를 만들었습니다. 만든 삼각형 3개에서 찾을 수 있는 예각은 모두 몇 개입니까?

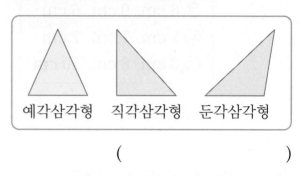

예각삼각형   직각삼각형   둔각삼각형

(   )

12 이등변삼각형입니다. 세 변의 길이의 합은 몇 cm입니까?

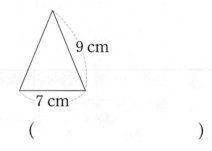

(   )

13 그림과 같은 방법으로 정사각형 모양의 색종이에 삼각형을 그렸습니다. 그린 삼각형은 어떤 삼각형인지 써 보시오.

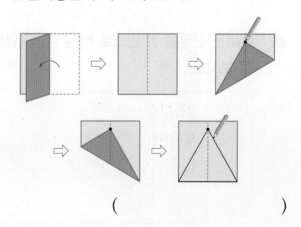

(   )

14 직사각형 모양의 종이띠를 점선을 따라 잘랐을 때 만들어지는 둔각삼각형은 예각삼각형보다 몇 개 더 많습니까?

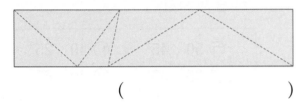

( )

15 오른쪽 삼각형의 이름이 될 수 <u>없는</u> 것을 찾아 기호를 써 보시오.

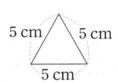

ㄱ 정삼각형   ㄴ 이등변삼각형
ㄷ 예각삼각형   ㄹ 둔각삼각형

( )

16 (보기)에서 설명하는 도형을 그려 보시오.

(보기)
• 변이 3개입니다.
• 두 변의 길이가 같습니다.
• 세 각이 모두 예각입니다.

17 삼각형 ㄱㄴㄷ과 삼각형 ㄱㄷㄹ은 정삼각형입니다. 각 ㄴㄷㄹ의 크기를 구해 보시오.

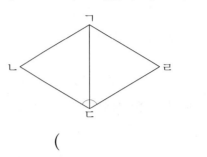

( )

18 세 변의 길이의 합이 21 cm인 정삼각형입니다. ☐ 안에 알맞은 수를 써넣으시오.

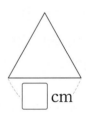

교과 역량 문제 해결, 추론

19 삼각형 ㄱㄴㄷ은 정삼각형입니다. ☐ 안에 알맞은 수를 써넣으시오.

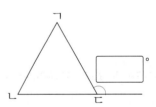

교과서 pick

20 삼각형의 일부가 지워졌습니다. 이 삼각형의 이름이 될 수 있는 것을 모두 써 보시오.

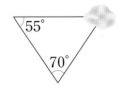

( )

예제 1

삼각형의 세 각 중에서 두 각의 크기를 나타낸 것입니다. 둔각삼각형을 찾아 기호를 써 보시오.

⊙ 30°, 75° ⓛ 25°, 65°
ⓒ 85°, 45° ⓔ 60°, 15°

( )

유제 1

삼각형의 세 각 중에서 두 각의 크기를 나타낸 것입니다. 예각삼각형을 모두 찾아 기호를 써 보시오.

⊙ 50°, 45° ⓛ 40°, 25°
ⓒ 35°, 55° ⓔ 40°, 65°

( )

예제 2

한 변이 5 cm인 정삼각형 5개를 겹치지 않게 이어 붙여 만든 도형입니다. 빨간색 선의 길이는 몇 cm입니까?

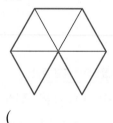

( )

유제 2

한 변이 7 cm인 정삼각형 5개를 겹치지 않게 이어 붙여 만든 도형입니다. 빨간색 선의 길이는 몇 cm입니까?

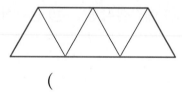

( )

교과서 pick

예제 3

정삼각형 ㉮와 이등변삼각형 ㉯의 세 변의 길이의 합은 같습니다. ☐ 안에 알맞은 수를 써넣으시오.

  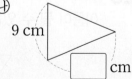

11 cm   9 cm   cm

유제 3

정삼각형 ㉮와 이등변삼각형 ㉯의 세 변의 길이의 합은 같습니다. ☐ 안에 알맞은 수를 써넣으시오.

   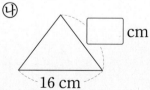

14 cm   16 cm   cm

예제 4 삼각형 ㄱㄴㄷ은 이등변삼각형입니다. 각 ㄴㄱㄷ의 크기를 구해 보시오.

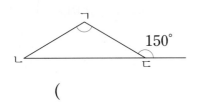

( )

유제 4 삼각형 ㄱㄴㄷ은 이등변삼각형입니다. 각 ㄴㄱㄷ의 크기를 구해 보시오.

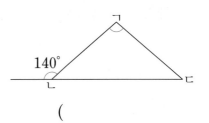

( )

교과서 pick

예제 5 도형에서 찾을 수 있는 크고 작은 예각삼각형은 모두 몇 개입니까?

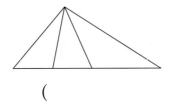

( )

유제 5 도형에서 찾을 수 있는 크고 작은 둔각삼각형은 모두 몇 개입니까?

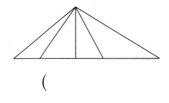

( )

예제 6 이등변삼각형 ㄱㄴㄷ과 정삼각형 ㄱㄷㄹ을 겹치지 않게 이어 붙여 만든 삼각형입니다. 각 ㄱㄴㄷ의 크기를 구해 보시오.

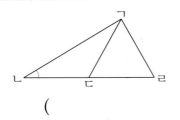

( )

유제 6 정삼각형 ㄱㄴㄷ과 이등변삼각형 ㄱㄷㄹ을 겹치지 않게 이어 붙여 만든 삼각형입니다. 각 ㄴㄱㄹ의 크기를 구해 보시오.

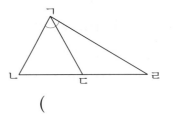

( )

1 정삼각형을 찾아보시오.

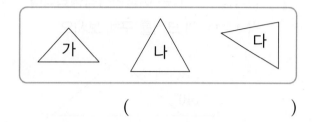

(   )

교과서에 꼭 나오는 문제

2 예각삼각형은 '예', 둔각삼각형은 '둔', 직각삼각형은 '직'을 ☐ 안에 써넣으시오.

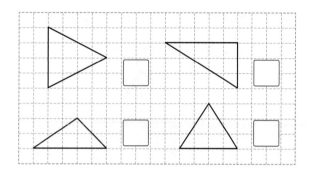

3 삼각형의 세 변의 길이를 나타낸 것입니다. 이등변삼각형이 <u>아닌</u> 것은 어느 것입니까? (   )

① 7 cm, 7 cm, 7 cm
② 8 cm, 9 cm, 10 cm
③ 4 cm, 5 cm, 4 cm
④ 6 cm, 9 cm, 9 cm
⑤ 10 cm, 10 cm, 3 cm

4 정삼각형입니다. ☐ 안에 알맞은 수를 써넣으시오.

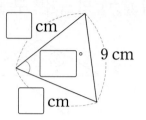

5 ☐ 안에 알맞은 수를 써넣으시오.

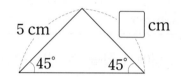

(6~7) 삼각형을 보고 물음에 답하시오.

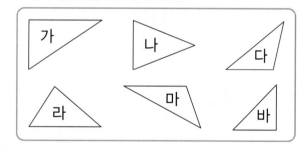

6 세 변의 길이가 모두 <u>다른</u> 삼각형이면서 둔각삼각형인 것을 찾아보시오.

(   )

7 이등변삼각형이면서 예각삼각형인 것을 찾아보시오.

(   )

8 삼각형 ㄱㄴㄷ의 꼭짓점 ㄱ을 옮겨 둔각 삼각형을 만들려고 합니다. 꼭짓점 ㄱ을 어느 점으로 옮겨야 합니까? (   )

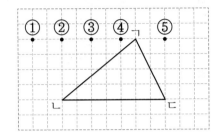

9 정삼각형에 대해 <u>잘못</u> 설명한 것을 찾아 기호를 써 보시오.

> ㉠ 한 각의 크기는 60°입니다.
> ㉡ 세 변의 길이가 같습니다.
> ㉢ 세 각의 크기가 같습니다.
> ㉣ 정삼각형은 둔각삼각형입니다.

(   )

10 이등변삼각형의 세 변 중에서 두 변의 길이를 나타낸 것입니다. 나머지 한 변의 길이가 될 수 있는 것을 모두 써 보시오.

> 6 cm, 8 cm

(   )

11 이등변삼각형입니다. ☐ 안에 알맞은 수를 써넣으시오.

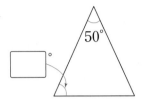

12 둔각삼각형과 정삼각형이 각각 한 개씩 있습니다. 두 삼각형에서 찾을 수 있는 예각은 모두 몇 개입니까?

(   )

13 오른쪽 삼각형의 이름이 될 수 있는 것을 모두 찾아 기호를 써 보시오.

4 cm
4 cm

> ㉠ 이등변삼각형   ㉡ 정삼각형
> ㉢ 예각삼각형   ㉣ 둔각삼각형

(   )

14 길이가 36 cm인 철사를 남기거나 겹치는 부분이 없도록 구부려서 한 개의 정삼각형을 만들었습니다. 만든 정삼각형의 한 변은 몇 cm입니까?

(   )

잘 틀리는 문제

15 정삼각형 ㉮와 이등변삼각형 ㉯의 세 변의 길이의 합은 같습니다. ☐ 안에 알맞은 수를 써넣으시오.

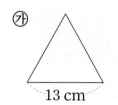 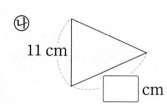

㉮

13 cm

㉯

11 cm

☐ cm

서술형 **문제**

18 오른쪽 도형이 이등변삼각형이라는 것을 알 수 있는 방법을 두 가지 써 보시오.

방법 1 |

방법 2 |

16 삼각형 ㄱㄴㄷ은 이등변삼각형입니다. ☐ 안에 알맞은 수를 써넣으시오.

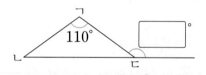

ㄱ

110°

ㄴ   ㄷ

☐°

19 오른쪽 삼각형의 세 변의 길이의 합은 몇 cm인지 풀이 과정을 쓰고 답을 구해 보시오.

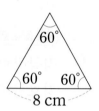

60°

60°   60°

8 cm

풀이 |

답 |

17 도형에서 찾을 수 있는 크고 작은 예각삼각형은 모두 몇 개입니까?

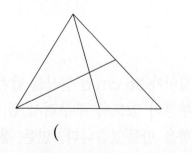

(　　　　　　)

20 삼각형의 세 각 중에서 두 각의 크기를 나타낸 것입니다. 예각삼각형을 찾아 기호를 쓰려고 합니다. 풀이 과정을 쓰고 답을 구해 보시오.

㉠ 40°, 35° ㉡ 50°, 45° ㉢ 30°, 60°

풀이 |

답 |

 스테인드글라스 알아보기

스테인드글라스는 유리에 색을 넣거나 유리 겉면에 색을 칠하여 색유리 조각을 만든 다음 이것을 이어 붙여 무늬나 그림을 나타낸 장식용 유리입니다. 스테인드글라스를 통과한 빛은 신비롭게 보여 오래 전부터 교회나 성당의 창이나 천장에 스테인드글라스를 넣어 장식했습니다.

지연이가 똑같은 크기의 이등변삼각형 모양인 색유리 조각을 겹치지 않게 이어 붙여 스테인드글라스를 만들었습니다. 빨간색 선의 길이는 몇 cm입니까?

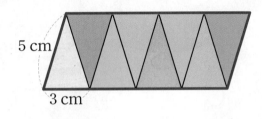

5 cm

3 cm

(   )

2 프랙털 알아보기

프랙털은 작은 구조가 전체 구조와 닮은 형태로 끝없이 되풀이되는 구조를 말합니다. 프랙털은 1975년 망델브로라는 수학자가 '쪼개다'라는 뜻을 가진 라틴어 '프랙투스(frāctus)'에서 따와 처음 제시하였습니다.
프랙털 구조는 자연에서 쉽게 찾을 수 있는데 고사리와 같은 양치류 식물의 잎 모양, 눈의 결정 등이 모두 프랙털 구조입니다.

▲ 고사리 잎

오른쪽 그림은 크고 작은 정삼각형 모양을 이용하여 프랙털을 그린 것입니다. 그림에서 찾을 수 있는 크고 작은 정삼각형은 모두 몇 개입니까?

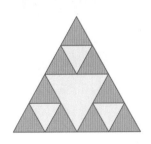

(   )

퍼즐 조각을 찾아래!

○ 퍼즐의 빈 곳에 알맞은 조각을 찾아보세요.

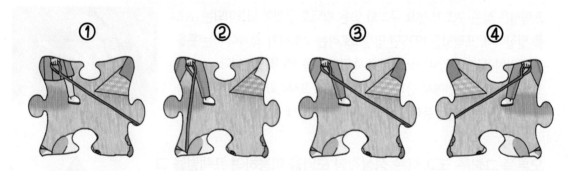

① ② ③ ④

3

소수의
덧셈과 뺄셈

소수 두 자리 수

◆ **소수 두 자리 수**

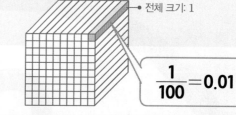

전체 크기: 1

$\dfrac{1}{100}$ 소수로 → 쓰기 **0.01**
읽기 **영 점 영일**

$\dfrac{1}{100} = 0.01$

$\dfrac{25}{100}$ 소수로 → 쓰기 **0.25**
읽기 **영 점 이오**
0.01이 25개

$1\dfrac{37}{100}$ 소수로 → 쓰기 **1.37**
읽기 **일 점 삼칠**
1과 0.37만큼

소수점 아래의 수는
자릿값은 읽지 않고
수만 차례대로 읽습니다.

◆ **1.37의 자릿값**

1.37에서
→ 1은 일의 자리 숫자이고, 1을 나타냅니다.
→ 3은 소수 첫째 자리 숫자이고, 0.3을 나타냅니다.
→ 7은 소수 둘째 자리 숫자이고, 0.07을 나타냅니다.

⇨

1.37은
1이 1개,
0.1이 3개,
0.01이 7개인 수

1.37은 0.01이 137개인 수입니다.

예제 1

전체 크기가 1인 수 모형에 색칠된 부분의 크기를 소수로 쓰고 읽어 보시오.

(1)
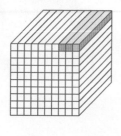

쓰기 (   )
읽기 (   )

(2)
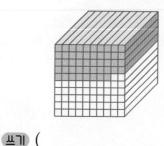

쓰기 (   )
읽기 (   )

예제 2

☐ 안에 알맞은 수나 말을 써넣으시오.

8.35에서 8은 일의 자리 숫자이고, ☐ 을/를 나타냅니다.

3은 ☐ 자리 숫자이고, 0.3을 나타냅니다.

5는 소수 둘째 자리 숫자이고, ☐ 을/를 나타냅니다.

소수 세 자리 수

◆ **소수 세 자리 수**

$\dfrac{1}{1000}$ 소수로 → **쓰기** 0.001 **읽기** 영 점 영영일

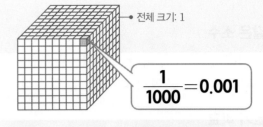

전체 크기: 1

$\dfrac{1}{1000} = 0.001$

$\dfrac{215}{1000}$ 소수로 → **쓰기** 0.215 **읽기** 영 점 이일오

0.001이 215개

$1\dfrac{485}{1000}$ 소수로 → **쓰기** 1.485 **읽기** 일 점 사팔오

1과 0.485만큼

◆ **1.485의 자릿값**

1.485에서

→ 1은 일의 자리 숫자이고, 1을 나타냅니다.

→ 4는 소수 첫째 자리 숫자이고, 0.4를 나타냅니다.

→ 8은 소수 둘째 자리 숫자이고, 0.08을 나타냅니다.

→ 5는 소수 셋째 자리 숫자이고, 0.005를 나타냅니다.

⇨

1.485는
1이 1개,
0.1이 4개,
0.01이 8개,
0.001이 5개인 수

└ 1.485는 0.001이 1485개인 수입니다.

예제 3

전체 크기가 1인 모눈종이에 색칠된 부분의 크기를 소수로 쓰고 읽어 보시오.

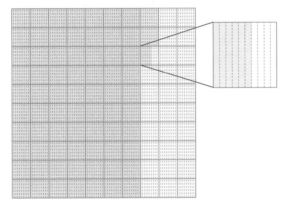

쓰기 (   )

읽기 (   )

예제 4

 안에 알맞은 수나 말을 써넣으시오.

2.176에서 2는 일의 자리 숫자이고, [   ]을/를 나타냅니다.

1은 소수 첫째 자리 숫자이고, [   ]을/를 나타냅니다.

7은 [   ] 자리 숫자이고, 0.07을 나타냅니다.

6은 소수 셋째 자리 숫자이고, [   ]을/를 나타냅니다.

3 소수의 크기 비교

◆ **크기가 같은 소수**

0.3과 0.30은 같은 수입니다. 소수는 필요한 경우
오른쪽 끝자리에 0을 붙여서 나타낼 수 있습니다.

$$0.3 = 0.30$$

◆ **소수의 크기 비교**

자연수 부분이 다르면	자연수 부분이 같으면	소수 첫째 자리 수까지 같으면	소수 둘째 자리 수까지 같으면
자연수 부분	**소수 첫째 자리 수**	**소수 둘째 자리 수**	**소수 셋째 자리 수**
비교	비교	비교	비교
$4.13 > 3.21$	$1.57 < 1.72$	$2.32 > 2.316$	$4.108 > 4.106$
$4 > 3$	$5 < 7$	$2 > 1$	$8 > 6$

예제 5 전체 크기가 1인 모눈종이에 0.44와 0.34만큼 각각 색칠하고, ◯ 안에 >, =, <를 알맞게 써넣으시오.

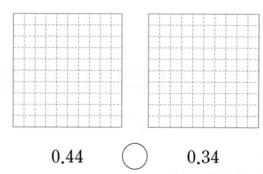

0.44 ◯ 0.34

유제 6 두 소수의 크기를 비교하여 ◯ 안에 >, =, <를 알맞게 써넣으시오.

(1) 3.04 ◯ 2.16

(2) 0.47 ◯ 0.482

(3) 1.4 ◯ 1.37

(4) 6.395 ◯ 6.398

4. 소수 사이의 관계

◆ 1, 0.1, 0.01, 0.001 사이의 관계

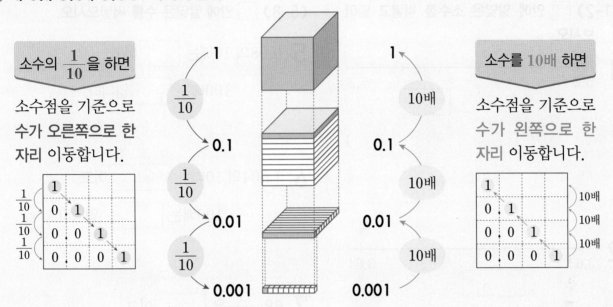

소수의 $\frac{1}{10}$ 을 하면

소수점을 기준으로 수가 오른쪽으로 한 자리 이동합니다.

소수를 10배 하면

소수점을 기준으로 수가 왼쪽으로 한 자리 이동합니다.

예제 7 □ 안에 알맞은 수를 써넣으시오.

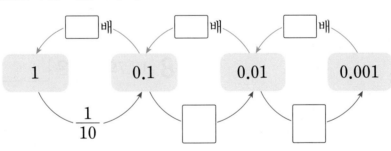

유제 8 빈칸에 알맞은 수를 써넣으시오.

	$\frac{1}{10}$	$\frac{1}{10}$	10배	10배
	0.01	0.1	1	
	0.25	2.5		
		10.3	103	

한 번 더
확인

①~④ 소수

① 소수 두 자리 수 / ② 소수 세 자리 수

(1~2) ☐ 안에 알맞은 소수를 써넣고 읽어 보시오.

1
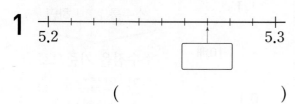
5.2 ─────────────── 5.3

( )

2
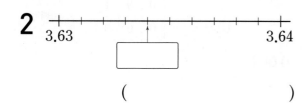
3.63 ─────────────── 3.64

( )

3 소수 둘째 자리 숫자가 4인 수를 찾아 ○표 하시오.

| 14.06 | 0.824 |
| 8.462 | 25.94 |

4 5가 나타내는 수를 바르게 나타낸 것에 ○표 하시오.

7.1<u>5</u> ⇨ 0.5 ( )

9.2<u>7</u>5 ⇨ 0.005 ( )

④ 소수 사이의 관계

(5~8) ☐ 안에 알맞은 수를 써넣으시오.

5 0.08의 10배는 ☐ 이고, 100배는 ☐ 입니다.

6 1.904의 10배는 ☐ 이고, 100배는 ☐ 입니다.

7 6의 $\frac{1}{10}$ 은 ☐ 이고, $\frac{1}{100}$ 은 ☐ 입니다.

8 12.7의 $\frac{1}{10}$ 은 ☐ 이고, $\frac{1}{100}$ 은 ☐ 입니다.

③ 소수의 크기 비교

(9~10) 가장 큰 소수에 ○표, 가장 작은 소수에 △표 하시오.

9
| 1.312 | 1.293 | 1.285 |

10
| 1.089 | 1.19 | 0.8 |

1 소수를 잘못 읽은 사람을 찾아 이름을 쓰고, 바르게 읽어 보시오

7.04	25.07	3.99
칠 점 영사	이오 점 영칠	삼 점 구구
민서	유찬	소희

(,   )

2 8.017에 대해 바르게 설명한 것을 찾아 기호를 써 보시오.

> ㉠ 0.001이 817개인 수입니다.
> ㉡ 소수 둘째 자리 숫자는 7입니다.
> ㉢ 1은 0.01을 나타냅니다.

(   )

3 ☐ 안에 알맞은 수를 써넣으시오.

(1) 1이 4개, 0.1이 2개, 0.01이 9개인 수는

☐ 입니다.

(2) 10이 1개, 1이 4개, $\frac{1}{10}$ 이 8개,

$\frac{1}{100}$ 이 2개, $\frac{1}{1000}$ 이 9개인 수는

☐ 입니다.

4 소수에서 생략할 수 있는 0을 찾아 생략하여 나타내어 보시오.

(1) 0.20   ⇨ (   )

(2) 1.040   ⇨ (   )

(3) 30.650 ⇨ (   )

5 6이 나타내는 수가 가장 큰 수에 ◯표 하시오.

7.689	8.056	6.02

교과 역량 추론, 정보 처리

6 같은 수를 말한 친구를 모두 찾아 이름을 써 보시오.

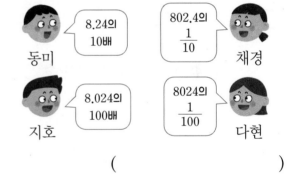

동미   8.24의 10배

802.4의 $\frac{1}{10}$ 채경

지호   8.024의 100배

8024의 $\frac{1}{100}$ 다현

(   )

서술형

7 성훈이의 키는 1.35 m이고, 나영이의 키는 1.349 m입니다. 키가 더 큰 사람은 누구인지 풀이 과정을 쓰고 답을 구해 보시오.

풀이 |

답 |

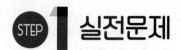
8 지우개 1개의 무게는 3.75 g입니다. 지우개 10개의 무게는 몇 g입니까?

( )

9 바르게 나타낸 것을 모두 찾아 기호를 써 보시오.

> ㉠ 350 cm=3.5 m
> ㉡ 2 m 5 cm=2.5 m
> ㉢ 0.45 m=45 cm

( )

10 다음이 나타내는 수의 $\frac{1}{10}$ 은 얼마입니까?

> 0.01이 1345개인 수

( )

11 ☐ 안에 알맞은 수를 모두 더하면 얼마입니까?

> • 2.9는 0.029의 ☐배입니다.
> • 30.84는 308.4의 $\frac{1}{☐}$입니다.
> • 0.5는 500의 $\frac{1}{☐}$입니다.

( )

12 한강에 놓인 다리의 길이를 나타낸 표입니다. 길이가 긴 다리부터 차례대로 써 보시오.

다리 이름	길이
성산 대교	1.41 km
반포 대교	1.49 km
마포 대교	1400 m

( )

교과 역량 추론

13 0부터 9까지의 수 중에서 ☐ 안에 들어갈 수 있는 수를 모두 써 보시오.

> 2.0☐5<2.031

( )

교과서 pick

14 ㉠이 나타내는 수는 ㉡이 나타내는 수의 몇 배입니까?

> 73.203
> ↑ ↑
> ㉠ ㉡

( )

5 소수 한 자리 수의 덧셈

◆ **0.8＋0.4의 계산**

> 소수점끼리 맞추어 세로로 쓰고, 자연수의 덧셈과 같은 방법으로 계산합니다.

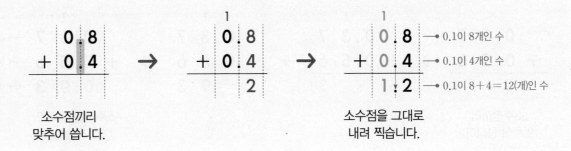

0.8 ＋ 0.4	소수점끼리 맞추어 씁니다.

→

1 0.8 ＋ 0.4 2	

→

1 0.8 ＋ 0.4 1.2	→ 0.1이 8개인 수 → 0.1이 4개인 수 → 0.1이 8＋4＝12(개)인 수

소수점을 그대로
내려 찍습니다.

예제 1 0.3＋1.9를 어떻게 계산하는지 알아보시오.

$$
\begin{array}{r}
0.3 \\
+\ 1.9 \\
\hline
\square
\end{array}
\Rightarrow
\begin{array}{r}
0.3 \\
+\ 1.9 \\
\hline
\square.\square
\end{array}
$$

유제 2 계산해 보시오.

(1)
$$
\begin{array}{r}
0.2 \\
+\ 0.7 \\
\hline
\end{array}
$$

(2)
$$
\begin{array}{r}
2.5 \\
+\ 4.6 \\
\hline
\end{array}
$$

(3) 0.8＋0.5

(4) 1.6＋0.9

유제 3 빈칸에 알맞은 수를 써넣으시오.

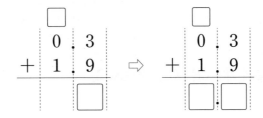

(1)

$$0.5 \xrightarrow{\ +0.3\ } \square$$

(2)

$$4.7 \xrightarrow{\ +3.5\ } \square$$

소수 두 자리 수의 덧셈

◆ **0.37＋0.56의 계산**

> 소수점끼리 맞추어 세로로 쓰고, 자연수의 덧셈과 같은 방법으로 계산합니다.

$$
\begin{array}{r} 0.37 \\ +\ 0.56 \\ \hline \end{array}
\;\rightarrow\;
\begin{array}{r} \overset{1}{0.37} \\ +\ 0.56 \\ \hline 3 \end{array}
\;\rightarrow\;
\begin{array}{r} \overset{1}{0.37} \\ +\ 0.56 \\ \hline 93 \end{array}
\;\rightarrow\;
\begin{array}{r} \overset{1}{0.37} \\ +\ 0.56 \\ \hline 0.93 \end{array}
$$

소수점끼리   소수점을 그대로
맞추어 씁니다.   내려 찍습니다.

0.37 → 0.01이 37개인 수
0.56 → 0.01이 56개인 수
0.93 → 0.01이 37＋56＝93(개)인 수

참고 자릿수가 다른 **0.59＋0.7**의 계산

소수점끼리 맞추어 세로로 쓰고, 자연수의 덧셈과 같은 방법으로 계산합니다.

$$
\begin{array}{r} \overset{1}{0.5\,9} \\ +\ 0.7\,0 \\ \hline 1.2\,9 \end{array}
$$
→ 소수의 오른쪽 끝자리에 0이 있는 것으로 생각합니다.

예제 4

0.64＋2.27을 어떻게 계산하는지 알아보시오.

$$
\begin{array}{r} 0.6\ 4 \\ +\ 2.2\ 7 \\ \hline \square \end{array}
\;\Rightarrow\;
\begin{array}{r} 0.6\ 4 \\ +\ 2.2\ 7 \\ \hline \square\ \square \end{array}
\;\Rightarrow\;
\begin{array}{r} 0.6\ 4 \\ +\ 2.2\ 7 \\ \hline \square.\square\ \square \end{array}
$$

유제 5

계산해 보시오.

(1)
$$
\begin{array}{r} 0.4\ 5 \\ +\ 0.2\ 3 \\ \hline \end{array}
$$

(2)
$$
\begin{array}{r} 5.7\ 3 \\ +\ 1.4 \\ \hline \end{array}
$$

(3) 0.38＋0.76

(4) 4.58＋1.27

유제 6

빈칸에 알맞은 수를 써넣으시오.

(1) ── ⊕ ──→
| 0.73 | 0.3 | |

(2) ── ⊕ ──→
| 3.47 | 0.85 | |

7 소수 한 자리 수의 뺄셈

◆ **1.6−0.8의 계산**

> 소수점끼리 맞추어 세로로 쓰고, 자연수의 뺄셈과 같은 방법으로 계산합니다.

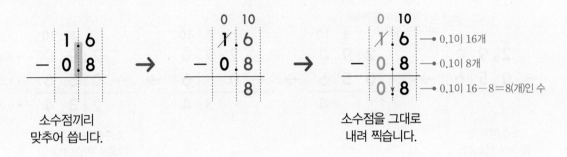

예제
7

2.2−1.5를 어떻게 계산하는지 알아보시오.

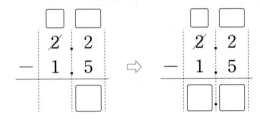

유제
8

계산해 보시오.

(1)
$$\begin{array}{r} 0.5 \\ -\ 0.2 \\ \hline \end{array}$$

(2)
$$\begin{array}{r} 6.2 \\ -\ 3.7 \\ \hline \end{array}$$

(3) 4.7−2.4

(4) 1.3−0.8

유제
9

빈칸에 알맞은 수를 써넣으시오.

(1)

0.9 ──→ −0.3 ──→ [ ]

(2)

2.5 ──→ −0.6 ──→ [ ]

8 소수 두 자리 수의 뺄셈

◆ **2.9 − 0.56의 계산**

소수점끼리 맞추어 세로로 쓰고, 자연수의 뺄셈과 같은 방법으로 계산합니다.

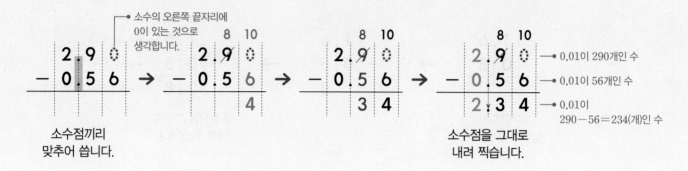

예제 10 1.54 − 0.49를 어떻게 계산하는지 알아보시오.

$$\begin{array}{r} 1.\,5\!\!\!/\;\;4 \\ -\;0.\,4\;9 \\ \hline \end{array} \Rightarrow \begin{array}{r} 1.\,5\!\!\!/\;\;4 \\ -\;0.\,4\;9 \\ \hline \end{array} \Rightarrow \begin{array}{r} 1.\,5\!\!\!/\;\;4 \\ -\;0.\,4\;9 \\ \hline \end{array}$$

유제 11 계산해 보시오.

(1)
$$\begin{array}{r} 0.9\;6 \\ -\;0.6\;2 \\ \hline \end{array}$$

(2)
$$\begin{array}{r} 4.8\;\; \\ -\;1.5\;3 \\ \hline \end{array}$$

(3) 0.82 − 0.46

(4) 7.21 − 4.59

유제 12 빈칸에 알맞은 수를 써넣으시오.

(1)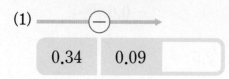

(2)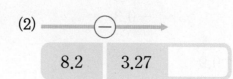

한 번 더 확인

5~8 소수의 덧셈과 뺄셈

1
```
  0.5
+ 0.2
```

2
```
  0.3 6
+ 0.4 7
```

3
```
  0.9
+ 1.4
```

4
```
  3.5 3
+ 2.8
```

5
```
  1 2.3 5
+    4.9 7
```

6
```
  3.2
- 1.9
```

7
```
  4.7 9
- 0.2 5
```

8
```
  0.8 1
- 0.7 2
```

9
```
  9.1
- 6.2 3
```

10 1.2+0.4

11 2.8+1.75

12 14.26+2.17

13 0.8-0.5

14 9.35-2.57

15 12.55-3.4

1 빈칸에 알맞은 수를 써넣으시오.

(+) →		
1.5	0.3	
0.27	0.34	

2 빈칸에 알맞은 수를 써넣으시오.

2.87 → +1.24 → ☐ → −0.12 → ☐

개념 확인 서술형

3 잘못 계산한 곳을 찾아 이유를 쓰고, 바르게 계산해 보시오.

```
  2.7 8
+   0.4
-------
  2.8 2
```
⇨ ☐

이유 |

_____

_____

_____

4 계산을 하고, 계산 결과가 큰 것부터 차례대로 ☆ 안에 1, 2, 3을 써넣으시오.

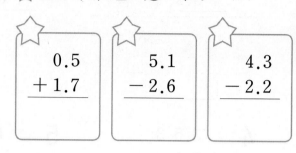

```
☆        ☆        ☆
  0.5      5.1      4.3
+ 1.7    − 2.6    − 2.2
```

5 계산 결과의 크기를 비교하여 ◯ 안에 >, =, <를 알맞게 써넣으시오.

$$1.46 + 0.2 \bigcirc 3.32 - 1.8$$

6 집에서 약국을 지나 공원까지 가는 거리는 모두 몇 km입니까?

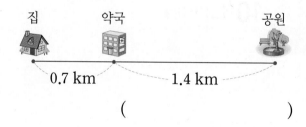

집   약국   공원

0.7 km   1.4 km

(   )

7 현주네 모둠의 제자리멀리뛰기 기록을 조사하였습니다. 가장 멀리 뛴 사람과 가장 가까이 뛴 사람의 거리의 차는 몇 m입니까?

이름	현주	경수	미라
기록	1.3 m	1.09 m	1.28 m

(   )

8 두 수를 골라 뺄셈식을 만들려고 합니다. 차가 가장 크게 나오도록 식을 만들어 보시오.

| 3.2 | 2.38 | 1.98 | 3.02 |

$$\boxed{} - \boxed{} = \boxed{}$$

11 바나나가 담긴 접시의 무게는 2.97 kg입니다. 빈 접시의 무게가 180 g일 때, 바나나의 무게는 몇 kg입니까?

( )

교과 역량 문제 해결, 정보 처리

9 하영이와 준호가 나타내는 소수의 합은 얼마입니까?

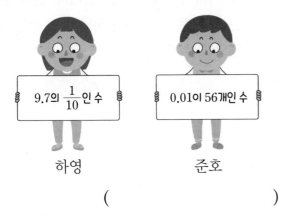

9.7의 $\frac{1}{10}$인 수

0.01이 56개인 수

하영 준호

( )

---

12 페인트 4 L 중에서 1.1 L는 거실 벽을 칠하는 데 사용했고, 1.4 L는 화장실 벽을 칠하는 데 사용했습니다. 거실과 화장실 벽을 칠하는 데 사용하고 남은 페인트는 몇 L입니까?

( )

교과서 pick

10 0부터 9까지의 수 중에서 ☐ 안에 들어갈 수 있는 수를 모두 구해 보시오.

$$2.58 + 3.75 > 6.\boxed{}5$$

( )

교과 역량 문제 해결, 추론

13 ☐ 안에 알맞은 수를 써넣으시오.

(1)
$$\begin{array}{r} \boxed{}.5\ 4 \\ +\ 2.\boxed{}\ 9 \\ \hline 7.2\ \boxed{} \end{array}$$

(2)
$$\begin{array}{r} 7.\boxed{}\ 1 \\ -\ \boxed{}.8\ 8 \\ \hline 1.3\ \boxed{} \end{array}$$

예제 1 어떤 수의 100배는 254입니다. 어떤 수의 $\frac{1}{10}$은 얼마입니까?

( )

유제 1 어떤 수의 $\frac{1}{100}$은 1.392입니다. 어떤 수의 100배는 얼마입니까?

( )

교과서 pick

☆ **예제 2** 4장의 카드를 한 번씩 모두 사용하여 소수 두 자리 수를 만들려고 합니다. 만들 수 있는 가장 큰 수와 가장 작은 수의 합은 얼마입니까?

| 1 | 4 | 7 | . |

( )

유제 2 4장의 카드를 한 번씩 모두 사용하여 소수 두 자리 수를 만들려고 합니다. 만들 수 있는 가장 큰 수와 가장 작은 수의 차는 얼마입니까?

| 5 | 9 | 3 | . |

( )

예제 3 예은이와 연서가 설명하는 두 수를 (보기)에서 찾아 두 수의 차를 구해 보시오.

- 예은: 5.4보다 크고 6보다 작아.
- 연서: 3.8보다 작고 2.2보다 커.

(보기)

4.96 5.38 5.49 3.19 2.07

( )

유제 3 인호와 진주가 설명하는 두 수를 (보기)에서 찾아 두 수의 합을 구해 보시오.

- 인호: 2.3보다 크고 3보다 작아.
- 진주: 5.4보다 작고 4.3보다 커.

(보기)

5.16 2.06 5.67 2.64 4.13

( )

예제 4
어떤 수에 1.6을 더해야 할 것을 잘못하여 뺐더니 10.7이 되었습니다. **바르게 계산**하면 얼마입니까?

( )

유제 4
어떤 수에서 0.47을 빼야 할 것을 잘못하여 더했더니 12.56이 되었습니다. 바르게 계산하면 얼마입니까?

( )

교과서 pick

예제 5
다음에서 설명하는 **소수 세 자리 수**를 구해 보시오.

- 5보다 크고 6보다 작습니다.
- 소수 첫째 자리 숫자는 9이고, 소수 셋째 자리 숫자는 0.005를 나타냅니다.
- 일의 자리 숫자와 소수 둘째 자리 숫자의 합은 8입니다.

( )

유제 5
다음에서 설명하는 소수 세 자리 수를 구해 보시오.

- 7.6보다 크고 7.7보다 작습니다.
- 소수 첫째 자리 숫자와 소수 셋째 자리 숫자는 같습니다.
- 소수 둘째 자리 숫자가 나타내는 값은 0.01이 8개인 수와 같습니다.

( )

예제 6
㉮에서 ㉣까지의 거리는 몇 m입니까?

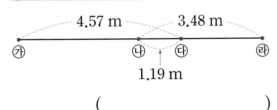

( )

유제 6
길이가 6.72 cm인 색 테이프와 12.69 cm인 색 테이프 2장을 그림과 같이 2.01 cm가 겹치게 이어 붙였습니다. 이어 붙인 색 테이프의 전체 길이는 몇 cm입니까?

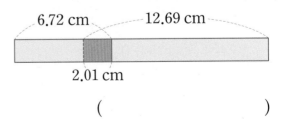

( )

1 분수를 소수로 쓰고, 읽어 보시오.

$$\frac{39}{100}$$

쓰기 (   )

읽기 (   )

2 ☐ 안에 알맞은 소수를 써넣으시오.

2.25 ━━━━━━━━━━━━━━━━ 2.26

3 5.08과 같은 수에 ◯표 하시오.

| 5.80 | 5.080 | 0.508 |

4 계산해 보시오.

```
    5. 4 8
  + 0. 7 6
```

5 잘못 계산한 곳을 찾아 바르게 계산해 보시오.

```
    4. 3 8
  −   2. 5    ⇨
  ─────────
    4. 1 3
```

교과서에 꼭 나오는 문제

6 2.071에 대한 설명으로 잘못된 것은 어느 것입니까? (   )

① 1이 나타내는 수는 0.001입니다.
② 이 점 영칠일이라고 읽습니다.
③ 생략할 수 있는 숫자 0이 있습니다.
④ 소수 둘째 자리 숫자는 7입니다.
⑤ 7은 0.07을 나타냅니다.

7 4가 나타내는 수가 가장 작은 소수는 어느 것입니까? (   )

① 24.56   ② 3.546   ③ 73.45
④ 1.046   ⑤ 0.654

8 계산 결과의 크기를 비교하여 ◯ 안에 >, =, <를 알맞게 써넣으시오.

$$0.8 + 0.5 \bigcirc 1.6 - 0.7$$

정답 17쪽

9 나타내는 수가 0.66인 수를 찾아 기호를 써 보시오.

> ㉠ 6.6을 10배 한 수
> ㉡ 0.066을 100배 한 수
> ㉢ 66의 $\frac{1}{100}$인 수
> ㉣ 0.001이 66개인 수

(   )

10 지수네 집에서 미술관까지 가는 길입니다. 1번 길과 2번 길 중에서 어느 길로 가는 것이 몇 km 더 가깝습니까?

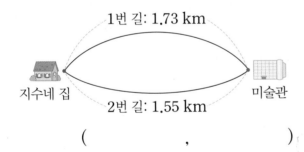

1번 길: 1.73 km

지수네 집   미술관

2번 길: 1.55 km

(,   )

11 두 소수의 합은 얼마입니까?

> • 0.01이 47개인 수
> • 일의 자리 숫자가 1이고, 소수 첫째 자리 숫자가 4인 소수 한 자리 수

(   )

잘 틀리는 문제

12 집에서부터 소방서, 슈퍼마켓, 병원까지의 거리를 나타낸 표입니다. 집에서 가장 먼 곳은 어디입니까?

소방서	슈퍼마켓	병원
3500 m	2.8 km	3.23 km

(   )

13 다음이 나타내는 수의 $\frac{1}{10}$은 얼마입니까?

> 1이 4개, 0.1이 5개, 0.01이 13개인 수

(   )

교과서에 꼭 나오는 문제

14 ㉠이 나타내는 수는 ㉡이 나타내는 수의 몇 배입니까?

> 5.275
> ↑   ↑
> ㉠   ㉡

(   )

3. 소수의 덧셈과 뺄셈 **59**

15 0부터 9까지의 수 중에서 ☐ 안에 들어갈 수 있는 수는 모두 몇 개입니까?

$$5.42 - 1.84 < 3.\square6$$

( )

![잘 틀리는 문제]

16 ☐ 안에 알맞은 수를 써넣으시오.

$$
\begin{array}{r}
\square\,.\;5\;\;6 \\
+\;\;4\,.\;\square\;8 \\
\hline
1\;2\,.\;5\;\square
\end{array}
$$

17 4장의 카드를 한 번씩 모두 사용하여 소수 한 자리 수를 만들려고 합니다. 만들 수 있는 가장 큰 수와 가장 작은 수의 차는 얼마입니까?

[3] [8] [5] [.]

( )

18 한 봉지의 무게가 0.385 kg인 소금 10봉지의 무게는 몇 kg인지 구하려고 합니다. 풀이 과정을 쓰고 답을 구해 보시오.

풀이 |

답 |

19 자동차에 2.4 L의 휘발유가 들어 있었습니다. 주유소에서 10.5 L의 휘발유를 더 넣은 후 8.02 L의 휘발유를 사용했습니다. 자동차에 남아 있는 휘발유는 몇 L인지 풀이 과정을 쓰고 답을 구해 보시오.

풀이 |

답 |

20 어떤 수에 1.75를 더해야 할 것을 잘못하여 뺐더니 6.42가 되었습니다. 바르게 계산하면 얼마인지 풀이 과정을 쓰고 답을 구해 보시오.

풀이 |

답 |

창의·융합형 문제

1 스테빈의 소수 표기법 알아보기

오늘날 우리가 사용하는 소수의 체계를 확립한 사람은 네덜란드의 수학자인 시몬 스테빈(Simon Stevin)입니다. 그는 『10분의 1에 관하여』라는 책에서 소수와 소수 계산법을 소개하였습니다.

그가 처음에 사용한 소수 표기법은 오늘날의 소수 표기법과 달랐습니다.

▲ 스테빈

스테빈의 소수 표기법
$\dfrac{1}{10} \Rightarrow 1①,\ \dfrac{1}{100} \Rightarrow 1②,\ \dfrac{1}{1000} \Rightarrow 1③$ 예 $4.257 \Rightarrow 4⓪2①5②7③,\ 6.09 \Rightarrow 6⓪9②$

다음 계산 결과는 얼마인지 오늘날의 소수 표기법으로 나타내어 계산해 보시오.

$$3⓪5①1② + 2⓪8②$$

(   )

2 스켈레톤 알아보기

스켈레톤은 머리를 정면으로 향하여 엎드린 자세로 경사진 얼음 트랙을 활주하는 기록 경기입니다.

스켈레톤은 이틀 동안 하루에 2번씩 경주하여 총 4번의 기록을 합산한 것으로 순위를 정합니다.

다음은 2018년 평창동계올림픽 스켈레톤 종목에서 금메달을 딴 윤성빈 선수의 기록입니다. 가장 빠른 기록과 가장 느린 기록의 차는 몇 초입니까?

횟수	1차	2차	3차	4차
기록	50.28초	50.07초	50.18초	50.02초

(출처: 국제 봅슬레이 스켈레톤 경기연맹(IBSF).)

(   )

주어진 모양을 찾아라!

○ 그림에서 주어진 모양을 찾아보세요.

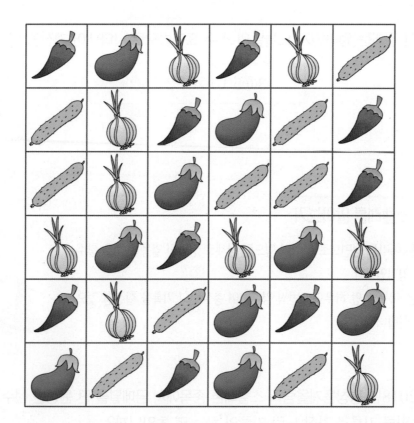

4

사각형

수직

◆ **수직과 수선** ─→ 垂直(드리울 수, 곧을 직), 垂線(드리울 수, 선 선)

> · **두 직선이** 만나서 이루는 각이 **직각일 때**,
> 두 직선은 서로 수직이라고 합니다.
> · 두 직선이 서로 수직으로 만나면
> 한 직선을 다른 직선에 대한 수선이라고 합니다.

서로 수직

◆ **수선 긋기**

| ·삼각자를 이용하여 주어진 직선에 대한 수선 긋기 | ·각도기를 이용하여 주어진 직선에 대한 수선 긋기 |

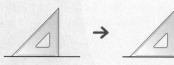

직각을 낀 변 중 한 변을 주어진 직선에 맞추기

직각을 낀 다른 한 변을 따라 선 긋기

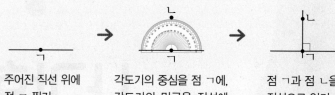

주어진 직선 위에 점 ㄱ 찍기

각도기의 중심을 점 ㄱ에, 각도기의 밑금을 직선에 맞추고 90°가 되는 눈금 위에 점 ㄴ 찍기

점 ㄱ과 점 ㄴ을 직선으로 잇기

예제 1 두 직선이 서로 수직인 것을 찾아 기호를 써 보시오.

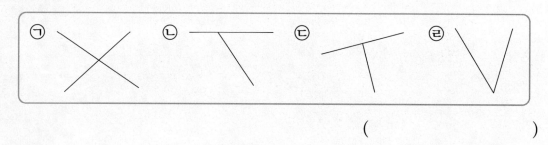

(   )

예제 2 삼각자와 각도기를 이용하여 주어진 직선에 대한 수선을 그어 보시오.

(1) 삼각자 이용

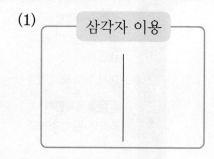

(2) 각도기 이용

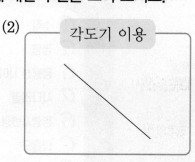

평행

◆ **평행과 평행선** → 平行(평평할 평, 다닐 행), 平行線(평평할 평, 다닐 행, 선 선)

> · **평행**하다: 서로 만나지 않는 두 직선의 관계
>
> · **평행선**: 평행한 두 직선

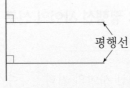

한 직선에 수직이 두 직선은 서로
만나지 않으므로 평행합니다.

◆ **평행선 긋기** → 삼각자를 이용합니다.

· **주어진 직선과 평행한 직선 긋기**

→ 셀 수 없이 많이 그을 수 있습니다.

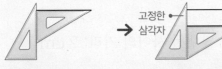

주어진 직선에 맞도록
삼각자 2개를 놓기

왼쪽 삼각자를 고정하고,
오른쪽 삼각자를 움직여
주어진 직선과 평행한 직
선 긋기

· **점 ㄱ을 지나고 주어진 직선과 평행한 직선 긋기**

→ 1개만 그을 수 있습니다.

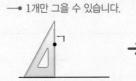

삼각자의 한 변을 직선
에 맞추고 다른 한 변이
점 ㄱ을 지나도록 놓기

다른 삼각자를 이용하여
점 ㄱ을 지나고 주어진
직선과 평행한 직선 긋기

예제 3

두 직선이 서로 평행한 것을 찾아 기호를 써 보시오.

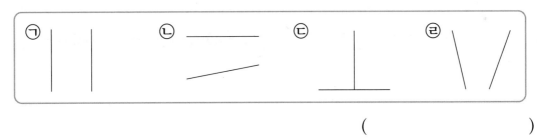

(   )

예제 4

삼각자를 이용하여 주어진 직선과 평행한 직선을 그어 보시오.

(1)
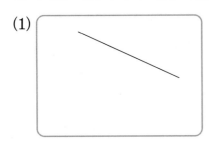

(2)
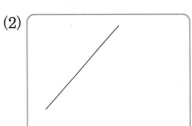

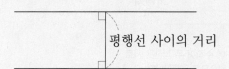

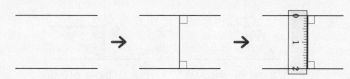

3 평행선 사이의 거리

◆ **평행선 사이의 거리**

> 평행선 사이의 거리: 평행선 사이의 선분 중에서 평행선에 **수직인 선분의 길이**

평행선 사이의 거리

- 평행선 사이의 선분 중에서 평행선에 수직인 선분의 **길이가 가장 짧습니다.**
- 평행선 사이의 **거리는 모두 같습니다.**

◆ **평행선 사이의 거리 재기**

평행선의 한 직선에서 다른 직선에 수직인 선분을 긋고, 수직인 선분의 길이를 잽니다.

➡ 평행선 사이의 거리: 2 cm

예제 5 직선 가와 직선 나는 서로 평행합니다. 평행선 사이의 거리를 나타내는 선분을 모두 찾아 기호를 써 보시오.

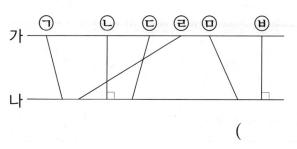

(   )

예제 6 평행선 사이의 거리는 몇 cm인지 재어 보시오.

(1)
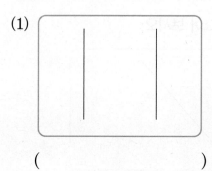

(   )

(2)
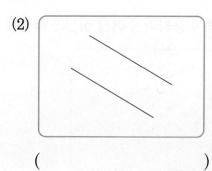

(   )

한 번 더 확인

①~③ 수직, 평행, 평행선 사이의 거리

❶ 수직

(1~2) 그림을 보고 □ 안에 알맞게 써넣으시오.

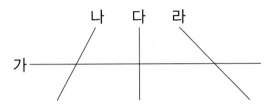

1 직선 가에 수직인 직선은 직선 □ 입니다.

2 직선 가에 대한 수선은 직선 □ 입니다.

❷ 평행

(3~4) 그림을 보고 □ 안에 알맞게 써넣으시오.

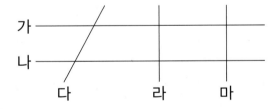

3 직선 가와 평행한 직선은 직선 □ 입니다.

4 직선 라와 평행한 직선은 직선 □ 입니다.

❶ 수직 / ❷ 평행

(5~6) 도형을 보고 물음에 답하시오.

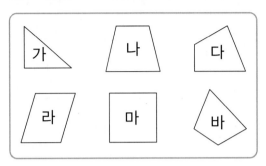

5 서로 수직인 변이 있는 도형을 모두 찾아 보시오.

(   )

6 서로 평행한 변이 있는 도형을 모두 찾아 보시오.

(   )

❸ 평행선 사이의 거리

(7~8) 직선 가와 직선 나는 서로 평행합니다. 평행선 사이의 거리를 구해 보시오.

7
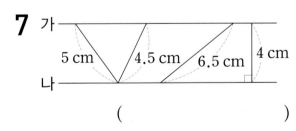

(   )

8
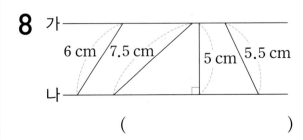

(   )

1 삼각자를 이용하여 직선 가에 수직인 직선을 바르게 그은 것을 찾아 기호를 써 보시오.

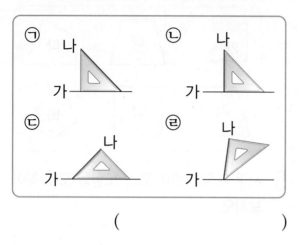

( )

2 도형에서 변 ㄴㅂ에 수직인 선분을 찾아 써 보시오.

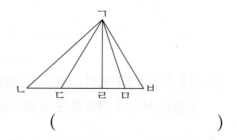

( )

3 정사각형에서 서로 평행한 변을 모두 찾아 써 보시오.

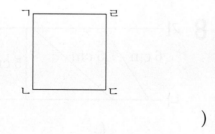

( )

4 서로 평행한 직선은 모두 몇 쌍입니까?

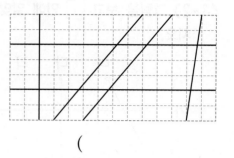

( )

5 삼각자를 이용하여 점 ㄱ을 지나고 직선 가와 평행한 직선을 그어 보시오.

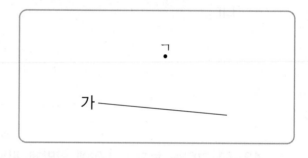

6 도형에서 평행선 사이의 거리는 몇 cm입니까?

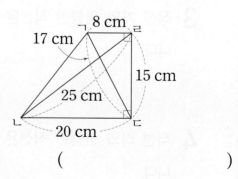

( )

7 평행선에 대해 잘못 말한 사람은 누구입니까?

- 윤정: 평행한 두 직선을 평행선이라고 해.
- 석주: 평행선은 서로 만나지 않아.
- 가희: 평행선을 계속 늘이면 언젠가는 만나.
- 경진: 평행선은 한 직선에 수직인 두 직선이지.

( )

8 평행선 사이의 거리가 1 cm가 되도록 주어진 직선과 평행한 직선을 그어 보시오.

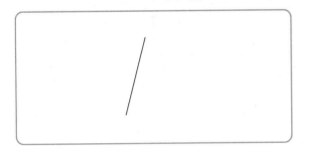

교과 역량 추론, 의사소통   개념 확인 서술형

9 다음은 평행선 사이의 거리를 잘못 잰 것입니다. 잘못 잰 이유를 써 보시오.

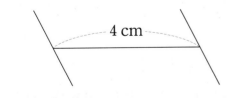

이유|

10 점 ㄱ을 지나고 직선 ㄴㄷ과 평행한 직선을 긋고 그은 평행선 사이의 거리를 재어 보시오.

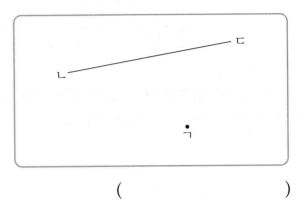

( )

교과 역량 문제 해결

11 평행선이 두 쌍인 사각형을 그려 보시오.

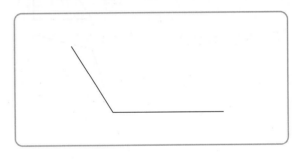

교과서 pick

12 도형에서 평행선을 찾아 평행선 사이의 거리는 몇 cm인지 재어 보시오.

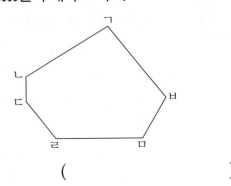

( )

4 사다리꼴

사다리꼴: 평행한 변이 한 쌍이라도 있는 사각형

 평행 평행 평행

사다리꼴은 평행한 변이 있기만 하면 되므로 마주 보는 두 쌍의 변이 서로 평행한 사각형도 사다리꼴입니다.

➕ 사다리꼴 그리기
❶ 평행한 선분 한 쌍 긋기
❷ 그은 선분을 두 변으로 하는 사각형 그리기

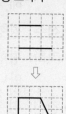

예제 1 사다리꼴을 모두 찾아보시오.

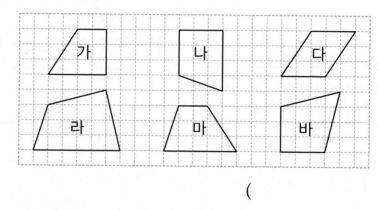

(   )

예제 2 사각형을 보고 알맞은 말에 ○표 하시오.

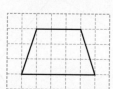

(1) 서로 평행한 변은 (한 , 두) 쌍입니다.

(2) 마주 보는 한 쌍의 변이 서로 (수직입니다 , 평행합니다).

5 평행사변형

◆ **평행사변형** ─→ 平行四邊形(평평할 평, 다닐 행, 넉 사, 가 변, 모양 형)

평행사변형: 마주 보는 두 쌍의 변이 서로 평행한 사각형

◆ **평행사변형과 사다리꼴의 관계**

평행사변형은 평행한 변이 있으므로 사다리꼴이라고 할 수 있습니다.

└─ 사다리꼴은 서로 평행한 변이 한 쌍만 있을 수 있으므로 평행사변형이라고 할 수 없습니다.

◆ **평행사변형의 성질**

• 마주 보는 두 변의 길이가 같습니다.
• 마주 보는 두 각의 크기가 같습니다.
• 이웃한 두 각의 크기의 합이 $180°$입니다.

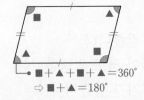

⇨ ■＋▲＋■＋▲＝360°
⇨ ■＋▲＝180°

예제 3 평행사변형을 모두 찾아보시오.

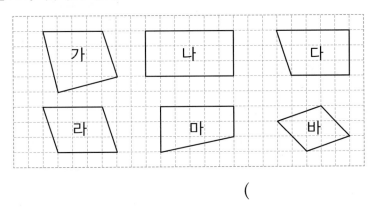

(   )

예제 4 사각형을 보고 알맞은 것에 ○표 하시오.

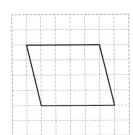

(1) 서로 평행한 변은 (한 , 두) 쌍입니다.

(2) 마주 보는 두 변의 길이는 (같습니다 , 다릅니다).

(3) 마주 보는 두 각의 크기는 (같습니다 , 다릅니다).

(4) 이웃한 두 각의 크기의 합은 (90° , 180°)입니다.

마름모

◆ **마름모**

마름모: 네 변의 길이가 모두 같은 사각형

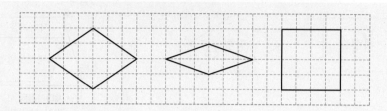

◆ **마름모, 평행사변형, 사다리꼴의 관계**

• 마름모는 두 쌍의 변이 서로 평행하므로 평행사변형이라고 할 수 있습니다.

• 마름모는 평행한 변이 있으므로 사다리꼴이라고 할 수 있습니다.

사다리꼴, 평행사변형은 네 변의 길이가 모두 같은 것은 아니므로 마름모라고 할 수 없습니다.

◆ **마름모의 성질**

• 네 변의 길이가 모두 같습니다.
• 마주 보는 두 쌍의 변이 서로 평행합니다.
• 마주 보는 두 각의 크기가 같습니다.
• 이웃한 두 각의 크기의 합이 180°입니다.
• 마주 보는 꼭짓점끼리 이은 선분은
  서로 수직이고, 서로를 똑같이 둘로 나눕니다.

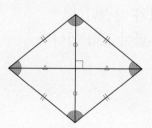

예제 5

마름모를 모두 찾아보시오.

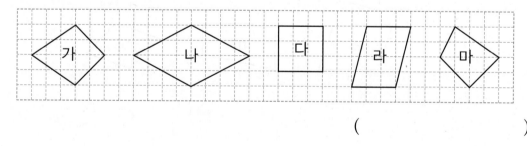

(   )

예제 6

사각형을 보고 알맞은 것에 ○표 하시오.

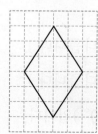

(1) 네 변의 길이는 모두 (같습니다 , 다릅니다).

(2) 마주 보는 두 쌍의 변이 서로 (수직입니다 , 평행합니다).

(3) 마주 보는 두 각의 크기는 (같습니다 , 다릅니다).

(4) 이웃한 두 각의 크기의 합은 (90° , 180°)입니다.

여러 가지 사각형

◆ 직사각형과 정사각형의 성질

	직사각형	정사각형
공통점	• 네 각이 모두 직각으로 같습니다. • 마주 보는 두 쌍의 변이 서로 평행합니다.	
차이점	마주 보는 두 변의 길이가 같습니다.	네 변의 길이가 모두 같습니다.

참고 정사각형은 직사각형의 성질을 모두 가지고 있으므로 직사각형이라고 할 수 있습니다.

◆ 여러 가지 사각형 알아보기

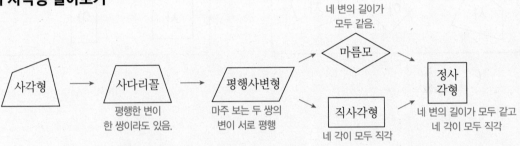

예제 7

직사각형의 성질에는 '직', 정사각형의 성질에는 '정'을 써 보시오.

네 변의 길이가 모두 같습니다.	
네 각의 크기가 모두 90°입니다.	
마주 보는 두 변의 길이가 같습니다.	
마주 보는 두 쌍의 변이 서로 평행합니다.	

예제 8

여러 가지 사각형을 찾아보시오.

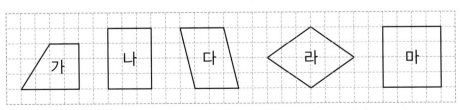

사다리꼴	평행사변형	마름모

④~⑦ 여러 가지 사각형

④ 사다리꼴

1 사다리꼴을 모두 찾아보시오.

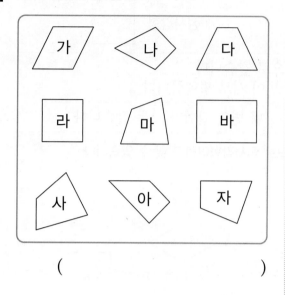

(   )

⑥ 마름모

3 마름모를 모두 찾아보시오.

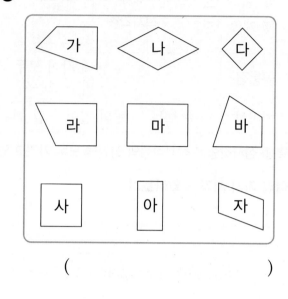

(   )

⑤ 평행사변형

2 평행사변형을 모두 찾아보시오.

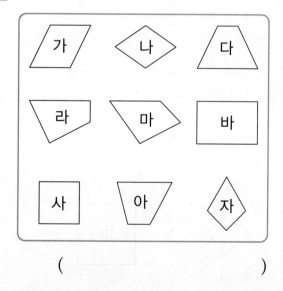

(   )

⑦ 여러 가지 사각형

4 여러 가지 사각형을 찾아보시오.

가	나	다	라	마

사다리꼴	
평행사변형	
마름모	
직사각형	
정사각형	

1 직사각형 모양의 종이띠를 선을 따라 잘랐을 때 잘라 낸 사각형 중에서 사다리꼴은 모두 몇 개입니까?

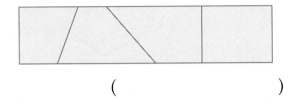

(   )

2 사다리꼴을 완성해 보시오.

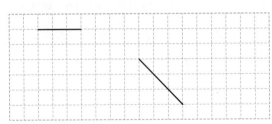

3 평행사변형을 보고 ☐ 안에 알맞은 수를 써넣으시오.

(1)

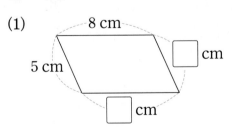

(2)

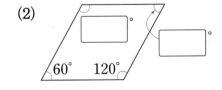

4 사다리꼴을 만들려면 사각형의 어느 부분을 잘라 내면 되는지 （보기）와 같이 선을 그어 보시오.

（보기）

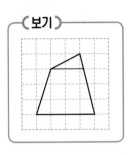 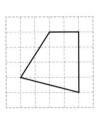

5 점 종이에서 한 꼭짓점만 옮겨서 마름모를 만들어 보시오.

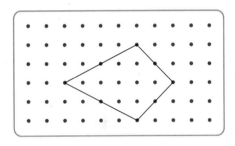

교과 역량 추론, 의사소통   개념 확인 서술형

6 다음 도형은 사다리꼴입니까? 그렇게 생각한 이유를 써 보시오.

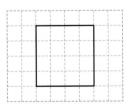

답|

7 마름모를 보고 ☐ 안에 알맞은 수를 써넣으시오.

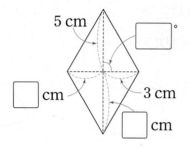

8 마름모의 네 변의 길이의 합은 몇 cm입니까?

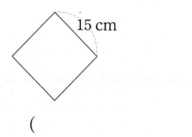

(   )

9 바르게 설명한 것을 찾아 기호를 써 보시오.

> ㉠ 평행사변형은 마주 보는 두 변의 길이가 다릅니다.
> ㉡ 마름모는 마주 보는 두 각의 크기가 같습니다.
> ㉢ 사다리꼴은 평행한 변이 한 쌍만 있습니다.

(   )

10 사각형의 이름이 될 수 있는 것을 모두 고르시오. (   )

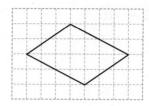

① 사다리꼴 ② 마름모 ③ 평행사변형
④ 직사각형 ⑤ 정사각형

11 그림과 같이 직사각형 모양의 색종이를 접어서 자른 후 빗금 친 부분을 펼쳤을 때 만들어지는 사각형의 이름을 써 보시오.

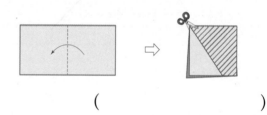

(   )

 교과서 pick   서술형

12 평행사변형에서 ㉠의 각도는 얼마인지 풀이 과정을 쓰고 답을 구해 보시오.

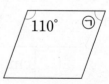

풀이 |

_____

_____

답 |

(13~14) 막대를 보고 물음에 답하시오.

⑰ ㉯

〈보기〉

사다리꼴   평행사변형

마름모   직사각형   정사각형

13 ㉮의 막대로 만들 수 있는 사각형의 이름을 〈보기〉에서 모두 찾아 써 보시오.

(   )

14 ㉯의 막대로 만들 수 있는 사각형의 이름을 〈보기〉에서 모두 찾아 써 보시오.

(   )

15 틀린 것을 찾아 기호를 써 보시오.

㉠ 정사각형은 직사각형이라고 할 수 있습니다.

㉡ 직사각형은 사다리꼴이라고 할 수 있습니다.

㉢ 사다리꼴은 평행사변형이라고 할 수 있습니다.

㉣ 마름모는 평행사변형이라고 할 수 있습니다.

(   )

16 설명에 알맞은 사각형의 이름을 써 보시오.

• 네 변의 길이가 모두 같습니다.

• 마주 보는 두 쌍의 변이 서로 평행합니다.

• 네 각의 크기가 모두 같습니다.

(   )

| 교과 역량 | 문제 해결

17 마름모에서 ㉠과 ㉡의 각도의 차를 구해 보시오.

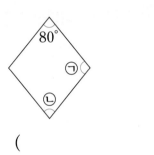

(   )

교과서 pick

18 평행사변형의 네 변의 길이의 합은 48 cm입니다. ☐ 안에 알맞은 수를 써넣으시오.

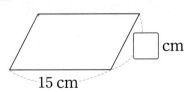

15 cm

☐ cm

교과서 pick

예제 1 도형에서 변 ㄱㅇ과 변 ㅂㅅ은 서로 평행합니다. 변 ㄱㅇ과 변 ㅂㅅ 사이의 거리는 몇 cm입니까?

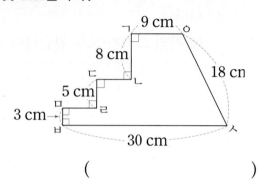

(   )

유제 1 도형에서 변 ㄱㄴ과 변 ㄹㄷ은 서로 평행합니다. 변 ㄱㄴ과 변 ㄹㄷ 사이의 거리는 몇 cm입니까?

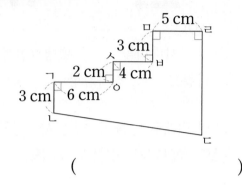

(   )

예제 2 ☆ 도형에서 평행선은 모두 몇 쌍입니까?

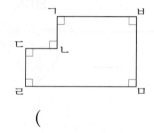

(   )

유제 2 도형에서 평행선은 모두 몇 쌍입니까?

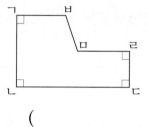

(   )

예제 3 직선 ㄱㄴ은 직선 ㄷㄹ에 대한 수선입니다. 각 ㄷㄹㄴ을 크기가 같은 각 5개로 나누었을 때, 각 ㅁㄹㅇ의 크기를 구해 보시오.

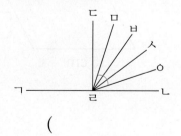

(   )

유제 3 직선 ㄱㄴ과 직선 ㄷㄹ은 서로 수직입니다. 각 ㄱㄹㄷ을 크기가 같은 각 6개로 나누었을 때, 각 ㅂㄹㄷ의 크기를 구해 보시오.

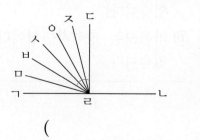

(   )

교과서 pick

예제 4

정삼각형과 마름모를 겹치지 않게 이어 붙여 만든 도형입니다. 빨간색 선의 길이는 몇 cm입니까?

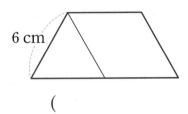

6 cm

(   )

유제 4

평행사변형과 정사각형을 겹치지 않게 이어 붙여 만든 도형입니다. 빨간색 선의 길이는 몇 cm입니까?

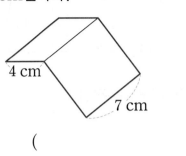

4 cm

7 cm

(   )

예제 5

도형에서 찾을 수 있는 크고 작은 사다리꼴은 모두 몇 개입니까?

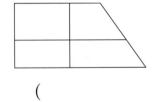

(   )

유제 5

도형에서 찾을 수 있는 크고 작은 사다리꼴은 모두 몇 개입니까?

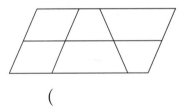

(   )

예제 6

마름모 ㄱㄴㄷㄹ에서 각 ㄴㄹㄷ의 크기를 구해 보시오.

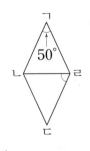

50°

(   )

유제 6

마름모 ㄱㄴㄷㄹ에서 각 ㄴㄹㄷ의 크기를 구해 보시오.

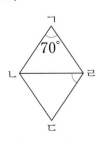

70°

(   )

(1~2) 그림을 보고 물음에 답하시오.

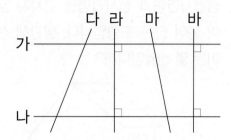

1 직선 가에 수직인 직선을 모두 찾아보시오.

( )

2 직선 바와 평행한 직선을 찾아보시오.

( )

3 각도기를 이용하여 직선 가에 수직인 직선을 그어 보시오.

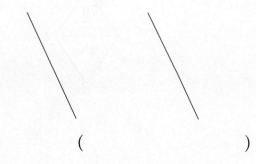

교과서에 꼭 나오는 문제

4 평행선 사이의 거리는 몇 cm인지 재어 보시오.

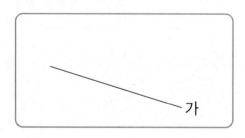

( )

(5~6) 도형을 보고 물음에 답하시오.

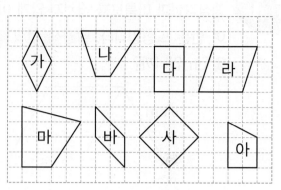

5 사다리꼴이 <u>아닌</u> 것을 찾아보시오.

( )

6 평행사변형을 모두 찾아보시오.

( )

7 평행사변형을 완성해 보시오.

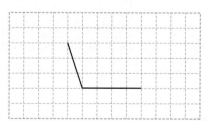

8 마름모를 보고 ☐ 안에 알맞은 수를 써넣으시오.

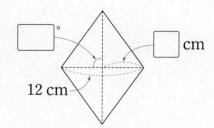

12 cm

9 점 종이에서 한 꼭짓점만 옮겨서 사다리꼴을 만들어 보시오.

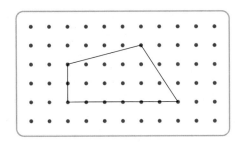

12 도형에서 변 ㄴㄷ에 대한 수선은 모두 몇 개입니까?

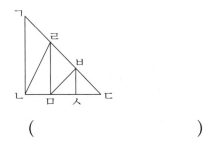

(   )

10 평행사변형을 보고 □ 안에 알맞은 수를 써넣으시오.

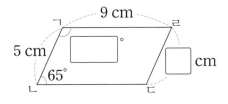

13 도형에서 변 ㄱㄴ과 평행한 변은 모두 몇 개입니까?

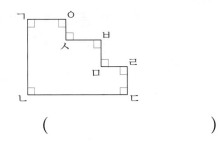

(   )

11 정사각형에 대한 설명으로 잘못된 것은 어느 것입니까? (   )

① 네 각의 크기가 모두 같습니다.

② 네 변의 길이가 모두 같습니다.

③ 마름모라고 할 수 없습니다.

④ 평행사변형이라고 할 수 있습니다.

⑤ 마주 보는 두 쌍의 변이 서로 평행합니다.

14 사각형의 이름이 될 수 없는 것을 모두 고르시오. (   )

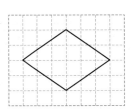

① 사다리꼴   ② 직사각형

③ 정사각형   ④ 마름모

⑤ 평행사변형

15 도형에서 변 ㄱㅇ과 변 ㄴㄷ은 서로 평행합니다. 변 ㄱㅇ과 변 ㄴㄷ 사이의 거리는 몇 cm입니까?

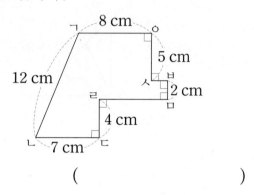

( )

16 마름모, 정삼각형, 정사각형을 겹치지 않게 이어 붙여 만든 도형입니다. 빨간색 선의 길이는 몇 cm입니까?

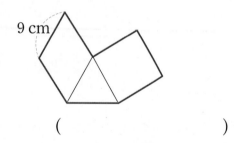

( )

잘 틀리는 문제

17 마름모 ㄱㄴㄷㄹ에서 각 ㄷㄴㄹ의 크기를 구해 보시오.

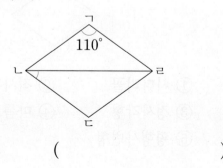

( )

서술형 문제

18 오른쪽 도형은 정사각형입니까? 그렇게 생각한 이유를 써 보시오.

답 |

19 네 변의 길이의 합이 52 cm인 마름모가 있습니다. 이 마름모의 한 변은 몇 cm인지 풀이 과정을 쓰고 답을 구해 보시오.

풀이 |

답 |

20 도형에서 찾을 수 있는 크고 작은 사다리꼴은 모두 몇 개인지 풀이 과정을 쓰고 답을 구해 보시오.

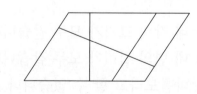

풀이 |

답 |

창의·융합형 문제

정답 24쪽

1. 한글 알아보기

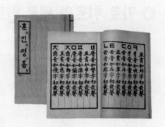

한글은 세종 대왕이 '훈민정음'이라는 이름으로 창제하여 반포한 우리나라 고유의 문자입니다. 1446년 반포될 당시에는 자음과 모음이 28자였지만, 현재 한글 맞춤법에서는 자음과 모음을 24자만 씁니다.

한글 자음에서 평행선이 두 쌍인 것을 찾아 ○표 하시오.

2. 장기 알아보기

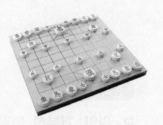

장기는 두 사람이 장기판을 가운데 두고 마주앉아 장기 말을 번갈아 가며 두어서 승부를 내는 민속놀이입니다.
상대편의 장기 말 중에서 장군 말을 꼼짝 못하게 포위하면 승리하는 놀이로 그 명칭을 '장기'라고 붙였다고 합니다.

장기판에서 장군 말을 놓는 곳은 오른쪽과 같이 한 각이 직각인 이등변삼각형 8개로 이루어진 도형입니다. 이 도형에서 찾을 수 있는 크고 작은 사다리꼴은 모두 몇 개입니까?

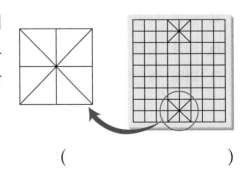

퍼즐 속 단어를 맞혀라!

◐ 가로 힌트와 세로 힌트를 보고 퍼즐 속 단어를 맞혀 보세요.

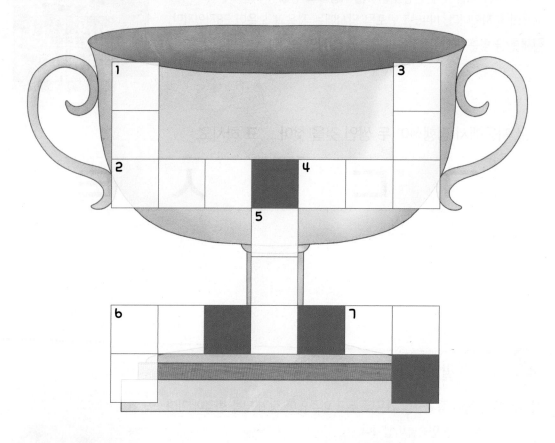

→ 가로 힌트

2. 위인, 거북선, 명량 대첩

4. 열매, 다람쥐, 묵

6. 동물, 사막, 혹

7. 과일, 빨간색, 백설 공주

↓ 세로 힌트

1. 음식, 가래떡, 고추장

3. 동물, 삐악삐악, 노란색

5. 섬, 한라산, 돌하르방

6. 가을, 나뭇잎, 울긋불긋

5

꺾은선그래프

꺾은선그래프

꺾은선그래프: 연속적으로 변화하는 양을 점으로 표시하고,
그 점들을 선분으로 이어 그린 그래프

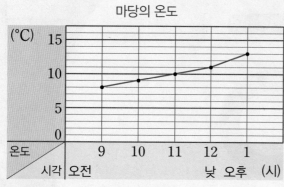

마당의 온도

- 가로: 시각, 세로: 온도
- 세로 눈금 한 칸: 1 ℃
- 꺾은선: 마당의 온도의 변화

참고 막대그래프와 꺾은선그래프의 비교

- 막대그래프: 자료의 값을 막대의 길이로 나타내어 수량의 많고 적음을 한눈에 비교하기 쉽습니다.
- 꺾은선그래프: 시간에 따른 자료의 변화를 한눈에 알아보기 쉽습니다.

예제
1 선준이의 저금통에 들어 있는 금액을 2일마다 조사하여 나타낸 꺾은선그래프입니다.
물음에 답하시오.

저금통에 들어 있는 금액

(1) 꺾은선그래프의 가로와 세로는 각각 무엇을 나타냅니까?

가로 (   ), 세로 (   )

(2) 세로 눈금 한 칸은 얼마를 나타냅니까?

(   )

(3) 꺾은선은 무엇을 나타냅니까?

(   )

2 꺾은선그래프의 내용

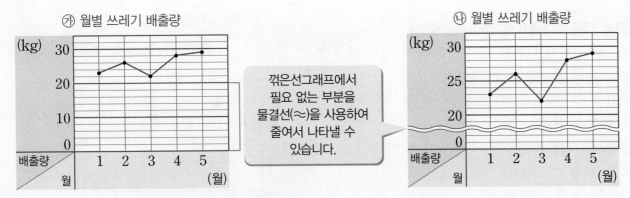

㉮ 월별 쓰레기 배출량

㉯ 월별 쓰레기 배출량

꺾은선그래프에서 필요 없는 부분을 물결선(≈)을 사용하여 줄여서 나타낼 수 있습니다.

- 쓰레기 배출량이 가장 많은 달: 5월 → 점이 가장 높게 찍힌 때입니다.
- 쓰레기 배출량이 전달에 비해 가장 많이 늘어난 달: 4월 ┌ 선분이 오른쪽 위로 가장 많이 기울어진 때는 3월과 4월 사이입니다.
- ㉯ 그래프는 필요 없는 부분을 물결선을 사용하여 줄여서 나타냈기 때문에 ㉮ 그래프보다 변화하는 모습이 더 잘 나타납니다.

참고 꺾은선그래프에서 선분의 기울어진 모양과 정도에 따른 자료의 변화

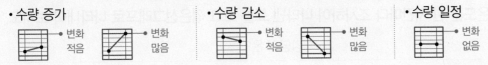

- 수량 증가 | 변화 적음 | 변화 많음
- 수량 감소 | 변화 적음 | 변화 많음
- 수량 일정 | 변화 없음

예제 2

식물의 키를 매일 같은 시각에 조사하여 두 꺾은선그래프로 나타내었습니다. 물음에 답하시오.

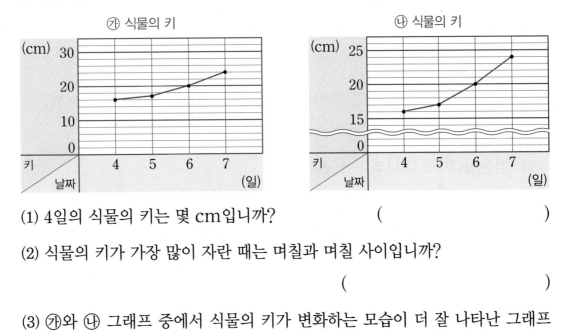

㉮ 식물의 키

㉯ 식물의 키

(1) 4일의 식물의 키는 몇 cm입니까?

(　　　　　　　　　)

(2) 식물의 키가 가장 많이 자란 때는 며칠과 며칠 사이입니까?

(　　　　　　　　　)

(3) ㉮와 ㉯ 그래프 중에서 식물의 키가 변화하는 모습이 더 잘 나타난 그래프는 어느 것입니까?

(　　　　　　　　　)

꺾은선그래프로 나타내기

〈자료를 꺾은선그래프로 나타내는 방법〉
❶ 가로와 세로에 나타낼 것을 정하기
❷ 세로 눈금 한 칸의 크기 정하기
❸ 조사한 수 중 가장 큰 수까지 나타낼 수 있도록 전체 눈금의 수 정하기
❹ 물결선을 넣는다면 어디에 넣을지 정하고, 물결선 그리기
❺ 가로와 세로 눈금이 만나는 자리에 점을 찍고, 점들을 선분으로 잇기
❻ 알맞은 제목 쓰기

팔 굽혀 펴기 횟수

요일(요일)	월	화	수	목
횟수(회)	16	21	17	22

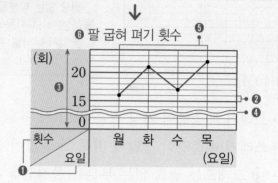

예제 3 강당의 온도를 한 시간마다 조사하여 나타낸 표를 보고 꺾은선그래프로 나타내어 보시오.

강당의 온도

시각(시)	오전 10	오전 11	낮 12	오후 1	오후 2	오후 3
온도(℃)	4	8	13	15	14	12

(1) 꺾은선그래프의 가로와 세로에는 각각 무엇을 나타내는 것이 좋겠습니까?

가로 (   ), 세로 (   )

(2) 세로 눈금 한 칸은 몇 ℃로 나타내는 것이 좋겠습니까?

(   )

(3) 온도를 나타내는 눈금은 적어도 몇 ℃까지 나타낼 수 있어야 합니까?

(   )

(4) 꺾은선그래프로 나타내어 보시오.

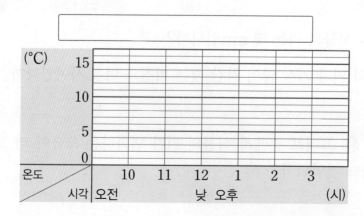

자료를 조사하여 꺾은선그래프로 나타내기

① 자료 조사하기 → ② 자료를 표로 나타내기 → ③ 표를 꺾은선그래프로 나타내기

〈강수량〉

3월: 38 mm
4월: 32 mm
5월: 46 mm
6월: 40 mm

강수량

월(월)	3	4	5	6
강수량 (mm)	38	32	46	40

강수량

(mm)

예제 4

어느 도시의 연도별 이사 온 가구 수를 조사한 자료입니다. 자료를 보고 꺾은선그래프로 나타내어 보시오.

2015년: 540가구   2016년: 520가구   2017년: 580가구
2018년: 600가구   2019년: 560가구   2020년: 500가구

(1) 조사한 자료를 보고 표로 나타내어 보시오.

이사 온 가구 수

연도(년)						
가구 수(가구)						

(2) 표를 보고 물결선을 사용한 꺾은선그래프로 나타낼 때, 세로 눈금은 물결선 위로 몇 가구부터 시작하는 것이 좋겠습니까?

(   )

(3) 물결선을 사용한 꺾은선그래프로 나타내어 보시오.

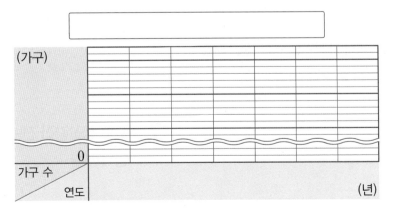

(1~3) 어느 날 체육관의 온도를 한 시간마다 조사하여 나타낸 막대그래프와 꺾은선그래프입니다. 물음에 답하시오.

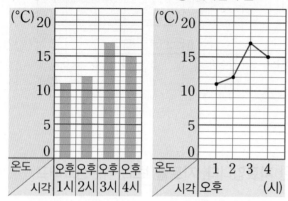

1 ㉮와 ㉯ 그래프 중 시간에 따른 체육관의 온도 변화를 한눈에 알아보기 쉬운 그래프는 어느 것입니까?

(   )

2 체육관의 온도가 가장 높은 때는 몇 시입니까?

(   )

教과 역량 의사소통, 정보 처리   개념 확인 서술형

3 체육관의 온도를 막대그래프와 꺾은선그래프로 나타내면 좋은 점을 각각 써 보시오.

답 |

_____

_____

(4~7) 어느 마을의 연도별 포도 생산량을 조사하여 나타낸 표를 보고 꺾은선그래프로 나타내려고 합니다. 물음에 답하시오.

포도 생산량

연도(년)	2017	2018	2019	2020
생산량 (상자)	3550	4100	3850	4000

4 세로 눈금 한 칸은 몇 상자로 나타내는 것이 좋겠습니까?

(   )

教과서 pick

5 물결선을 넣는다면 몇 상자와 몇 상자 사이에 넣는 것이 좋겠습니까?

(   )

6 표를 보고 꺾은선그래프로 나타내어 보시오.

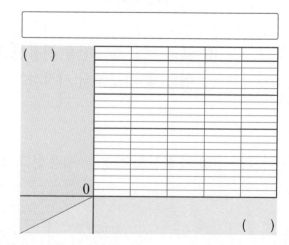

7 포도 생산량이 전년에 비해 줄어든 해는 몇 년입니까?

(   )

(8~11) 두 꽃의 키를 일주일마다 조사하여 나타낸 꺾은선그래프입니다. 물음에 답하시오.

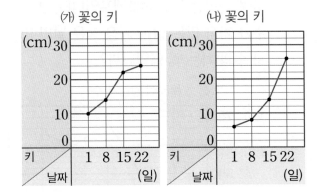

8 22일의 ㈎와 ㈏ 꽃의 키는 각각 몇 cm입니까?

㈎ 꽃 (   )

㈏ 꽃 (   )

9 1일부터 15일까지 ㈏ 꽃의 키는 몇 cm 자랐습니까?

(   )

10 ㈎ 꽃의 키가 14 cm인 날의 ㈏ 꽃의 키는 몇 cm입니까?

(   )

11 ㈎와 ㈏ 꽃의 키가 가장 많이 자란 때는 각각 며칠과 며칠 사이입니까?

㈎ 꽃 (   )

㈏ 꽃 (   )

교과서 pick

12 학교 운동장에 막대를 세워 그림자의 길이를 한 시간마다 조사하여 나타낸 꺾은선그래프입니다. 오전 11시 30분의 그림자의 길이는 몇 cm였을지 예상해 보시오.

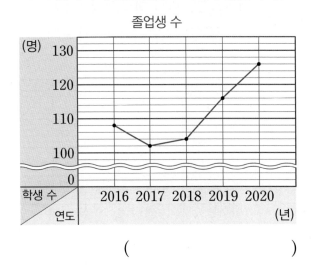

(   )

13 재윤이네 학교의 연도별 졸업생 수를 조사하여 나타낸 꺾은선그래프입니다. 2016년부터 2020년까지의 졸업생은 모두 몇 명입니까?

졸업생 수

(   )

☆ 예제 1

어느 회사의 월별 자동차 판매량을 조사하여 나타낸 꺾은선그래프입니다. 자동차 판매량이 가장 많은 달과 가장 적은 달의 판매량의 차는 몇 대입니까?

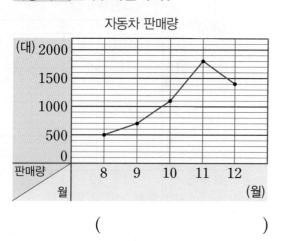

(   )

유제 1

유준이네 학교의 누리집 방문자 수를 조사하여 나타낸 꺾은선그래프입니다. 방문자 수가 가장 많은 날과 가장 적은 날의 방문자 수의 차는 몇 명입니까?

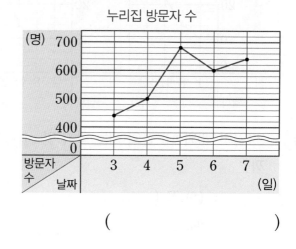

(   )

예제 2

어느 도서관의 요일별 책 대여량을 조사하여 나타낸 꺾은선그래프입니다. 월요일부터 금요일까지 책 대여량의 합이 371권일 때, 꺾은선그래프를 완성해 보시오.

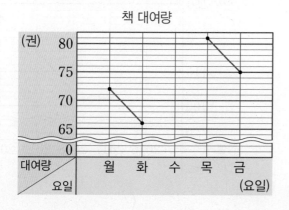

유제 2

어느 병원의 연도별 입원 환자 수를 조사하여 나타낸 꺾은선그래프입니다. 2016년부터 2020년까지 입원 환자 수의 합이 596명일 때, 꺾은선그래프를 완성해 보시오.

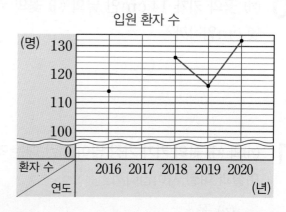

교과서 pick

예제 3 어느 지역의 8월의 날짜별 최고 기온과 에 어컨 판매량을 조사하여 나타낸 꺾은선그 래프입니다. 기온 변화가 가장 컸을 때, 에 어컨 판매량은 몇 대 늘었습니까?

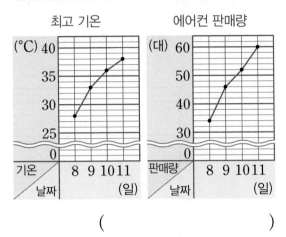

( )

유제 3 어느 지역의 연도별 콩 생산량과 콩 1 kg 의 가격을 조사하여 나타낸 꺾은선그래프 입니다. 콩 생산량의 변화가 가장 컸을 때, 콩 1 kg의 가격은 얼마 올랐습니까?

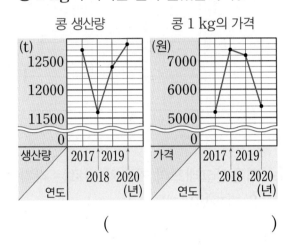

( )

예제 4 어느 도시의 연도별 초등학교 학생 수를 조사하여 나타낸 꺾은선그래프입니다. 남 학생 수와 여학생 수의 차가 가장 큰 때의 학생 수의 차는 몇 명입니까?

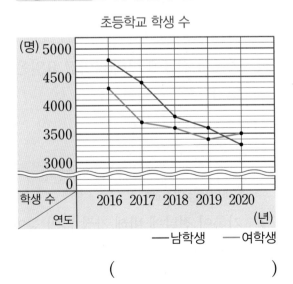

( )

유제 4 어느 지역의 월별 기온과 수온을 조사하여 나타낸 꺾은선그래프입니다. 기온과 수온 의 차가 가장 큰 때의 기온과 수온의 차는 몇 °C입니까?

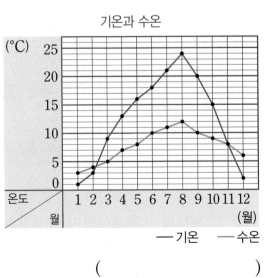

( )

단원 평가

(1~5) 어느 날 야영장의 온도를 한 시간마다 조사하여 나타낸 꺾은선그래프입니다. 물음에 답하시오.

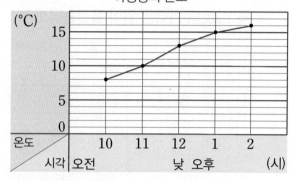

야영장의 온도

1 꺾은선그래프의 가로와 세로는 각각 무엇을 나타냅니까?

가로 (   )

세로 (   )

2 세로 눈금 한 칸은 몇 °C를 나타냅니까?

(   )

3 오전 11시의 야영장의 온도는 몇 °C입니까?

(   )

4 야영장의 온도가 가장 낮은 때는 몇 시입니까?

(   )

5 낮 12시부터 오후 2시까지 야영장의 온도는 몇 °C 올랐습니까?

(   )

(6~9) 형욱이의 요일별 오래 매달리기 기록을 조사하여 나타낸 표입니다. 물음에 답하시오.

오래 매달리기 기록

요일(요일)	월	화	수	목	금
기록(초)	9	11	17	15	20

6 표를 보고 꺾은선그래프로 나타내어 보시오.

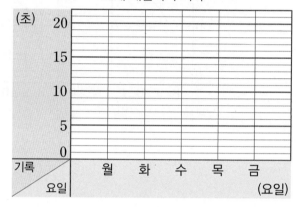

오래 매달리기 기록

7 기록이 가장 높은 요일은 무슨 요일이고, 그때의 기록은 몇 초입니까?

(,   )

8 기록이 전날에 비해 낮아진 요일은 무슨 요일입니까?

(   )

교과서에 꼭 나오는 문제

9 기록이 전날에 비해 가장 많이 높아진 요일은 무슨 요일입니까?

(   )

（10~12） 재영이의 키를 매월 1일에 조사하여 나타낸 표를 보고 꺾은선그래프로 나타내려고 합니다. 물음에 답하시오.

재영이의 키

월(월)	3	4	5	6	7
키(cm)	128.1	128.4	128.5	128.9	129.1

10 세로 눈금 한 칸은 몇 cm로 나타내는 것이 좋겠습니까?

(　　　　　　　)

11 물결선을 넣는다면 몇 cm와 몇 cm 사이에 넣는 것이 좋은지 알맞은 것을 찾아 기호를 써 보시오.

> ㉠ 0 cm와 128.5 cm 사이
> ㉡ 0 cm와 128 cm 사이
> ㉢ 0 cm와 129 cm 사이

(　　　　　　　)

교과서에 꼭 나오는 문제

12 표를 보고 꺾은선그래프로 나타내어 보시오.

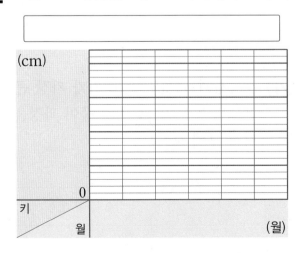

（13~15） 두 자전거 회사의 월별 자전거 생산량을 조사하여 두 꺾은선그래프로 나타내었습니다. 물음에 답하시오.

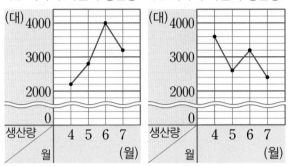

⑺ 회사의 자전거 생산량　⑼ 회사의 자전거 생산량

13 6월의 ⑺ 회사의 자전거 생산량은 4월보다 몇 대 늘었습니까?

(　　　　　　　)

14 ⑼ 회사에서 자전거를 2400대 생산한 달에 ⑺ 회사에서는 자전거를 몇 대 생산했습니까?

(　　　　　　　)

잘 틀리는 문제

15 ⑺와 ⑼ 회사의 자전거 생산량이 전월에 비해 가장 많이 변화한 달은 각각 몇 월입니까?

⑺ 회사 (　　　　　　　)

⑼ 회사 (　　　　　　　)

16 해바라기의 키를 매월 1일에 조사하여 나타낸 꺾은선그래프입니다. 5월 16일의 해바라기의 키는 몇 cm였을지 예상해 보시오.

해바라기의 키

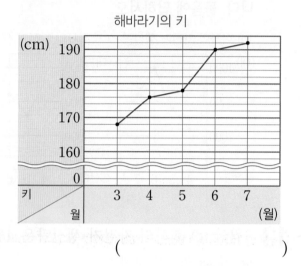

( )

17 어느 회사의 연도별 오디션 참가자 수를 조사하여 나타낸 꺾은선그래프입니다. 2017년부터 2020년까지 오디션 참가자 수의 합이 8700명일 때, 꺾은선그래프를 완성해 보시오.

오디션 참가자 수

(명)

4500

3000

1500

0

참가자 수 / 연도 : 2017 2018 2019 2020 (년)

(18~20) 어느 날 운동장과 교실의 온도를 한 시간마다 조사하여 나타낸 꺾은선그래프입니다. 물음에 답하시오.

운동장과 교실의 온도

(°C)

25

20

15

0

온도 / 시각 : 오전 9 10 11 12 낮 (시)

—운동장 —교실

18 운동장의 온도가 가장 낮은 때는 몇 시이고, 그때의 온도는 몇 °C인지 풀이 과정을 쓰고 답을 구해 보시오.

풀이 |

답 | ,

19 오전 9시부터 낮 12시까지 교실의 온도는 몇 °C 올랐는지 풀이 과정을 쓰고 답을 구해 보시오.

풀이 |

답 |

20 운동장과 교실의 온도 차가 가장 큰 때의 온도의 차는 몇 °C인지 풀이 과정을 쓰고 답을 구해 보시오.

풀이 |

답 |

 외래 관광객 수 알아보기

외래 관광객 수는 우리나라를 관광하기 위하여 입국한 외국인의 수를 말합니다. 외래 관광객 수는 총 외국인 입국자에서 외교, 거주, 군인, 영주의 자격으로 입국한 사람과 교포, 승무원을 제외하여 계산합니다.

오른쪽은 우리나라를 방문한 외래 관광객 수를 연도별로 조사하여 나타낸 꺾은선그래프입니다. 전년에 비해 관광객 수가 줄어든 해는 몇 년이고, 그때 줄어든 관광객 수는 몇 만 명입니까?

(,   )

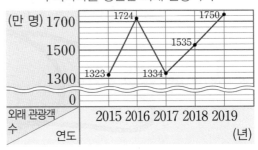

우리나라를 방문한 외래 관광객 수

(출처: 한국관광공사)

 1인당 국민 총소득 알아보기

1인당 국민 총소득은 일정한 기간 동안 한 나라의 국민이 벌어들인 소득을 그 나라의 인구로 나눈 것입니다. 우리나라의 1인당 국민 총소득은 경제가 빠르게 성장하면서 2019년에는 3700만 원 정도까지 늘었습니다.

우리나라 1인당 국민 총소득과 같은 기간 자동차 등록 대수를 조사하여 나타낸 꺾은선그래프입니다. 1인당 국민 총소득의 변화가 가장 컸을 때, 자동차 등록 대수는 몇 대 늘었습니까?

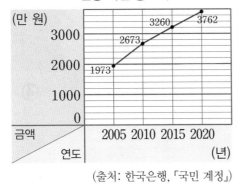

1인당 국민 총소득

(출처: 한국은행, 「국민 계정」)

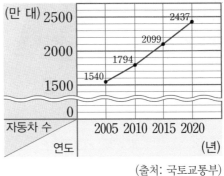

자동차 등록 대수

(출처: 국토교통부)

(   )

엉킨 선을 풀어라!

○ 털실이 서로 엉켜 있습니다. 각 털실의 끝을 찾아보세요.

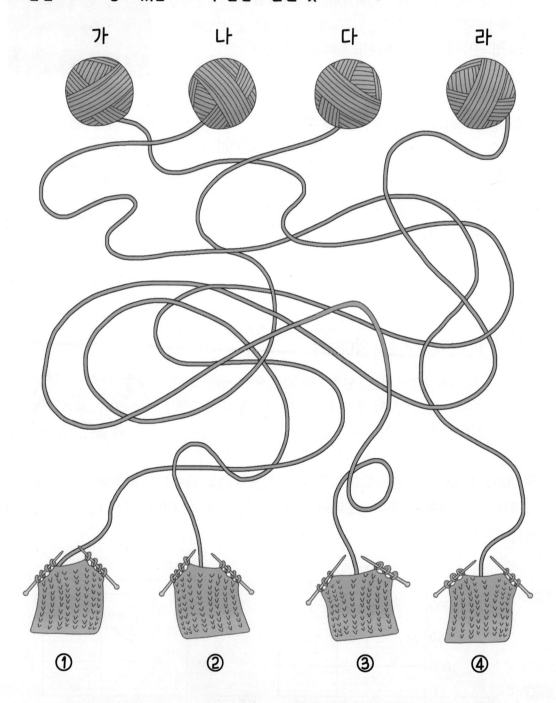

가   나   다   라

①   ②   ③   ④

6

다각형

1 다각형

多角形(많을 다, 뿔 각, 모양 형)

다각형: 선분으로만 둘러싸인 도형

다각형			
변의 수(개)	5	6	7
이름	오각형	육각형	칠각형

참고 다각형에서 변의 수와 꼭짓점의 수는 같습니다.

 다각형이 아닌 경우

⇨ 곡선이 있는 도형은 다각형이 아닙니다.

⇨ 선분으로 완전히 둘러싸여 있지 않으므로 다각형이 아닙니다.

예제 1 다각형을 모두 찾아 ○표 하시오.

(   ) (   ) (   ) (   )

유제 2 다각형의 이름을 써 보시오.

(1)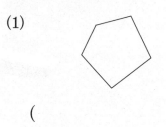

(   )

(2)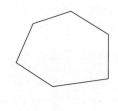

(   )

유제 3 ☐ 안에 알맞은 수를 써넣고, 알맞은 말에 ○표 하시오.

다각형	변의 수	꼭짓점의 수
	☐개	☐개
	☐개	☐개

⇨ 다각형에서 변의 수와 꼭짓점의 수는 (같습니다 , 다릅니다).

정다각형

正多角形(바를 정, 많을 다, 뿔 각, 모양 형)

정다각형: 변의 길이가 모두 같고, 각의 크기가 모두 같은 다각형

정다각형	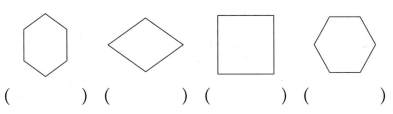		
변의 수(개)	4	5	6
이름	정사각형	정오각형	정육각형

예제 4 정다각형을 모두 찾아 ○표 하시오.

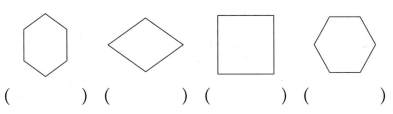

(   ) (   ) (   ) (   )

유제 5 정다각형의 이름을 써 보시오.

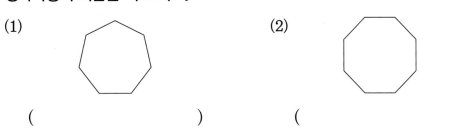

(1)   (2)

(   ) (   )

유제 6 도형은 정다각형입니다. ☐ 안에 알맞은 수를 써넣으시오.

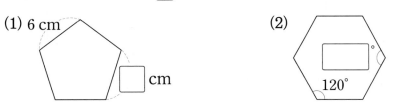

(1) 6 cm   (2)

☐ cm   ☐°   120°

3 대각선

◆ **대각선** → 對角線(대할 대, 뿔 각, 줄 선)

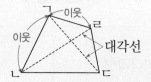

> ┌─ 하나의 변을 이루고 있는 두 꼭짓점이 아닌 꼭짓점
> **대각선: 다각형에서 서로 이웃하지 않는 두 꼭짓점을**
> **이은 선분** → 선분 ㄱㄷ, 선분 ㄴㄹ

다각형	대각선을 그을 수 없습니다.		
대각선의 수(개)	0	2	5

⇨ 다각형의 꼭짓점의 수가 많을수록 대각선의 수가 많아집니다.

◆ **사각형의 대각선의 성질**

두 대각선의 길이가 같습니다.		두 대각선이 서로 수직으로 만납니다.		한 대각선이 다른 대각선을 똑같이 둘로 나눕니다.			
직사각형	정사각형	마름모	정사각형	평행사변형	마름모	직사각형	정사각형

예제 7 다각형에 대각선을 모두 그어 보시오.

(1) (2)

예제 8 알맞은 사각형을 모두 찾아 ◯표 하시오.

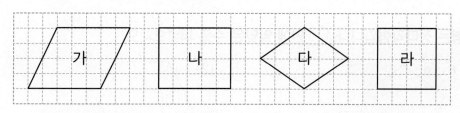

(1) 두 대각선의 길이가 같은 사각형은 (가 , 나 , 다 , 라)입니다.

(2) 두 대각선이 서로 수직으로 만나는 사각형은 (가 , 나 , 다 , 라)입니다.

4 모양 만들기와 채우기

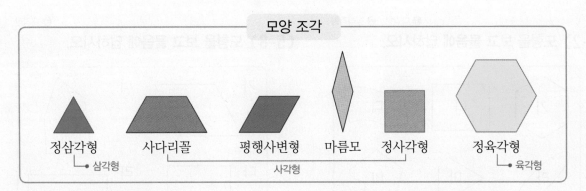

모양 조각

정삼각형 └─ 삼각형   사다리꼴   평행사변형   마름모   정사각형   정육각형 └─ 육각형
└──────── 사각형 ────────┘

◆ **모양 조각으로 모양 만들기**

정삼각형 1개,
사다리꼴 3개

◆ **모양 조각으로 모양 채우기**

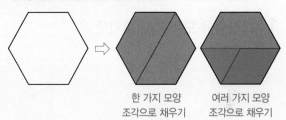

한 가지 모양
조각으로 채우기

여러 가지 모양
조각으로 채우기

참고 • 모양 조각을 변끼리 이어 붙여 모양을 만듭니다.
　　 • 모양 조각이 서로 겹치거나 빈틈이 생기지 않게 채웁니다.

예제
9 모양을 만드는 데 사용한 다각형을 모두 찾아 ○표 하시오.

(삼각형 , 사각형 , 육각형)

예제
11 모양을 채우고 있는 다각형을 찾아 ○표 하시오.

(삼각형 , 사각형 , 육각형)

유제
10  모양 조각을 한 번씩만 모두 사용하여 사다리꼴을 만들어 보시오. 활동지

유제
12 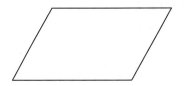 모양 조각을 여러 번 사용하여 평행사변형을 채워 보시오. 활동지

❶~❹ 다각형

❶ 다각형 / **❷** 정다각형

(1~2) 도형을 보고 물음에 답하시오.

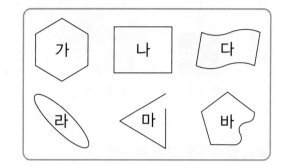

1 다각형을 모두 찾아보시오.

( )

2 정다각형을 찾고, 정다각형의 이름을 써 보시오.

(,)

3 도형판에 만든 다각형의 이름을 써 보시오.

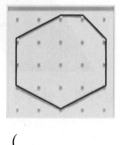

( )

4 빈칸에 알맞게 써넣으시오.

다각형의 이름		십일각형
변의 수(개)	8	

❸ 대각선

(5~8) 도형을 보고 물음에 답하시오.

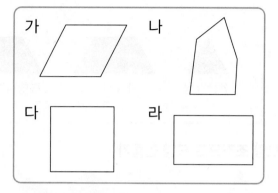

5 도형에 대각선을 모두 그어 보시오.

6 대각선을 2개 그을 수 있는 도형을 모두 찾아보시오.

( )

7 두 대각선의 길이가 같은 도형을 모두 찾아보시오.

( )

8 두 대각선이 서로 수직으로 만나는 도형을 찾아보시오.

( )

STEP 1 실전문제

1 관계있는 것끼리 선으로 이어 보시오.

   •

   •

   •

• 육각형

• 팔각형

• 오각형

2 다각형을 사용하여 모양 채우기를 한 것입니다. 모양 채우기 방법을 잘못 설명한 것을 찾아 기호를 써 보시오.

┌─────────────────────────────┐
│ ㉠ 서로 겹치지 않게 이어 붙였습니다. │
│ ㉡ 빈틈없이 이어 붙였습니다. │
│ ㉢ 길이가 서로 다른 변끼리 이어 붙였 │
│   습니다. │
└─────────────────────────────┘

(   )

3 설명하는 도형의 이름을 써 보시오.

┌─────────────────────────────┐
│ • 9개의 선분으로만 둘러싸여 있습니다. │
│ • 변의 길이가 모두 같고, 각의 크기가 │
│   모두 같습니다. │
└─────────────────────────────┘

(   )

(4~5) 다각형을 보고 물음에 답하시오.

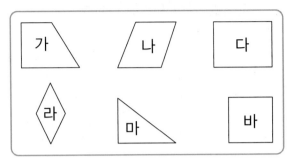

4 대각선을 그을 수 <u>없는</u> 다각형을 찾아보시오.

(   )

5 두 대각선의 길이가 같고, 두 대각선이 서로 수직으로 만나는 사각형을 찾아보시오.

(   )

교과 역량 추론, 의사소통   개념 확인 서술형

6 다각형이 아닌 도형을 찾아 쓰고, 그 이유를 설명해 보시오.

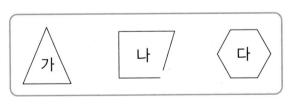

답 |

_____

_____

7 도형을 이루고 있는 다각형 중에서 정다각형을 모두 찾아 색칠해 보시오.

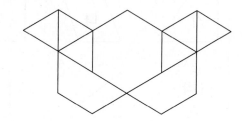

8 점 종이에 주어진 선분을 이용하여 도형을 그려 보시오.

오각형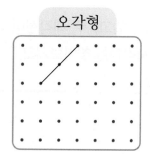

정육각형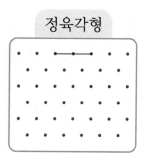

9 도형 ㄱㄴㄷㄹ은 직사각형입니다. ☐ 안에 알맞은 수를 써넣으시오.

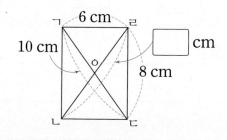

10 2가지 모양 조각을 모두 사용하여 마름모를 만들어 보시오. (단, 같은 모양 조각을 여러 번 사용할 수 있습니다.)

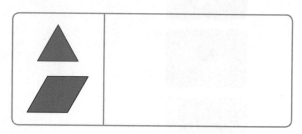

11 대각선의 수가 많은 것부터 차례대로 기호를 써 보시오.

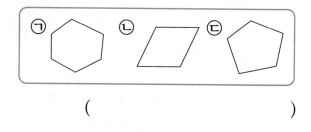

(   )

서술형

12 표시된 꼭짓점에서 그을 수 있는 대각선을 모두 그어 보고, 알게 된 점을 써 보시오.

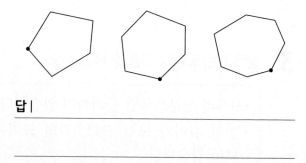

답 |

_____

_____

_____

교과서 pick

13 탑 주변에 한 변이 2 m인 정팔각형 모양으로 울타리를 치려고 합니다. 울타리는 모두 몇 m입니까?

(   )

14 한 가지 도형만으로 주어진 모양을 채우려고 합니다. 채울 수 <u>없는</u> 도형을 찾아 ○표 하시오.

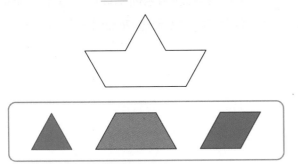

교과 역량 창의·융합

15  모양 조각

중 2가지를 골라 서로 <u>다른</u> 방법으로 오각형을 만들어 보시오. (단, 같은 모양 조각을 여러 번 사용할 수 있습니다.)

방법 1	방법 2

16 8개의 선분으로만 둘러싸인 다각형에 그을 수 있는 대각선은 모두 몇 개입니까?

(   )

교과 역량 문제 해결

17 정구각형의 모든 각의 크기의 합은 몇 도입니까?

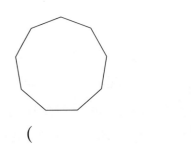

(   )

18 성규와 은미의 대화를 읽고, ☐ 안에 알맞은 수를 써넣으시오.

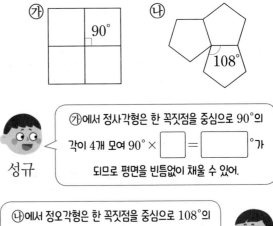

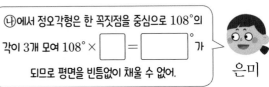

성규: ㉮에서 정사각형은 한 꼭짓점을 중심으로 90°의 각이 4개 모여 90°×☐=☐°가 되므로 평면을 빈틈없이 채울 수 있어.

은미: ㉯에서 정오각형은 한 꼭짓점을 중심으로 108°의 각이 3개 모여 108°×☐=☐°가 되므로 평면을 빈틈없이 채울 수 없어.

교과서 pick

예제 1
한 변이 8 cm이고 모든 변의 길이의 합이 72 cm인 정다각형이 있습니다. 이 도형의 이름은 무엇입니까?

(   )

유제 1
한 변이 7 cm이고 모든 변의 길이의 합이 84 cm인 정다각형이 있습니다. 이 도형의 이름은 무엇입니까?

(   )

예제 2
사각형과 육각형에 그을 수 있는 대각선 수의 합은 모두 몇 개입니까?

(   )

유제 2
오각형과 칠각형에 그을 수 있는 대각선 수의 합은 모두 몇 개입니까?

(   )

예제 3
(조건)에 알맞은 사각형의 이름을 써 보시오.

(조건)
• 두 대각선의 길이가 같습니다.
• 두 대각선이 서로 수직으로 만납니다.

(   )

유제 3
(조건)에 알맞은 사각형의 이름을 모두 써 보시오.

(조건)
• 한 대각선이 다른 대각선을 똑같이 둘로 나눕니다.
• 두 대각선이 서로 수직으로 만납니다.

(   )

예제 4 왼쪽 정삼각형 모양 조각을 여러 번 사용하여 오른쪽 모양을 채우려고 합니다. **필요한 모양 조각은 모두 몇 개입니까?**

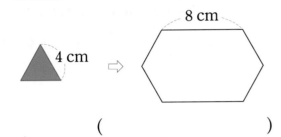

( )

유제 4 주어진 마름모 모양 조각을 여러 번 사용하여 한 변이 10 cm인 정육각형을 만들려고 합니다. 필요한 모양 조각은 모두 몇 개입니까?

( )

교과서 pick
예제 5 오각형의 **한 각의 크기는** 몇 도입니까?

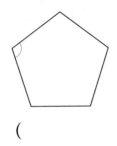

( )

유제 5 정육각형의 한 각의 크기는 몇 도입니까?

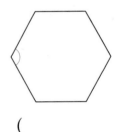

( )

예제 6 직사각형 ㄱㄴㄷㄹ에서 **각 ㄴㄷㅇ의 크기**는 몇 도입니까?

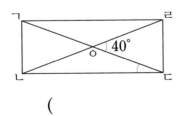

( )

유제 6 정사각형 ㄱㄴㄷㄹ에서 각 ㄷㄹㅇ의 크기는 몇 도입니까?

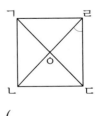

( )

단원 평가

(1~2) 모양자를 보고 물음에 답하시오.

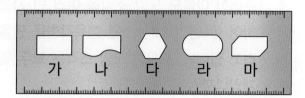

1 다각형을 모두 찾아보시오.

( )

2 육각형을 모두 찾아보시오.

( )

3 직사각형에 대각선을 바르게 나타낸 것에 ○표 하시오.

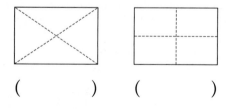

( ) ( )

4 점 종이에 주어진 선분을 이용하여 칠각형을 그려 보시오.

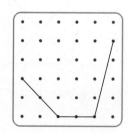

교과서에 꼭 나오는 문제

5 정다각형에 대해 잘못 설명한 것을 찾아 기호를 써 보시오.

> ㉠ 정팔각형은 변이 8개입니다.
> ㉡ 마름모는 정다각형입니다.
> ㉢ 변의 수와 꼭짓점의 수는 같습니다.

( )

6 정다각형입니다. □ 안에 알맞은 수를 써 넣으시오.

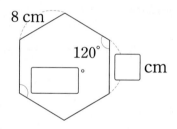

7 대각선을 그을 수 없는 도형은 어느 것입니까? ( )

① 정사각형   ② 오각형
③ 삼각형   ④ 팔각형
⑤ 평행사변형

8 주어진 모양을 만들려면 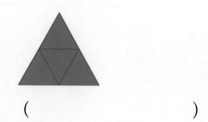 모양 조각은 몇 개 필요합니까?

( )

9 한 변이 12 cm인 정오각형의 모든 변의 길이의 합은 몇 cm입니까?

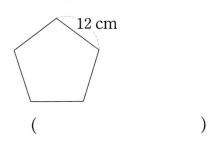

(   )

10 다각형에 그을 수 있는 대각선은 모두 몇 개입니까?

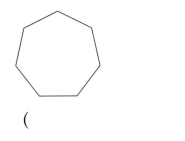

(   )

11 2가지 모양 조각을 모두 사용하여 평행사변형을 만들어 보시오. (단, 같은 모양 조각을 여러 번 사용할 수 있습니다.)

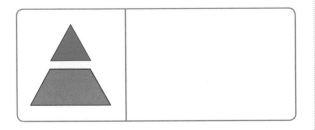

12 다음 모양 조각 중 한 가지 모양 조각으로 주어진 모양을 채우려면 각각의 모양 조각이 몇 개 필요합니까?

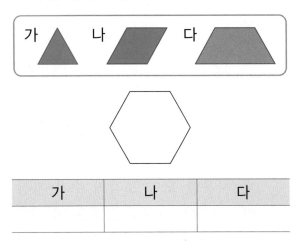

가	나	다

13 두 대각선의 길이가 같고, 두 대각선이 서로 수직으로 만나는 사각형을 찾아보시오.

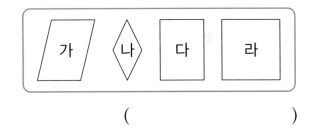

(   )

14  중 2가지를 골라 서로 다른 방법으로 삼각형을 만들어 보시오. (단, 같은 모양 조각을 여러 번 사용할 수 있습니다.)

방법 1	방법 2

15 한 변이 7 cm이고 모든 변의 길이의 합이 42 cm인 정다각형이 있습니다. 이 도형의 이름을 써 보시오.

( )

16 모양 조각 가와 나를 모두 사용하여 주어진 모양을 채우려고 합니다. 모양을 채우는 데 사용한 모양 조각의 수가 가장 많을 때, 사용한 가 모양 조각은 몇 개입니까? (단, 같은 모양 조각을 여러 번 사용할 수 있습니다.)

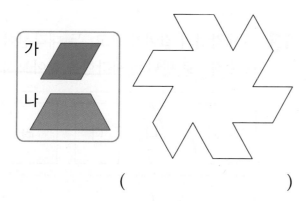

( )

⏺ 잘 틀리는 문제

17 직사각형 ㄱㄴㄷㄹ에서 각 ㄱㄴㅇ의 크기는 몇 도입니까?

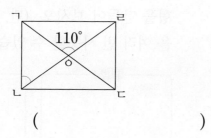

( )

18 오른쪽 도형이 정다각형인지 아닌지 쓰고, 그 이유를 설명해 보시오.

답|

19 오른쪽 정사각형에서 두 대각선의 길이의 합은 몇 cm인지 풀이 과정을 쓰고 답을 구해 보시오.

8 cm

풀이|

답|

20 정팔각형의 한 각의 크기는 몇 도인지 풀이 과정을 쓰고 답을 구해 보시오.

풀이|

답|

창의·융합형 문제

1 눈 결정체 알아보기

구름을 이루고 있는 물방울들이 온도가 낮을 때는
작은 얼음 알갱이가 되어 눈으로 내립니다.
눈 결정체의 모양은 온도와 습도에 따라 달라지며 다음과 같이
여러 가지가 있습니다.

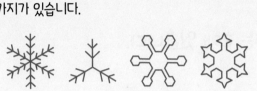

오른쪽은 눈 결정체에서 찾은 다각형입니다. 이 다각형에 그을 수 있는 대각선은 모두
몇 개입니까?

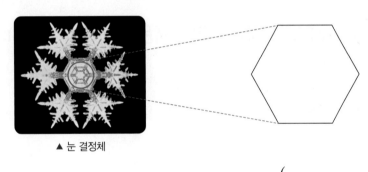

▲ 눈 결정체

(   )

2 쪽매 맞춤 알아보기

동일한 도형을 이용하여 서로 겹치지 않으면서 빈틈없이 평면 또는 공간을
모두 채우는 것을 쪽매 맞춤이라고 합니다. 이때, 평면을 채우려면 평면의
한 점에 모이는 도형들의 각의 크기의 합이 360°가 되어야 합니다.

한 점에 정육각형 3개가
모여 360°가 됩니다.

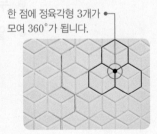

한 가지 도형으로 쪽매 맞춤을 하려고 합니다. 정구각형의 한 각의 크기
를 구하고, 정구각형으로 평면을 채울 수 있는지 알아보시오.

한 각의 크기 (   ) ⇨ 평면을 채울 수 (있습니다 , 없습니다).

단어를 맞혀라!

○ 네 개의 문장을 읽고 떠오르는 단어를 맞혀 보세요.

★ 손은 없지만 다리는 2개 있습니다.

♥ 귀에는 있지만 입에는 없습니다.

♣ 사람은 사용하지만 동물은 사용하지 않습니다.

♠ 집은 있지만 땅은 없습니다.

힌트
● 두 글자입니다.
● '얼굴'과 관련이 있는 물건입니다.

개념유형

개념_{PLUS}유형

파워 정답과 풀이

초등 수학

4·2

개념+유형

파워

정답과 풀이

초등 수학 ——

4·2

1. 분수의 덧셈과 뺄셈

개념책 6~7쪽

❶ 진분수의 덧셈

예제 1 $6 / \dfrac{6}{7}$

유제 2 6, 7, 13 / 6, 7, 13, 1, 4

유제 3 (1) $\dfrac{4}{6}$ (2) $\dfrac{4}{5}$

(3) $1\dfrac{4}{7}\left(=\dfrac{11}{7}\right)$ (4) $1\dfrac{3}{10}\left(=\dfrac{13}{10}\right)$

❷ 대분수의 덧셈

예제 4 $3\dfrac{3}{4}\left(=\dfrac{15}{4}\right)$

유제 5 방법 1 3, 5, 8, 1, 1, 6, 1

방법 2 26, 43, 6, 1

유제 6 (1) $3\dfrac{6}{9}\left(=\dfrac{33}{9}\right)$ (2) $2\dfrac{5}{8}\left(=\dfrac{21}{8}\right)$

(3) 7 (4) $6\dfrac{4}{6}\left(=\dfrac{40}{6}\right)$

예제 1 수직선에서 작은 눈금 한 칸은 $\dfrac{1}{7}$ 을 나타냅니다.

유제 3 (1) $\dfrac{1}{6}+\dfrac{3}{6}=\dfrac{1+3}{6}=\dfrac{4}{6}$

(2) $\dfrac{2}{5}+\dfrac{2}{5}=\dfrac{2+2}{5}=\dfrac{4}{5}$

(3) $\dfrac{6}{7}+\dfrac{5}{7}=\dfrac{6+5}{7}=\dfrac{11}{7}=1\dfrac{4}{7}$

(4) $\dfrac{4}{10}+\dfrac{9}{10}=\dfrac{4+9}{10}=\dfrac{13}{10}=1\dfrac{3}{10}$

유제 6 (1) $2\dfrac{2}{9}+1\dfrac{4}{9}=(2+1)+\left(\dfrac{2}{9}+\dfrac{4}{9}\right)$

$=3+\dfrac{6}{9}=3\dfrac{6}{9}$

(2) $1\dfrac{1}{8}+1\dfrac{4}{8}=\dfrac{9}{8}+\dfrac{12}{8}=\dfrac{21}{8}=2\dfrac{5}{8}$

(3) $1\dfrac{1}{2}+5\dfrac{1}{2}=\dfrac{3}{2}+\dfrac{11}{2}=\dfrac{14}{2}=7$

(4) $3\dfrac{5}{6}+2\dfrac{5}{6}=(3+2)+\left(\dfrac{5}{6}+\dfrac{5}{6}\right)$

$=5+\dfrac{10}{6}=5+1\dfrac{4}{6}=6\dfrac{4}{6}$

개념책 8쪽 한번더 확인

1 $\dfrac{6}{10}$ **2** $3\dfrac{3}{7}\left(=\dfrac{24}{7}\right)$

3 $4\dfrac{5}{6}\left(=\dfrac{29}{6}\right)$ **4** $1\dfrac{2}{4}\left(=\dfrac{6}{4}\right)$

5 $\dfrac{7}{9}$ **6** $10\dfrac{3}{8}\left(=\dfrac{83}{8}\right)$

7 $2\dfrac{3}{5}\left(=\dfrac{13}{5}\right)$ **8** $4\dfrac{3}{9}\left(=\dfrac{39}{9}\right)$

9 $\dfrac{9}{11}$ **10** 13

11 $8\dfrac{4}{9}\left(=\dfrac{76}{9}\right)$ **12** $8\dfrac{1}{3}\left(=\dfrac{25}{3}\right)$

13 $1\dfrac{3}{8}\left(=\dfrac{11}{8}\right)$ **14** $6\dfrac{3}{12}\left(=\dfrac{75}{12}\right)$

개념책 9~10쪽 실전문제

✎ 서술형 문제는 풀이를 꼭 확인하세요.

1 1 **2** $\dfrac{6}{7} / 1\dfrac{1}{7}$

3 $7\dfrac{6}{8}$ **4** (선 연결)

5 = ✎**6** 풀이 참조

7 (○ 표시) **8** $\dfrac{9}{11}$ kg

9 ⓒ, ⓔ **10** $3\dfrac{3}{4}$ km

11 (1) 5 (2) 7 **12** $1\dfrac{3}{7}$

13 $2\dfrac{9}{13}, 2\dfrac{7}{13}, 5\dfrac{3}{13}$ 또는 $2\dfrac{7}{13}, 2\dfrac{9}{13}, 5\dfrac{3}{13}$

14 1, 2, 3, 4

1 $\dfrac{3}{5}+\dfrac{2}{5}=\dfrac{3+2}{5}=\dfrac{5}{5}=1$

2 ・$\dfrac{3}{7}+\dfrac{3}{7}=\dfrac{6}{7}$ ・$\dfrac{5}{7}+\dfrac{3}{7}=\dfrac{8}{7}=1\dfrac{1}{7}$

3 $4\dfrac{2}{8}+3\dfrac{4}{8}=7\dfrac{6}{8}$

4 $\cdot 2\dfrac{1}{11} + 4\dfrac{1}{11} = 6 + \dfrac{2}{11} = 6\dfrac{2}{11}$

$\cdot 2\dfrac{9}{11} + 2\dfrac{3}{11} = 4 + \dfrac{12}{11} = 4 + 1\dfrac{1}{11} = 5\dfrac{1}{11}$

5 $\cdot \dfrac{5}{12} + \dfrac{8}{12} = \dfrac{13}{12} = 1\dfrac{1}{12}$

$\cdot \dfrac{2}{12} + \dfrac{11}{12} = \dfrac{13}{12} = 1\dfrac{1}{12}$ ┐ 계산 결과가 같습니다.

6 방법 1 예 자연수 부분끼리 더하고, 진분수 부분끼리 더합니다.

$2\dfrac{2}{4} + 1\dfrac{3}{4} = (2+1) + \left(\dfrac{2}{4} + \dfrac{3}{4}\right)$

$= 3 + \dfrac{5}{4} = 3 + 1\dfrac{1}{4} = 4\dfrac{1}{4}$ ❶

방법 2 예 대분수를 가분수로 바꾸어 더합니다.

$2\dfrac{2}{4} + 1\dfrac{3}{4} = \dfrac{10}{4} + \dfrac{7}{4} = \dfrac{17}{4} = 4\dfrac{1}{4}$ ❷

채점 기준
❶ 한 가지 방법으로 계산하기
❷ 다른 한 가지 방법으로 계산하기

7 $\cdot 2\dfrac{3}{10} + 2\dfrac{5}{10} = 4\dfrac{8}{10}$ $\quad \cdot 1\dfrac{7}{10} + \dfrac{22}{10} = 3\dfrac{9}{10}$

$\cdot 3\dfrac{7}{10} + \dfrac{8}{10} = 4\dfrac{5}{10}$

$\Rightarrow 4\dfrac{8}{10} > 4\dfrac{5}{10} > 3\dfrac{9}{10}$

8 (진희와 희수가 사용한 찰흙의 양)

$= \dfrac{5}{11} + \dfrac{4}{11} = \dfrac{9}{11}$(kg)

9 ㉠ $1\dfrac{4}{6} + \dfrac{5}{6} = 2\dfrac{3}{6} < 4$ ㉡ $1\dfrac{2}{5} + 2\dfrac{4}{5} = 4\dfrac{1}{5} > 4$

㉢ $2\dfrac{1}{3} + 1\dfrac{2}{3} = 4$ ㉣ $3\dfrac{2}{9} + \dfrac{10}{9} = 4\dfrac{3}{9} > 4$

10 (공원에서 소방서를 지나 우체국까지의 거리)

$= 1\dfrac{2}{4} + 2\dfrac{1}{4} = 3\dfrac{3}{4}$(km)

11 (1) $\dfrac{6}{15} + \dfrac{\square}{15} = \dfrac{6+\square}{15} = \dfrac{11}{15}$

$\Rightarrow 6 + \square = 11, \square = 5$

(2) $1\dfrac{2}{9} = \dfrac{11}{9}, \dfrac{\square}{9} + \dfrac{4}{9} = \dfrac{\square + 4}{9} = \dfrac{11}{9}$

$\Rightarrow \square + 4 = 11, \square = 7$

12 분모가 7인 진분수 중에서 $\dfrac{5}{7}$ 보다 작은 분수는

$\dfrac{1}{7}, \dfrac{2}{7}, \dfrac{3}{7}, \dfrac{4}{7}$ 입니다.

$\Rightarrow \dfrac{1}{7} + \dfrac{2}{7} + \dfrac{3}{7} + \dfrac{4}{7} = \dfrac{10}{7} = 1\dfrac{3}{7}$

13 합이 가장 크려면 가장 큰 수와 두 번째로 큰 수를 더 해야 합니다.

분수 카드에 적힌 분수의 크기를 비교하면

$2\dfrac{9}{13} > 2\dfrac{7}{13} > \dfrac{31}{13}\left(= 2\dfrac{5}{13}\right) > \dfrac{27}{13}\left(= 2\dfrac{1}{13}\right)$

입니다.

$\Rightarrow$ 합이 가장 큰 덧셈식은 $2\dfrac{9}{13} + 2\dfrac{7}{13} = 5\dfrac{3}{13}$ 또는

$2\dfrac{7}{13} + 2\dfrac{9}{13} = 5\dfrac{3}{13}$ 입니다.

14 $\dfrac{2}{6} + \dfrac{\square}{6} = \dfrac{2+\square}{6}$ 이고, $1\dfrac{1}{6} = \dfrac{7}{6}$ 이므로

$\dfrac{2+\square}{6} < \dfrac{7}{6}$ 에서 $2 + \square < 7$ 입니다.

따라서 $2 + \square = 7$ 일 때, $\square = 5$ 이므로 $2 + \square < 7$ 에서 $\square$ 안에 들어갈 수 있는 수는 1, 2, 3, 4입니다.

개념책 11~14쪽

❸ 진분수의 뺄셈

예제 1 $4 \, / \, \dfrac{4}{8}$

유제 2 6, 4, 2 / 6, 4, 2

유제 3 (1) $\dfrac{3}{5}$ (2) $\dfrac{2}{6}$ (3) $\dfrac{3}{9}$ (4) $\dfrac{5}{11}$

❹ 받아내림이 없는 대분수의 뺄셈

예제 4 $2\dfrac{1}{3}\left(= \dfrac{7}{3}\right)$

유제 5 방법 1 2, 3, 2, 2, 2, 2

방법 2 15, 14, 2, 2

유제 6 (1) $3\dfrac{2}{4}\left(= \dfrac{14}{4}\right)$ (2) $2\dfrac{3}{9}\left(= \dfrac{21}{9}\right)$

(3) $1\dfrac{7}{10}\left(= \dfrac{17}{10}\right)$ (4) $2\dfrac{4}{15}\left(= \dfrac{34}{15}\right)$

❺ (자연수) − (분수)

예제 7 $\dfrac{2}{6}$

예제 8 방법 1 2, 2, 1

방법 2 10, 1

유제 9 (1) $\dfrac{6}{12}$ (2) $1\dfrac{3}{8}\left(=\dfrac{11}{8}\right)$

(3) $1\dfrac{2}{5}\left(=\dfrac{7}{5}\right)$ (4) $4\dfrac{5}{7}\left(=\dfrac{33}{7}\right)$

⑥ 받아내림이 있는 대분수의 뺄셈

예제 10 $1\dfrac{3}{5}\left(=\dfrac{8}{5}\right)$

유제 11 방법 1 5, 5, 2, 2, 2

방법 2 17, 10, 2, 2

유제 12 (1) $1\dfrac{5}{8}\left(=\dfrac{13}{8}\right)$ (2) $2\dfrac{6}{7}\left(=\dfrac{20}{7}\right)$

(3) $\dfrac{4}{9}$ (4) $5\dfrac{6}{10}\left(=\dfrac{56}{10}\right)$

예제 1 수직선에서 작은 눈금 한 칸은 $\dfrac{1}{8}$ 을 나타냅니다.

유제 3 (1) $\dfrac{4}{5}-\dfrac{1}{5}=\dfrac{4-1}{5}=\dfrac{3}{5}$

(2) $\dfrac{5}{6}-\dfrac{3}{6}=\dfrac{5-3}{6}=\dfrac{2}{6}$

(3) $\dfrac{8}{9}-\dfrac{5}{9}=\dfrac{8-5}{9}=\dfrac{3}{9}$

(4) $\dfrac{10}{11}-\dfrac{5}{11}=\dfrac{10-5}{11}=\dfrac{5}{11}$

유제 6 (1) $4\dfrac{3}{4}-1\dfrac{1}{4}=\dfrac{19}{4}-\dfrac{5}{4}=\dfrac{14}{4}=3\dfrac{2}{4}$

(2) $3\dfrac{7}{9}-1\dfrac{4}{9}=\dfrac{34}{9}-\dfrac{13}{9}=\dfrac{21}{9}=2\dfrac{3}{9}$

(3) $3\dfrac{8}{10}-2\dfrac{1}{10}=(3-2)+\left(\dfrac{8}{10}-\dfrac{1}{10}\right)$

$\qquad=1+\dfrac{7}{10}=1\dfrac{7}{10}$

(4) $5\dfrac{11}{15}-3\dfrac{7}{15}=(5-3)+\left(\dfrac{11}{15}-\dfrac{7}{15}\right)$

$\qquad=2+\dfrac{4}{15}=2\dfrac{4}{15}$

유제 9 (1) $1-\dfrac{6}{12}=\dfrac{12}{12}-\dfrac{6}{12}=\dfrac{6}{12}$

(2) $2-\dfrac{5}{8}=1\dfrac{8}{8}-\dfrac{5}{8}=1\dfrac{3}{8}$

(3) $4-2\dfrac{3}{5}=3\dfrac{5}{5}-2\dfrac{3}{5}$

$\qquad=(3-2)+\left(\dfrac{5}{5}-\dfrac{3}{5}\right)$

$\qquad=1+\dfrac{2}{5}=1\dfrac{2}{5}$

(4) $6-1\dfrac{2}{7}=\dfrac{42}{7}-\dfrac{9}{7}=\dfrac{33}{7}=4\dfrac{5}{7}$

유제 12 (1) $3\dfrac{2}{8}-1\dfrac{5}{8}=2\dfrac{10}{8}-1\dfrac{5}{8}=1\dfrac{5}{8}$

(2) $5\dfrac{3}{7}-2\dfrac{4}{7}=\dfrac{38}{7}-\dfrac{18}{7}=\dfrac{20}{7}=2\dfrac{6}{7}$

(3) $4\dfrac{3}{9}-3\dfrac{8}{9}=3\dfrac{12}{9}-3\dfrac{8}{9}=\dfrac{4}{9}$

(4) $7\dfrac{2}{10}-1\dfrac{6}{10}=\dfrac{72}{10}-\dfrac{16}{10}=\dfrac{56}{10}=5\dfrac{6}{10}$

개념책 15쪽	한 번 더 확인

1 $\dfrac{1}{5}$ **2** $\dfrac{7}{8}$

3 $\dfrac{1}{2}$ **4** $4\dfrac{4}{9}\left(=\dfrac{40}{9}\right)$

5 $5\dfrac{4}{6}\left(=\dfrac{34}{6}\right)$ **6** $\dfrac{6}{10}$

7 $2\dfrac{3}{8}\left(=\dfrac{19}{8}\right)$ **8** $\dfrac{3}{6}$

9 $1\dfrac{4}{5}\left(=\dfrac{9}{5}\right)$ **10** $\dfrac{3}{7}$

11 $5\dfrac{1}{6}\left(=\dfrac{31}{6}\right)$ **12** $4\dfrac{1}{4}\left(=\dfrac{17}{4}\right)$

13 $2\dfrac{4}{12}\left(=\dfrac{28}{12}\right)$ **14** $3\dfrac{5}{7}\left(=\dfrac{26}{7}\right)$

개념책 16~17쪽	실전문제

✎ 서술형 문제는 풀이를 꼭 확인하세요.

1 $\dfrac{2}{9}$ **2** $2\dfrac{8}{12}$, $\dfrac{9}{12}$

✎**3** 풀이 참조   **4** <

5 $9\dfrac{9}{11}-5\dfrac{2}{11}$, $6\dfrac{3}{11}-1\dfrac{7}{11}$ 에 색칠

6   **7** $8\dfrac{1}{6}$

8 $\dfrac{5}{14}$ m   **9** 진호, $3\dfrac{5}{16}$ cm

10 ㉢, ㉡, ㉣, ㉠   **11** $4\dfrac{2}{7}$

12 $\dfrac{2}{6}$ L   **13** 4, $1\dfrac{2}{5}$, $2\dfrac{3}{5}$

14 6

2 $\cdot 8\dfrac{3}{12} - 5\dfrac{7}{12} = 7\dfrac{15}{12} - 5\dfrac{7}{12} = 2\dfrac{8}{12}$

$\cdot 2\dfrac{8}{12} - 1\dfrac{11}{12} = 1\dfrac{20}{12} - 1\dfrac{11}{12} = \dfrac{9}{12}$

3 ⟨예⟩ 3은 $2\dfrac{8}{8}$로 바꿀 수 있으므로

$3 - 1\dfrac{5}{8} = 2\dfrac{8}{8} - 1\dfrac{5}{8} = 1\dfrac{3}{8}$ 입니다.ﻠ ❶

채점 기준
❶ 예준이의 질문에 대한 답 쓰기

4 $\dfrac{5}{7} - \dfrac{3}{7} = \dfrac{2}{7}$, $\dfrac{4}{7} - \dfrac{1}{7} = \dfrac{3}{7}$

⇨ $\dfrac{2}{7} < \dfrac{3}{7}$

5 $\cdot 7\dfrac{10}{11} - 3\dfrac{4}{11} = 4\dfrac{6}{11}$ $\cdot 8\dfrac{6}{11} - 4\dfrac{8}{11} = 3\dfrac{9}{11}$

$\cdot 9\dfrac{9}{11} - 5\dfrac{2}{11} = 4\boxed{\dfrac{7}{11}}$ $\cdot 6\dfrac{3}{11} - 1\dfrac{7}{11} = 4\boxed{\dfrac{7}{11}}$

6 $\cdot 2 - \dfrac{2}{9} = 1\dfrac{7}{9}$ $\cdot 4 - \dfrac{5}{3} = 2\dfrac{1}{3}$ $\cdot 5 - 3\dfrac{4}{5} = 1\dfrac{1}{5}$

⇨ $2 < 2\dfrac{1}{3} < 3$

7 ㉠ 가장 큰 한 자리 수: 9

㉡ 분모가 6인 가장 큰 진분수: $\dfrac{5}{6}$

⇨ $9 - \dfrac{5}{6} = 8\dfrac{6}{6} - \dfrac{5}{6} = 8\dfrac{1}{6}$

8 $\dfrac{11}{14} - \dfrac{6}{14} = \dfrac{5}{14}$ (m)

9 $28\dfrac{11}{16} > 25\dfrac{6}{16}$이므로 진호가 미나보다

$28\dfrac{11}{16} - 25\dfrac{6}{16} = 3\dfrac{5}{16}$ (cm) 더 높이 쌓았습니다.

10 ㉠ $4\dfrac{3}{8} - 2\dfrac{4}{8} = 3\dfrac{11}{8} - 2\dfrac{4}{8} = 1\dfrac{7}{8}$

㉡ $\dfrac{41}{8} - \dfrac{19}{8} = \dfrac{22}{8} = 2\dfrac{6}{8}$

㉢ $3\dfrac{4}{8} - \dfrac{5}{8} = 2\dfrac{12}{8} - \dfrac{5}{8} = 2\dfrac{7}{8}$

㉣ $7\dfrac{2}{8} - 4\dfrac{7}{8} = 6\dfrac{10}{8} - 4\dfrac{7}{8} = 2\dfrac{3}{8}$

⇨ $\underset{㉢}{2\dfrac{7}{8}} > \underset{㉡}{2\dfrac{6}{8}} > \underset{㉣}{2\dfrac{3}{8}} > \underset{㉠}{1\dfrac{7}{8}}$

11 (민지가 쓴 수)$= 5 - \dfrac{5}{7} = 4\dfrac{2}{7}$

12 (어제 마시고 남은 주스의 양)$= 1 - \dfrac{1}{6} = \dfrac{5}{6}$(L)

⇨ (오늘 마시고 남은 주스의 양)$= \dfrac{5}{6} - \dfrac{3}{6} = \dfrac{2}{6}$(L)

13 차가 가장 크려면 가장 큰 수에서 가장 작은 수를 빼야 합니다.

수 카드에 적힌 수의 크기를 비교하면

$4 > 3\dfrac{1}{5} > \dfrac{14}{5}\left(= 2\dfrac{4}{5}\right) > 1\dfrac{2}{5}$입니다.

⇨ 차가 가장 큰 뺄셈식은 $4 - 1\dfrac{2}{5} = 2\dfrac{3}{5}$입니다.

14 $1\dfrac{5}{9} = \dfrac{14}{9}$이고, $\dfrac{14}{9} - \dfrac{\square}{9} > \dfrac{7}{9}$이므로

$14 - \square > 7$입니다.

⇨ $14 - \square = 7$일 때, $\square = 7$이므로 $14 - \square > 7$에서 $\square$ 안에 들어갈 수 있는 자연수는 1, 2, 3, 4, 5, 6 이고, 그중 가장 큰 수는 6입니다.

개념책 18~19쪽	응용문제
⟨예제1⟩ 2개, $\dfrac{1}{8}$ kg	⟨유제1⟩ 4개, $\dfrac{2}{9}$ L
⟨예제2⟩ $2\dfrac{1}{5}$	⟨유제2⟩ $2\dfrac{3}{6}$
⟨예제3⟩ 9 / 1	⟨유제3⟩ 14 / 1
⟨예제4⟩ $12\dfrac{10}{11}$	⟨유제4⟩ 3
⟨예제5⟩ $25\dfrac{4}{5}$ cm	⟨유제5⟩ $36\dfrac{2}{4}$ cm
⟨예제6⟩ $\dfrac{1}{7}$, $\dfrac{4}{7}$	⟨유제6⟩ $\dfrac{4}{9}$, $\dfrac{7}{9}$

⟨예제1⟩ $2\dfrac{7}{8} - 1\dfrac{3}{8} = 1\dfrac{4}{8}$, $1\dfrac{4}{8} - 1\dfrac{3}{8} = \dfrac{1}{8}$

⇨ $\dfrac{1}{8}$에서 $1\dfrac{3}{8}$을 뺄 수 없으므로 빵을 2개까지 만들 수 있고, 남는 밀가루는 $\dfrac{1}{8}$ kg입니다.

⟨유제1⟩ $6\dfrac{4}{9} - 1\dfrac{5}{9} = 4\dfrac{8}{9}$, $4\dfrac{8}{9} - 1\dfrac{5}{9} = 3\dfrac{3}{9}$,

$3\dfrac{3}{9} - 1\dfrac{5}{9} = 1\dfrac{7}{9}$, $1\dfrac{7}{9} - 1\dfrac{5}{9} = \dfrac{2}{9}$

⇨ $\dfrac{2}{9}$에서 $1\dfrac{5}{9}$를 뺄 수 없으므로 물병 4개까지 담을 수 있고, 남는 물은 $\dfrac{2}{9}$ L입니다.

예제 2 어떤 수를 □라 하면 $□-\dfrac{4}{5}=\dfrac{3}{5}$입니다.

$\Rightarrow □=\dfrac{3}{5}+\dfrac{4}{5}=\dfrac{7}{5}=1\dfrac{2}{5}$

따라서 바르게 계산하면

$1\dfrac{2}{5}+\dfrac{4}{5}=1+\dfrac{6}{5}=1+1\dfrac{1}{5}=2\dfrac{1}{5}$입니다.

유제 2 어떤 수를 □라 하면 $□+1\dfrac{2}{6}=5\dfrac{1}{6}$입니다.

$\Rightarrow □=5\dfrac{1}{6}-1\dfrac{2}{6}=4\dfrac{7}{6}-1\dfrac{2}{6}=3\dfrac{5}{6}$

따라서 바르게 계산하면 $3\dfrac{5}{6}-1\dfrac{2}{6}=2\dfrac{3}{6}$입니다.

예제 3 주어진 뺄셈식의 자연수 부분의 계산에서
$4-3=1$이므로

$\dfrac{\bigcirc}{10}-\dfrac{\bigcirc}{10}=\dfrac{8}{10}$ $\Rightarrow$ $\bigcirc-\bigcirc=8$입니다.

따라서 ㉠과 ㉡은 각각 10보다 작은 수이므로
$㉠=9$, $㉡=1$입니다.

유제 3 주어진 뺄셈식의 자연수 부분의 계산에서
$9-6=3$이므로

$\dfrac{\bigcirc}{15}-\dfrac{\bigcirc}{15}=\dfrac{13}{15}$ $\Rightarrow$ $㉠-㉡=13$입니다.

따라서 ㉠과 ㉡은 각각 15보다 작은 수이므로
$㉠=14$, $㉡=1$입니다.

예제 4

비법 분모가 주어진 가장 큰(작은) 대분수 만들기

분모가 ■이고, $0<①<②<③<$ ■일 때

• 만들 수 있는 가장 큰 대분수: $③\dfrac{②}{■}$

• 만들 수 있는 가장 작은 대분수: $①\dfrac{②}{■}$

분모인 11을 제외하면 $3<5<9$이므로 만들 수 있는 가장 큰 대분수는 $9\dfrac{5}{11}$이고, 가장 작은 대분수는 $3\dfrac{5}{11}$입니다.

$\Rightarrow 9\dfrac{5}{11}+3\dfrac{5}{11}=12\dfrac{10}{11}$

유제 4 분모인 13을 제외하면 $9<10<12$이므로 만들 수 있는 가장 큰 대분수는 $12\dfrac{10}{13}$이고, 가장 작은 대분수는 $9\dfrac{10}{13}$입니다.

$\Rightarrow 12\dfrac{10}{13}-9\dfrac{10}{13}=3$

예제 5 (색 테이프 3장의 길이의 합)

$=9\dfrac{4}{5}+9\dfrac{4}{5}+9\dfrac{4}{5}=29\dfrac{2}{5}$ (cm)

(겹쳐진 부분의 길이의 합)

$=\dfrac{9}{5}+\dfrac{9}{5}=\dfrac{18}{5}=3\dfrac{3}{5}$ (cm)

$\Rightarrow$ (이어 붙인 색 테이프의 전체 길이)

$=29\dfrac{2}{5}-3\dfrac{3}{5}=28\dfrac{7}{5}-3\dfrac{3}{5}=25\dfrac{4}{5}$ (cm)

유제 5 (색 테이프 4장의 길이의 합)

$=11\times4=44$ (cm)

(겹쳐진 부분의 길이의 합)

$=2\dfrac{2}{4}+2\dfrac{2}{4}+2\dfrac{2}{4}=7\dfrac{2}{4}$ (cm)

$\Rightarrow$ (이어 붙인 색 테이프의 전체 길이)

$=44-7\dfrac{2}{4}=43\dfrac{4}{4}-7\dfrac{2}{4}=36\dfrac{2}{4}$ (cm)

예제 6 분모가 같은 두 진분수의 합과 차는 분모는 그대로 두고 분자의 합과 차를 구하면 되므로 두 진분수의 분자는 각각 합이 5이고 차가 3인 수입니다.

$\Rightarrow 4+1=5$, $4-1=3$이므로 두 진분수의 분자는 1, 4입니다.

따라시 두 진분수는 $\dfrac{1}{7}$, $\dfrac{4}{7}$입니다.

유제 6 $1\dfrac{2}{9}=\dfrac{11}{9}$

합이 11이고 차가 3인 두 수를 찾으면 4와 7이므로 두 진분수의 분자는 4, 7입니다.

따라서 두 진분수는 $\dfrac{4}{9}$, $\dfrac{7}{9}$입니다.

개념책 20~22쪽 | **단원 평가**

✎ 서술형 문제는 풀이를 꼭 확인하세요.

1 $\dfrac{5}{7}$, $\dfrac{3}{7}$ / $\dfrac{5}{7}$, $\dfrac{3}{7}$　　**2** $1\dfrac{1}{12}$

3 $5-3\dfrac{2}{4}=\dfrac{20}{4}-\dfrac{14}{4}=\dfrac{6}{4}=1\dfrac{2}{4}$

4 $4\dfrac{3}{9}$　　**5**

6 $<$　　**7** ( ) (○) ( )

8 $9\dfrac{1}{15}$　　**9** $8\dfrac{1}{4}$ m

10 윤지, $\dfrac{2}{5}$ m **11** $5\dfrac{1}{9}$

12 $2\dfrac{7}{13}$ **13** $\dfrac{3}{8}$

14 $\dfrac{29}{6}$, $3\dfrac{3}{6}$, $1\dfrac{2}{6}$ **15** 7, 8, 9

16 $9\dfrac{8}{9}$ **17** $8\dfrac{6}{7}$ cm

✎**18** 10 kg ✎**19** $1\dfrac{5}{17}$

✎**20** $\dfrac{3}{11}$, $\dfrac{7}{11}$

---

1 수직선에서 작은 눈금 한 칸은 $\dfrac{1}{7}$ 을 나타냅니다.

3 자연수와 대분수를 모두 가분수로 바꾸어 계산하는 방법입니다.

4 $2\dfrac{7}{9}+\dfrac{14}{9}=\dfrac{25}{9}+\dfrac{14}{9}=\dfrac{39}{9}=4\dfrac{3}{9}$

5 ・$8\dfrac{7}{11}-5\dfrac{5}{11}=3\dfrac{2}{11}$ ・$5\dfrac{8}{11}-3\dfrac{3}{11}=2\dfrac{5}{11}$

6 ・$\dfrac{5}{10}+\dfrac{8}{10}=\dfrac{13}{10}=1\dfrac{3}{10}$

・$6\dfrac{3}{10}-4\dfrac{7}{10}=5\dfrac{13}{10}-4\dfrac{7}{10}=1\dfrac{6}{10}$

⇨ $1\dfrac{3}{10}<1\dfrac{6}{10}$

7 ・$1\dfrac{2}{7}+\dfrac{9}{7}=\dfrac{9}{7}+\dfrac{9}{7}=\dfrac{18}{7}=2\dfrac{4}{7}$

・$4-\dfrac{12}{13}=3\dfrac{13}{13}-\dfrac{12}{13}=3\dfrac{1}{13}$

・$9\dfrac{2}{5}-6\dfrac{3}{5}=8\dfrac{7}{5}-6\dfrac{3}{5}=2\dfrac{4}{5}$

⇨ $3<3\dfrac{1}{13}<4$

8 ㉠ 가장 작은 두 자리 수: 10

㉡ 분모가 15인 가장 큰 진분수: $\dfrac{14}{15}$

⇨ $10-\dfrac{14}{15}=9\dfrac{15}{15}-\dfrac{14}{15}=9\dfrac{1}{15}$

9 (민재가 사용한 철사의 길이)

$=3\dfrac{3}{4}+4\dfrac{2}{4}=7+\dfrac{5}{4}=7+1\dfrac{1}{4}=8\dfrac{1}{4}$ (m)

10 $6\dfrac{1}{5}>5\dfrac{4}{5}$ 이므로 윤지가 찬 공이 민호가 찬 공보다

$6\dfrac{1}{5}-5\dfrac{4}{5}=\dfrac{2}{5}$ (m) 더 멀리 날아갔습니다.

11 $\square-3\dfrac{2}{9}=1\dfrac{8}{9}$

⇨ $\square=1\dfrac{8}{9}+3\dfrac{2}{9}=4+\dfrac{10}{9}=4+1\dfrac{1}{9}=5\dfrac{1}{9}$

12 분모가 13인 진분수 중에서 $\dfrac{9}{13}$ 보다 큰 분수는

$\dfrac{10}{13}$, $\dfrac{11}{13}$, $\dfrac{12}{13}$ 입니다.

⇨ $\dfrac{10}{13}+\dfrac{11}{13}+\dfrac{12}{13}=\dfrac{33}{13}=2\dfrac{7}{13}$

13 (남은 피자의 양)

$=1-$(정호가 먹은 피자의 양)$-$(선주가 먹은 피자의 양)

$=1-\dfrac{3}{8}-\dfrac{2}{8}=\dfrac{5}{8}-\dfrac{2}{8}=\dfrac{3}{8}$

14 차가 가장 크려면 가장 큰 수에서 가장 작은 수를 빼야 합니다.

분수 카드에 적힌 분수의 크기를 비교하면

$\dfrac{29}{6}\left(=4\dfrac{5}{6}\right)>4\dfrac{1}{6}>\dfrac{23}{6}\left(=3\dfrac{5}{6}\right)>3\dfrac{3}{6}$ 입니다.

⇨ 차가 가장 큰 뺄셈식은 $\dfrac{29}{6}-3\dfrac{3}{6}=1\dfrac{2}{6}$ 입니다.

15 $1\dfrac{4}{12}=\dfrac{16}{12}$ 이고, $\dfrac{16}{12}-\dfrac{\square}{12}<\dfrac{10}{12}$ 이므로

$16-\square<10$ 입니다.

⇨ $16-\square=10$ 일 때, $\square=6$ 이므로 $16-\square<10$ 에서 $\square$ 안에 들어갈 수 있는 수는 7, 8, 9입니다.

16 분모인 9를 제외하면 $1<4<8$ 이므로 만들 수 있는 가장 큰 대분수는 $8\dfrac{4}{9}$ 이고, 가장 작은 대분수는 $1\dfrac{4}{9}$ 입니다.

⇨ $8\dfrac{4}{9}+1\dfrac{4}{9}=9\dfrac{8}{9}$

17 (색 테이프 3장의 길이의 합)$=4\times3=12$ (cm)

(겹쳐진 부분의 길이의 합)

$=1\dfrac{4}{7}+1\dfrac{4}{7}=2+\dfrac{8}{7}=2+1\dfrac{1}{7}=3\dfrac{1}{7}$ (cm)

⇨ (이어 붙인 색 테이프의 전체 길이)

$=12-3\dfrac{1}{7}=11\dfrac{7}{7}-3\dfrac{1}{7}=8\dfrac{6}{7}$ (cm)

18 예 귀리의 무게와 콩의 무게를 더하면 되므로
$6\dfrac{3}{5}+3\dfrac{2}{5}$ 를 계산합니다.」❶

따라서 귀리와 콩을 모두
$6\dfrac{3}{5}+3\dfrac{2}{5}=9+\dfrac{5}{5}=9+1=10(\text{kg})$ 샀습니다.」❷

채점 기준	
❶ 문제에 알맞은 식 만들기	2점
❷ 귀리와 콩을 모두 몇 kg 샀는지 구하기	3점

19 예 어떤 수를 □라 하면 $1\dfrac{3}{17}+□=2\dfrac{8}{17}$ 입니다.」❶

따라서 $□=2\dfrac{8}{17}-1\dfrac{3}{17}=1\dfrac{5}{17}$ 이므로 어떤 수는
$1\dfrac{5}{17}$ 입니다.」❷

채점 기준	
❶ 어떤 수를 □라 하여 식 만들기	2점
❷ 어떤 수 구하기	3점

20 예 합이 10이고 차가 4인 두 수를 찾으면 3과 7이므로 두 진분수의 분자는 3, 7입니다.」❶

따라서 두 진분수는 $\dfrac{3}{11}$, $\dfrac{7}{11}$ 입니다.」❷

채점 기준	
❶ 두 진분수의 분자 구하기	4점
❷ 두 진분수 구하기	1점

개념책 23쪽 | 창의·융합형 문제

1 $24\dfrac{3}{6}$ 시간 **2** 수지, $\dfrac{3}{5}$ km

1 (이틀 동안 대나무를 먹은 시간)
$=11\dfrac{5}{6}+12\dfrac{4}{6}=23+\dfrac{9}{6}$
$=23+1\dfrac{3}{6}=24\dfrac{3}{6}$ (시간)

2 수지는 도착 지점까지
$5\dfrac{2}{5}-2\dfrac{3}{5}=4\dfrac{7}{5}-2\dfrac{3}{5}=2\dfrac{4}{5}$ (km) 남았고, 선우는
$5\dfrac{2}{5}-\dfrac{16}{5}=5\dfrac{2}{5}-3\dfrac{1}{5}=2\dfrac{1}{5}$ (km) 남았습니다.
⇨ $2\dfrac{4}{5}>2\dfrac{1}{5}$ 이므로 도착 지점까지 남은 거리는 수지
가 $2\dfrac{4}{5}-2\dfrac{1}{5}=\dfrac{3}{5}$ (km) 더 멉니다.

---

2. 삼각형

개념책 26~29쪽

❶ **삼각형을 변의 길이에 따라 분류하기**

예제 1 (1) 두 / 가, 다 (2) 세 / 다

유제 2 (1) 6 (2) 5

❷ **이등변삼각형의 성질**

예제 3 (○) ( ) (○)

예제 4

❸ **정삼각형의 성질**

예제 5 ( ) (○) ( )

예제 6

❹ **삼각형을 각의 크기에 따라 분류하기**

예제 7 (1) 세 / 다, 마 (2) 한 / 가, 라

유제 8 (1) 예 　　(2) 예

예제 3 이등변삼각형은 두 각의 크기가 같습니다.

예제 4 주어진 선분의 양 끝에 각각 65°인 각을 그린 다음 두 각의 변이 만나는 점을 찾아 선분의 양 끝과 이어 이등변삼각형을 완성합니다.

예제 5 정삼각형은 세 각의 크기가 같습니다.

예제 6 주어진 선분의 양 끝에 각각 60°인 각을 그린 다음 두 각의 변이 만나는 점을 찾아 선분의 양 끝과 이어 정삼각형을 완성합니다.

유제 8 (1) 세 각이 모두 예각인 삼각형을 그립니다.
(2) 한 각이 둔각인 삼각형을 그립니다.

개념책 30쪽 | 한번더 확인

1 나, 다, 마, 아 / 다, 아
2 (위에서부터) 75, 8
3 (위에서부터) 30, 6
4 (왼쪽에서부터) 4, 60
5 (왼쪽에서부터) 9, 60
6 라, 바, 사 / 가, 나, 자

1 · 두 변의 길이가 같은 삼각형을 찾으면 나, 다, 마, 아입니다.
· 세 변의 길이가 같은 삼각형을 찾으면 다, 아입니다.

2 이등변삼각형은 두 변의 길이가 같고 두 각의 크기가 같습니다.

3 이등변삼각형은 두 변의 길이가 같고 두 각의 크기가 같습니다.

4 정삼각형은 세 변의 길이가 같고 세 각의 크기가 모두 $60°$입니다.

5 정삼각형은 세 변의 길이가 같고 세 각의 크기가 모두 $60°$입니다.

6 · 세 각이 모두 예각인 삼각형을 찾으면 라, 바, 사입니다.
· 한 각이 둔각인 삼각형을 찾으면 가, 나, 자입니다.

개념책 31~33쪽 | 실전문제

✎ 서술형 문제는 풀이를 꼭 확인하세요.

1 ㉡

2

3

4 예

5 나
6 ㉢
7 왼쪽 또는 오른쪽 / 2
8 1개 / 2개
9 50, 50
✎**10** 풀이 참조
11 7개
12 25 cm
13 정삼각형
14 2개
15 ㉣

---

16 예
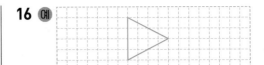

17 $120°$ 　　　　**18** 7
19 120
20 이등변삼각형, 예각삼각형

1 정삼각형은 세 변의 길이가 같은 ㉡입니다.

2 정삼각형은 두 변의 길이가 같으므로 이등변삼각형입니다.
따라서 정삼각형은 빨간색으로 따라 그리고, 파란색으로 색칠해야 합니다.

3 선분 ㄱㄴ의 양 끝에 각각 $40°$인 각을 그린 다음 두 각의 변이 만나는 점을 찾아 이등변삼각형을 완성합니다.

4 주어진 선분의 양 끝에 각각 $60°$인 각을 그린 다음 두 각의 변이 만나는 점을 찾아 정삼각형 완성합니다.

5 이등변삼각형은 가, 나이고 직각삼각형은 나, 다입니다.
따라서 이등변삼각형이면서 직각삼각형인 것은 나입니다.

6 예각삼각형은 세 각이 모두 예각인 ㉢입니다.

8

②는 예각삼각형이고, ①, ③은 둔각삼각형입니다.

9 이등변삼각형은 두 각의 크기가 같습니다.
$180°-80°=100°$ ⇨ □ $=100°÷2=50°$

✎**10** 예 나머지 한 각의 크기는 $180°-70°-50°=60°$이므로 세 각의 크기가 같지 않기 때문입니다.」❶

채점 기준
❶ 정삼각형이 아닌 이유 쓰기	

11 예각삼각형은 예각이 3개, 직각삼각형은 예각이 2개, 둔각삼각형은 예각이 2개입니다.
⇨ $3+2+2=7$(개)

12 나머지 한 변은 9 cm입니다.
⇨ (세 변의 길이의 합)$=9+7+9=25$(cm)

13 색종이에 그린 두 변의 길이는 색종이의 한 변의 길이와 같습니다. 따라서 그린 삼각형은 세 변의 길이가 같으므로 정삼각형입니다.

참고 이등변삼각형도 정답으로 인정합니다.

14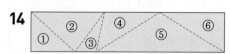

둔각삼각형은 ③, ④, ⑤로 3개이고, 예각삼각형은 ②로 1개입니다.
따라서 둔각삼각형은 예각삼각형보다 3−1=2(개) 더 많습니다.

15 • 두 변의 길이가 같으므로 이등변삼각형입니다.
• 세 변의 길이가 같으므로 정삼각형입니다.
• 정삼각형은 세 각의 크기가 모두 60°이므로 예각삼각형입니다.

16 변이 3개이므로 삼각형이고 두 변의 길이가 같고 세 각이 모두 예각이므로 이등변삼각형이면서 예각삼각형인 삼각형을 그립니다.

17 삼각형 ㄱㄴㄷ과 삼각형 ㄱㄷㄹ은 정삼각형이므로 (각 ㄴㄷㄱ)=(각 ㄱㄷㄹ)=60°입니다.
⇨ (각 ㄴㄷㄹ)=(각 ㄴㄷㄱ)+(각 ㄱㄷㄹ)
　　　　　　 =60°+60°=120°

18 정삼각형은 세 변의 길이가 같습니다.
⇨ □=21÷3=7

19 정삼각형이므로 (각 ㄱㄷㄴ)=60°입니다.
따라서 한 직선이 이루는 각의 크기는 180°이므로
□=180°−60°=120°입니다.

20 (지워진 부분의 각의 크기)=180°−55°−70°=55°
따라서 삼각형의 세 각이 55°, 70°, 55°로 두 각의 크기가 같으므로 이등변삼각형이고, 세 각이 모두 예각이므로 예각삼각형입니다.

개념책 34~35쪽	응용문제	
예제1 ㄹ	유제1 ㄱ, ㄹ	
예제2 35 cm	유제2 49 cm	
예제3 12	유제3 13	
예제4 120°	유제4 100°	
예제5 3개	유제5 4개	
예제6 30°	유제6 90°	

예제1 나머지 한 각의 크기를 각각 구해 봅니다.
ㄱ 180°−30°−75°=75°
ㄴ 180°−25°−65°=90°
ㄷ 180°−85°−45°=50°
ㄹ 180°−60°−15°=105°
따라서 둔각삼각형은 세 각 중 한 각이 둔각인 ㄹ입니다.

유제1 나머지 한 각의 크기를 각각 구해 봅니다.
ㄱ 180°−50°−45°=85°
ㄴ 180°−40°−25°=115°
ㄷ 180°−35°−55°=90°
ㄹ 180°−40°−65°=75°
따라서 예각삼각형은 세 각이 모두 예각인 ㄱ, ㄹ입니다.

예제2

빨간색 선의 길이는 정삼각형의 한 변의 7배이므로 5×7=35(cm)입니다.

유제2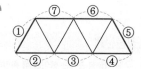

빨간색 선의 길이는 정삼각형의 한 변의 7배이므로 7×7=49(cm)입니다.

예제3 (이등변삼각형의 세 변의 길이의 합)
=(정삼각형의 세 변의 길이의 합)
=11×3=33(cm)
⇨ 9+□+□=33, □+□=24, □=12

유제3 (이등변삼각형의 세 변의 길이의 합)
=(정삼각형의 세 변의 길이의 합)
=14×3=42(cm)
⇨ 16+□+□=42, □+□=26,
　　□=13

예제 4 한 직선이 이루는 각의 크기는 180°이므로
(각 ㄱㄷㄴ)=180°-150°=30°입니다.
따라서 (각 ㄱㄴㄷ)=(각 ㄱㄷㄴ)이므로
(각 ㄴㄱㄷ)=180°-30°-30°=120°입니다.

유제 4 한 직선이 이루는 각의 크기는 180°이므로
(각 ㄱㄷㄴ)=180°-140°=40°입니다.
따라서 (각 ㄱㄴㄷ)=(각 ㄱㄷㄴ)이므로
(각 ㄴㄱㄷ)=180°-40°-40°=100°입니다.

예제 5

• 작은 삼각형 1개짜리: ② → 1개
• 작은 삼각형 2개짜리: ①+②, ②+③ → 2개
⇨ 1+2=3(개)

유제 5
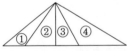
• 작은 삼각형 1개짜리: ①, ④ → 2개
• 작은 삼각형 3개짜리: ②+③+④ → 1개
• 작은 삼각형 4개짜리:
  ①+②+③+④ → 1개
⇨ 2+1+1=4(개)

예제 6 삼각형 ㄱㄷㄹ은 정삼각형이므로
(각 ㄱㄷㄹ)=60°,
(각 ㄱㄷㄴ)=180°-60°=120°입니다.
따라서 삼각형 ㄱㄴㄷ은 이등변삼각형이므로
(각 ㄱㄴㄷ)+(각 ㄴㄱㄷ)=180°-120°=60°,
(각 ㄱㄴㄷ)=(각 ㄴㄱㄷ)=60°÷2=30°입니다.

유제 6 삼각형 ㄱㄴㄷ은 정삼각형이므로
(각 ㄱㄷㄴ)=(각 ㄴㄱㄷ)=60°,
(각 ㄱㄷㄹ)=180°-60°=120°입니다.
삼각형 ㄱㄷㄹ은 이등변삼각형이므로
(각 ㄷㄱㄹ)+(각 ㄱㄹㄷ)=180°-120°=60°,
(각 ㄷㄱㄹ)=(각 ㄱㄹㄷ)=60°÷2=30°입니다.
⇨ (각 ㄴㄱㄹ)=(각 ㄴㄱㄷ)+(각 ㄷㄱㄹ)
  =60°+30°=90°

개념책 36~38쪽	단원 평가

✎ 서술형 문제는 풀이를 꼭 확인하세요.

1 나
2 (위에서부터) 예, 직 / 둔, 예
3 ② **4** (위에서부터) 9, 60, 9
5 5 **6** 마
7 나 **8** ①
9 ㉣ **10** 6 cm, 8 cm
11 65 **12** 5개
13 ㉠, ㉢ **14** 12 cm
15 14 **16** 145
17 5개 ✎**18** 풀이 참조
✎**19** 24 cm ✎**20** ㉡

1 세 변의 길이가 같은 삼각형을 찾으면 나입니다.

2 • 예각삼각형은 세 각이 모두 예각인 삼각형입니다.
• 둔각삼각형은 한 각이 둔각인 삼각형입니다.
• 직각삼각형은 한 각이 직각인 삼각형입니다.

3 이등변삼각형은 두 변의 길이가 같습니다.

4 정삼각형은 세 변의 길이가 같고 세 각의 크기가 모두 60°입니다.

5 두 각의 크기가 같으므로 이등변삼각형이고, 이등변삼각형은 두 변의 길이가 같습니다.

6 세 변의 길이가 모두 다른 삼각형은 가, 라, 마이고 둔각삼각형은 다, 마입니다.
따라서 세 변의 길이가 모두 다른 삼각형이면서 둔각삼각형인 것은 마입니다.

7 이등변삼각형은 나, 다, 바이고 예각삼각형은 나, 라입니다.
따라서 이등변삼각형이면서 예각삼각형인 것은 나입니다.

8 ②, ⑤는 직각삼각형, ③, ④는 예각삼각형이 됩니다.

9 ㉣ 정삼각형의 세 각의 크기는 모두 60°이므로 예각삼각형입니다.

10 이등변삼각형은 두 변의 길이가 같으므로 세 변은 6 cm, 8 cm, 6 cm 또는 6 cm, 8 cm, 8 cm입니다.

11 이등변삼각형은 두 각의 크기가 같습니다.
$180° - 50° = 130° \Rightarrow \square = 130° \div 2 = 65°$

12 둔각삼각형은 예각이 2개, 정삼각형은 세 각의 크기가 모두 $60°$이므로 예각이 3개입니다.
$\Rightarrow 2 + 3 = 5$(개)

13 • 두 변의 길이가 같으므로 이등변삼각형입니다.
• 세 각이 모두 예각이므로 예각삼각형입니다.

14 정삼각형은 세 변의 길이가 같습니다.
$\Rightarrow$ (정삼각형의 한 변) $= 36 \div 3 = 12$(cm)

15 (이등변삼각형의 세 변의 길이의 합)
$=$ (정삼각형의 세 변의 길이의 합)
$= 13 \times 3 = 39$(cm)
$\Rightarrow 11 + \square + \square = 39$, $\square + \square = 28$, $\square = 14$

16 (각 ㄱㄴㄷ) + (각 ㄱㄷㄴ) $= 180° - 110° = 70°$,
(각 ㄱㄷㄴ) $=$ (각 ㄱㄴㄷ) $= 70° \div 2 = 35°$입니다.
따라서 한 직선이 이루는 각의 크기는 $180°$이므로
$\square = 180° - 35° = 145°$입니다.

17

• 도형 1개짜리: ②, ③ → 2개
• 도형 2개짜리: ①+②, ①+③ → 2개
• 도형 4개짜리: ①+②+③+④ → 1개
$\Rightarrow 2 + 2 + 1 = 5$(개)

18 **방법1** **예** 두 변의 길이가 같으므로 이등변삼각형입니다.」❶
방법2 **예** 두 각의 크기가 같으므로 이등변삼각형입니다.」❷

채점 기준	
❶ 한 가지 방법 쓰기	1개 2점, 2개 5점
❷ 다른 한 가지 방법 쓰기	

19 **예** 주어진 삼각형은 세 각의 크기가 모두 같으므로 정삼각형입니다.」❶
따라서 정삼각형은 세 변의 길이가 같으므로 세 변의 길이의 합은 $8 \times 3 = 24$(cm)입니다.」❷

채점 기준	
❶ 주어진 삼각형이 정삼각형임을 알기	3점
❷ 삼각형의 세 변의 길이의 합 구하기	2점

20 **예** 삼각형의 나머지 한 각의 크기는
㉠ $180° - 40° - 35° = 105°$,
㉡ $180° - 50° - 45° = 85°$,
㉢ $180° - 30° - 60° = 90°$입니다.」❶
따라서 예각삼각형은 세 각이 모두 예각인 ㉡입니다.」❷

채점 기준	
❶ 나머지 한 각의 크기 각각 구하기	2점
❷ 예각삼각형을 찾아 기호 쓰기	3점

개념책 39쪽	창의·융합형 문제
1 34 cm	**2** 17개

1 빨간색 선에는 5 cm짜리 변이 2개, 3 cm짜리 변이 8개 있습니다.
$\Rightarrow$ (빨간색 선의 길이)
$= 5 + 5 + 3 + 3 + 3 + 3 + 3 + 3 + 3 + 3$
$= 34$(cm)

2

• 정삼각형 1개짜리:
①, ②, ③, ④, ⑤, ⑥, ⑦, ⑧, ⑨, ⑩, ⑪, ⑫, ⑬
→ 13개
• 정삼각형 4개짜리:
①+②+③+④, ⑤+⑥+⑦+⑧,
⑩+⑪+⑫+⑬ → 3개
• 정삼각형 13개짜리:
①+②+③+④+⑤+⑥+⑦+⑧+⑨+⑩
+⑪+⑫+⑬ →1개
$\Rightarrow 13 + 3 + 1 = 17$(개)

3. 소수의 덧셈과 뺄셈

개념책 42~45쪽

❶ 소수 두 자리 수

예제1 (1) 0.03 / 영 점 영삼
(2) 0.48 / 영 점 사팔

예제2 8, 소수 첫째, 0.05

❷ 소수 세 자리 수

예제3 0.726 / 영 점 칠이육

예제4 2, 0.1, 소수 둘째, 0.006

❸ 소수의 크기 비교

예제5 예 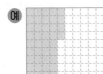 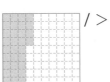 / >

유제6 (1) > (2) < (3) > (4) <

❹ 소수 사이의 관계

예제7 (위에서부터) 10, 10, 10 / $\frac{1}{10}$, $\frac{1}{10}$

유제8 0.001, 10 / 0.025, 25, 250 /
0.103, 1.03, 1030

예제1 막대 모양 1개는 전체를 똑같이 100개로 나눈 것
중의 하나이므로 $\frac{1}{100}$=0.01입니다.

(1) 색칠한 부분은 0.01이 3개이므로 0.03이라
쓰고, 영 점 영삼이라고 읽습니다.
(2) 색칠한 부분은 0.01이 48개이므로 0.48이라
쓰고, 영 점 사팔이라고 읽습니다.

예제3 모눈종이 전체가 1000칸이므로 1칸의 크기는
$\frac{1}{1000}$=0.001입니다.
모눈종이 726칸에 색칠되어 있으므로 0.001이
726개인 수는 0.726이라 쓰고, 영 점 칠이육이
라고 읽습니다.

예제5 색칠한 모눈의 칸 수가 많을수록 더 큰 수입니다.
⇨ 0.44>0.34

유제6 (1) 3.04>2.16 (2) 0.47<0.482
　　　└3>2┘ 　　　　　└7<8┘
(3) 1.4>1.37 (4) 6.395<6.398
　　　└4>3┘ 　　　　　└5<8┘

예제7 0.001부터 10배 하면 수가 점점 커지고, 1부터
$\frac{1}{10}$을 하면 수가 점점 작아집니다.

유제8 소수를 10배 하면 수가 점점 커지고, 소수의 $\frac{1}{10}$
을 하면 수가 점점 작아집니다.

참고 소수를 10배 하거나 소수의 $\frac{1}{10}$을 할 때, 수를 그
대로 두고 소수점의 이동으로 구할 수도 있습니다.

2.5 $\xrightarrow{10배}$ 25.0 $\xrightarrow{10배}$ 250

2.5 $\xrightarrow{\frac{1}{10}}$ 0.25 $\xrightarrow{\frac{1}{10}}$ 0.025

개념책 46쪽 **한 번 더 확인**

1 5.27 / 오 점 이칠 　　2 3.634 / 삼 점 육삼사
3 25.94에 ○표 　　　　4 (　　　)
　　　　　　　　　　　　　(　○　)
5 0.8, 8 　　　　　　　6 19.04, 190.4
7 0.6, 0.06 　　　　　　8 1.27, 0.127
9 1.312에 ○표, 1.285에 △표
10 1.19에 ○표, 0.8에 △표

---

1 수직선에서 작은 눈금 한 칸의 크기는 0.01입니다.
5.2에서 오른쪽으로 작은 눈금 7칸만큼 더 간 곳을 가
리키므로 5.27이고, 오 점 이칠이라고 읽습니다.

2 수직선에서 작은 눈금 한 칸의 크기는 0.001입니다.
3.63에서 오른쪽으로 작은 눈금 4칸만큼 더 간 곳을
가리키므로 3.634이고, 삼 점 육삼사라고 읽습니다.

3 ·14.06 ⇨ 소수 둘째 자리 숫자: 6
·0.824 ⇨ 소수 둘째 자리 숫자: 2
·8.462 ⇨ 소수 둘째 자리 숫자: 6
·25.94 ⇨ 소수 둘째 자리 숫자: 4

4 7.15 ⇨ 0.05를 나타냅니다.

9 자연수 부분이 같으므로 소수 첫째 자리 수부터 차례대로 비교합니다.
$\Rightarrow 1.312 > 1.293 > 1.285$

10 자연수 부분부터 차례대로 비교합니다.
$\Rightarrow 1.19 > 1.089 > 0.8$

개념책 47~48쪽 | 실전문제

✎ 서술형 문제는 풀이를 꼭 확인하세요.

1 유찬, 이십오 점 영칠 **2** ㉢
3 (1) 4.29 (2) 14.829
4 (1) 0.2 (2) 1.04 (3) 30.65
5 6.02에 ○표 **6** 채경, 다현
✎**7** 성훈 **8** 37.5 g
9 ㉠, ㉢ **10** 1.345
11 1110
12 반포 대교, 성산 대교, 마포 대교
13 0, 1, 2 **14** 1000배

---

1 25.07 ⇨ 이십오 점 영칠

2 ㉠ 8.017은 0.001이 8017개인 수입니다.
㉢ 8.017에서 소수 둘째 자리 숫자는 1입니다.
⇨ 바르게 설명한 것은 ㉢입니다.

3 (1) 1이 4개이면 4, 0.1이 2개이면 0.2, 0.01이 9개이면 0.09이므로 설명하는 소수는 4.29입니다.
(2) 10이 1개이면 10, 1이 4개이면 4,
$\frac{1}{10}$=0.1이 8개이면 0.8,
$\frac{1}{100}$=0.01이 2개이면 0.02,
$\frac{1}{1000}$=0.001이 9개이면 0.009이므로
설명하는 소수는 14.829입니다.

4 소수는 오른쪽 끝자리에 있는 0은 생략할 수 있습니다.

5 • 7.689 ⇨ 0.6
• 8.056 ⇨ 0.006
• 6.02 ⇨ 6

6 • 동미: 8.24의 10배 ⇨ 82.4
• 채경: 802.4의 $\frac{1}{10}$ ⇨ 80.24
• 지호: 8.024의 100배 ⇨ 802.4
• 다현: 8024의 $\frac{1}{100}$ ⇨ 80.24
⇨ 같은 수를 말한 친구는 채경, 다현입니다.

7 예 1.35와 1.349의 크기를 비교하면
1.35 > 1.349입니다.」❶
따라서 키가 더 큰 사람은 성훈이입니다.」❷

채점 기준	
❶ 1.35와 1.349의 크기 비교하기	
❷ 키가 더 큰 사람 구하기	

8 지우개 10개의 무게는 지우개 1개의 무게의 10배입니다.
$3.75 \xrightarrow{10배} 37.5$
⇨ 지우개 10개의 무게는 37.5 g입니다.

9 1 cm=0.01 m입니다.
㉢ 2 m 5 cm=2.05 m
⇨ 바르게 나타낸 것은 ㉠, ㉢입니다.

10 0.01이 1345개인 수: 13.45
⇨ 13.45의 $\frac{1}{10}$은 1.345입니다.

11 • 2.9는 0.029의 100배입니다. → ☐=100
• 30.84는 308.4의 $\frac{1}{10}$입니다. → ☐=10
• 0.5는 500의 $\frac{1}{1000}$입니다. → ☐=1000
⇨ 100+10+1000=1110

12 1 m=0.001 km이므로 마포 대교의 길이는
1400 m=1.4 km입니다.
⇨ 1.49 > 1.41 > 1.4이므로 길이가 긴 다리부터 차례대로 쓰면 반포 대교, 성산 대교, 마포 대교입니다.

13 2.0☐5 < 2.031에서 자연수 부분과 소수 첫째 자리 수가 같고, 소수 셋째 자리 수를 비교하면 5 > 1이므로 ☐ < 3이어야 합니다.
⇨ ☐ 안에 들어갈 수 있는 수는 0, 1, 2입니다.

14 ㉠은 일의 자리 숫자이므로 3을 나타내고, ㉢은 소수 셋째 자리 숫자이므로 0.003을 나타냅니다.
따라서 3은 0.003의 1000배이므로 ㉠이 나타내는 수는 ㉢이 나타내는 수의 1000배입니다.

개념책 49~52쪽

❺ 소수 한 자리 수의 덧셈

예제 1 (위에서부터) 1, 2 / 1, 2, 2

유제 2 (1) 0.9 (2) 7.1 (3) 1.3 (4) 2.5

유제 3 (1) 0.8 (2) 8.2

❻ 소수 두 자리 수의 덧셈

예제 4 (위에서부터) 1, 1 / 1, 9, 1 / 1, 2, 9, 1

유제 5 (1) 0.68 (2) 7.13 (3) 1.14 (4) 5.85

유제 6 (1) 1.03 (2) 4.32

❼ 소수 한 자리 수의 뺄셈

예제 7 (위에서부터) 1, 10, 7 / 1, 10, 0, 7

유제 8 (1) 0.3 (2) 2.5 (3) 2.3 (4) 0.5

유제 9 (1) 0.6 (2) 1.9

❽ 소수 두 자리 수의 뺄셈

예제 10 (위에서부터) 4, 10, 5 / 4, 10, 0, 5 / 4, 10, 1, 0, 5

유제 11 (1) 0.34 (2) 3.27 (3) 0.36 (4) 2.62

유제 12 (1) 0.25 (2) 4.93

유제 2 (3)
```
    1
    0.8
+   0.5
--------
    1.3
```
(4)
```
    1
    1.6
+   0.9
--------
    2.5
```

유제 3 (1)
```
    0.5
+   0.3
--------
    0.8
```
(2)
```
    1
    4.7
+   3.5
--------
    8.2
```

유제 5 (3)
```
    1 1
    0.3 8
+   0.7 6
----------
    1.1 4
```
(4)
```
      1
    4.5 8
+   1.2 7
----------
    5.8 5
```

유제 6 (1)
```
    1
    0.7 3
+   0.3 0
----------
    1.0 3
```
(2)
```
    1 1
    3.4 7
+   0.8 5
----------
    4.3 2
```

유제 8 (3)
```
    4.7
-   2.4
--------
    2.3
```
(4)
```
    0 10
    1̸.3
-   0.8
--------
    0.5
```

유제 9 (1)
```
    0.9
-   0.3
--------
    0.6
```
(2)
```
    1 10
    2̸.5
-   0.6
--------
    1.9
```

유제 11 (3)
```
    7 10
    0.8̸ 2
-   0.4 6
----------
    0.3 6
```
(4)
```
    6 11 10
    7.2̸ 1̸
-   4.5 9
------------
    2.6 2
```

유제 12 (1)
```
    2 10
    0.3̸ 4
-   0.0 9
----------
    0.2 5
```
(2)
```
    7 11 10
    8.2̸ 0̸
-   3.2 7
------------
    4.9 3
```

개념책 53쪽 한 번 더 확인

1 0.7	**2** 0.83	**3** 2.3
4 6.33	**5** 17.32	**6** 1.3
7 4.54	**8** 0.09	**9** 2.87
10 1.6	**11** 4.55	**12** 16.43
13 0.3	**14** 6.78	**15** 9.15

개념책 54~55쪽 실전문제

✎ 서술형 문제는 풀이를 꼭 확인하세요.

1 1.8 / 0.61   **2** 4.11, 3.99

✎**3** 풀이 참조

4
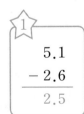
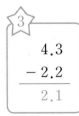

②
```
    0.5
+   1.7
--------
    2.2
```
①
```
    5.1
-   2.6
--------
    2.5
```
③
```
    4.3
-   2.2
--------
    2.1
```

5 >   **6** 2.1 km

7 0.21 m   **8** 3.2, 1.98, 1.22

9 1.53   **10** 0, 1, 2

11 2.79 kg   **12** 1.5 L

13 (1) (위에서부터) 4, 6, 3
(2) (위에서부터) 2, 5, 3

1

$$\begin{array}{r} 1.5 \\ +\ 0.3 \\ \hline 1.8 \end{array}$$

$$\begin{array}{r} {}^{1} \\ 0.2\ 7 \\ +\ 0.3\ 4 \\ \hline 0.6\ 1 \end{array}$$

2 $2.87+1.24=4.11,\ 4.11-0.12=3.99$

3 ⑩ 소수점의 자리를 잘못 맞추고 계산했습니다.」❶

$$\begin{array}{r} 2.7\ 8 \\ +\ 0.4 \\ \hline 3.1\ 8 \end{array}$$ 」❷

채점 기준
❶ 잘못 계산한 이유 쓰기
❷ 바르게 계산하기

4 $2.5>2.2>2.1$

5 $1.46+0.2=1.66,\ 3.32-1.8=1.52$
⇨ $1.66>1.52$

6 (집에서 약국을 지나 공원까지 가는 거리)
$=0.7+1.4=2.1(km)$

7 $1.3>1.28>1.09$
가장 멀리 뛴 사람: 현주, 가장 가까이 뛴 사람: 경수
⇨ $1.3-1.09=0.21(m)$

8 비법 차가 가장 큰 뺄셈식

(가장 큰 수)−(가장 작은 수)

$3.2>3.02>2.38>1.98$
가장 큰 수: 3.2, 가장 작은 수: 1.98
⇨ $3.2-1.98=1.22$

9 • 하영: 9.7의 $\frac{1}{10}$인 소수는 0.97입니다.

• 준호: 0.01이 56개인 소수는 0.56입니다.
⇨ $0.97+0.56=1.53$

10 $2.58+3.75=6.33$
$6.33>6.\square 5$에서 자연수 부분이 같고, 소수 둘째 자리 수를 비교하면 $3<5$이므로 $3>\square$이어야 합니다.
⇨ $\square$ 안에 들어갈 수 있는 수는 0, 1, 2입니다.

11 $1\ g=0.001\ kg$이므로 빈 접시의 무게는
$180\ g=0.18\ kg$입니다.
⇨ (바나나의 무게)$=2.97-0.18=2.79(kg)$

12 (사용한 페인트의 양)$=1.1+1.4=2.5(L)$
⇨ (사용하고 남은 페인트의 양)$=4-2.5=1.5(L)$

13 (1)
$$\begin{array}{r} \boxed{㉠}.5\ \ 4 \\ +\ 2.\boxed{㉡}\ 9 \\ \hline 7.2\ \boxed{㉢} \end{array}$$

• $4+9=13$ ⇨ $\boxed{㉢}=3$
• $1+5+\boxed{㉡}=12$ ⇨ $\boxed{㉡}=6$
• $1+\boxed{㉠}+2=7$ ⇨ $\boxed{㉠}=4$

(2)
$$\begin{array}{r} 7.\boxed{㉠}\ 1 \\ -\ \boxed{㉡}.8\ 8 \\ \hline 1.3\ \boxed{㉢} \end{array}$$

• $10+1-8=\boxed{㉢}$ ⇨ $\boxed{㉢}=3$
• $\boxed{㉠}-1+10-8=3$
⇨ $\boxed{㉠}=2$
• $7-1-\boxed{㉡}=1$ ⇨ $\boxed{㉡}=5$

개념책 56~57쪽	응용문제
예제1 0.254	유제1 13920
예제2 8.88	유제2 5.94
예제3 2.3	유제3 7.8
예제4 13.9	유제4 11.62
예제5 5.935	유제5 7.686
예제6 6.86 m	유제6 17.4 cm

예제1

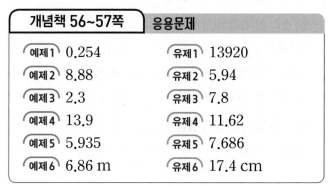

어떤 수는 254의 $\frac{1}{100}$이므로 2.54입니다.

따라서 2.54의 $\frac{1}{10}$은 0.254입니다.

유제1

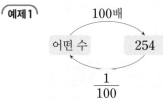

어떤 수는 1.392의 100배이므로 139.2입니다.
따라서 139.2의 100배는 13920입니다.

예제2 비법

• 가장 큰 소수 만들기:
앞에서부터 차례대로 큰 수를 놓아야 합니다.
• 가장 작은 소수 만들기:
앞에서부터 차례대로 작은 수를 놓아야 합니다.

$7>4>1$이므로 만들 수 있는 소수 두 자리 수 중에서 가장 큰 수는 7.41이고, 가장 작은 수는 1.47입니다.
⇨ $7.41+1.47=8.88$

유제 2 9>5>3이므로 만들 수 있는 소수 두 자리 수 중에서 가장 큰 수는 9.53이고, 가장 작은 수는 3.59입니다.
⇨ $9.53-3.59=5.94$

예제 3 • 예은: 5.4보다 크고 6보다 작은 수 → 5.49
• 연서: 3.8보다 작고 2.2보다 큰 수 → 3.19
⇨ $5.49-3.19=2.3$

유제 3 • 인호: 2.3보다 크고 3보다 작은 수 → 2.64
• 진주: 5.4보다 작고 4.3보다 큰 수 → 5.16
⇨ $2.64+5.16=7.8$

예제 4 어떤 수를 ☐라 하면 ☐$-1.6=10.7$이므로
☐$=10.7+1.6=12.3$입니다.
따라서 바르게 계산하면 $12.3+1.6=13.9$입니다.

유제 4 어떤 수를 ☐라 하면 ☐$+0.47=12.56$이므로
☐$=12.56-0.47=12.09$입니다.
따라서 바르게 계산하면 $12.09-0.47=11.62$입니다.

예제 5 • 5보다 크고 6보다 작은 소수 세 자리 수이므로 5.☐☐☐입니다.
• 소수 첫째 자리 숫자는 9이고, 0.005를 나타내는 소수 셋째 자리 숫자는 5이므로 5.9☐5입니다.
• 일의 자리 숫자 5와 소수 둘째 자리 숫자의 합이 8이므로 소수 둘째 자리 숫자는 $8-5=3$입니다.
⇨ 설명하는 소수 세 자리 수는 5.935입니다.

유제 5 • 7.6보다 크고 7.7보다 작은 소수 세 자리 수이므로 7.6☐☐입니다.
• 소수 첫째 자리 숫자 6과 소수 셋째 자리 숫자가 같으므로 7.6☐6입니다.
• 소수 둘째 자리 숫자는 나타내는 값이 0.01이 8개인 수와 같으므로 8입니다.
⇨ 설명하는 소수 세 자리 수는 7.686입니다.

예제 6

비법

(전체의 길이)
＝(각각의 길이의 합)−(겹쳐진 부분의 길이)

$(㉮～㉰)=(㉮～㉱)+(㉯～㉰)-(㉯～㉱)$
$=4.57+3.48-1.19$
$=8.05-1.19=6.86(m)$

유제 6 (색 테이프 2장의 길이의 합)
$=6.72+12.69=19.41(cm)$
⇨ (이어 붙인 색 테이프의 전체 길이)
$=19.41-2.01=17.4(cm)$

개념책 58~60쪽	단원 **평가**

✎ 서술형 문제는 풀이를 꼭 확인하세요.

1 0.39 / 영 점 삼구   **2** 2.258
3 5.080에 ○표   **4** 6.24
5
```
    4. 3 8
  − 2. 5
  ───────
    1. 8 8
```
6 ③
7 ⑤
8 >
9 ㉢
10 2번 길, 0.18 km
11 1.87   **12** 소방서
13 0.463   **14** 1000배
15 4개   **16** (위에서부터) 7, 9, 4
17 49.5   ✎**18** 3.85 kg
✎**19** 4.88 L   ✎**20** 9.92

2 수직선에서 작은 눈금 한 칸의 크기는 0.001입니다.
2.25에서 오른쪽으로 작은 눈금 8칸만큼 더 간 곳을 가리키므로 2.258입니다.

3 소수는 필요한 경우 오른쪽 끝자리에 0을 붙여 나타낼 수 있습니다.
⇨ $5.08=5.080$

5 소수점의 자리를 잘못 맞추고 계산하였습니다.

6 ③ 소수점 아래 끝자리 숫자 0만 생략할 수 있습니다.

7 ① 24.56 → 4   ② 3.546 → 0.04
③ 73.45 → 0.4   ④ 1.046 → 0.04
⑤ 0.654 → 0.004
⇨ 4가 나타내는 수가 가장 작은 소수는 ⑤ 0.654입니다.

8 $0.8+0.5=1.3$, $1.6-0.7=0.9$

  ⇨ $1.3>0.9$

9 ㉠ 6.6의 10배 ⇨ 66

  ㉡ 0.066의 100배 ⇨ 6.6

  ㉢ 66의 $\frac{1}{100}$ ⇨ 0.66

  ㉣ 0.001이 66개인 수 ⇨ 0.066

10 $1.73>1.55$이므로 2번 길로 가는 것이

  $1.73-1.55=0.18(km)$ 더 가깝습니다.

11 • 0.01이 47개인 수: 0.47

  • 일의 자리 숫자가 1이고, 소수 첫째 자리 숫자가 4인

  소수 한 자리 수: 1.4

  ⇨ $0.47+1.4=1.87$

12 $3500 m=3.5 km$

  ⇨ $3.5>3.23>2.8$이므로 집에서 가장 먼 곳은 소방

  서입니다.

13 1이 4개이면 4, 0.1이 5개이면 0.5, 0.01이 13개이면

  0.13이므로 나타내는 수는 4.63입니다.

  ⇨ 4.63의 $\frac{1}{10}$은 0.463입니다.

14 ㉠은 일의 자리 숫자이므로 5를 나타내고, ㉡은 소수

  셋째 자리 숫자이므로 0.005를 나타냅니다.

  따라서 5는 0.005의 1000배이므로 ㉠이 나타내는

  수는 ㉡이 나타내는 수의 1000배입니다.

15 $5.42-1.84=3.58$

  $3.58<3.□6$에서 자연수 부분이 같고, 소수 둘째 자리

  수를 비교하면 $8>6$이므로 $5<□$이어야 합니다.

  따라서 □ 안에 들어갈 수 있는 수는 6, 7, 8, 9로 모

  두 4개입니다.

16
```
   ㉠ . 5  6
 +  4 . ㉡  8
───────────────
 1  2 . 5  ㉢
```
  • $6+8=14$ ⇨ ㉢=4

  • $1+5+㉡=15$ ⇨ ㉡=9

  • $1+㉠+4=12$ ⇨ ㉠=7

17 만들 수 있는 소수 한 자리 수는 □□.□입니다.

  $8>5>3$이므로 만들 수 있는 소수 한 자리 수 중에서

  가장 큰 수는 85.3이고, 가장 작은 수는 35.8입니다.

  ⇨ $85.3-35.8=49.5$

18 예 0.385의 10배는 3.85입니다.」❶

  따라서 소금 10봉지의 무게는 3.85 kg입니다.」❷

채점 기준	
❶ 0.385의 10배인 수 구하기	4점
❷ 소금 10봉지의 무게는 몇 kg인지 구하기	1점

19 예 휘발유를 더 넣은 후 자동차에 들어 있는 휘발유는

  $2.4+10.5=12.9(L)$입니다.」❶

  따라서 휘발유를 사용한 후 자동차에 남아 있는 휘발

  유는 $12.9-8.02=4.88(L)$입니다.」❷

채점 기준	
❶ 휘발유를 더 넣은 후 들어 있는 휘발유의 양 구하기	2점
❷ 휘발유를 사용한 후 남아 있는 휘발유는 몇 L인지 구하기	3점

20 예 어떤 수를 □라 하면 □$-1.75=6.42$이므로

  □$=6.42+1.75=8.17$입니다.」❶

  따라서 바르게 계산하면

  $8.17+1.75=9.92$입니다.」❷

채점 기준	
❶ 어떤 수 구하기	3점
❷ 바르게 계산하기	2점

개념책 61쪽	창의·융합형 문제	
1 5.59		**2** 0.26초

1 • 3⓪5①1② → 3.51

  • 2⓪8② → 2.08

  ⇨ 3⓪5①1②+2⓪8②$=3.51+2.08=5.59$

2 $50.28>50.18>50.07>50.02$

  가장 빠른 기록: 50.02초, 가장 느린 기록: 50.28초

  ⇨ $50.28-50.02=0.26$(초)

4. 사각형

개념책 64~66쪽

❶ 수직

예제 1 ㄷ

예제 2 (1) 예 (2) 예

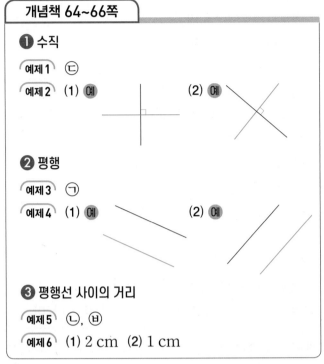

❷ 평행

예제 3 ㄱ

예제 4 (1) 예 (2) 예

❸ 평행선 사이의 거리

예제 5 ㄴ, ㅂ

예제 6 (1) 2 cm (2) 1 cm

예제 1 두 직선이 만나서 이루는 각이 직각인 것을 찾습니다.

예제 2 (1) 삼각자에서 직각을 낀 변을 이용하여 주어진 직선에 수직인 직선을 긋습니다.
(2) 각도기에서 90°가 되는 눈금을 이용하여 주어진 직선에 수직인 직선을 긋습니다.

예제 3 서로 만나지 않는 두 직선을 찾습니다.

예제 4 주어진 직선과 만나지 않는 직선을 긋습니다.
참고 한 직선과 평행한 직선은 셀 수 없이 많이 그을 수 있습니다.

예제 5 평행선 사이의 선분 중에서 평행선에 수직인 선분을 모두 찾습니다.

예제 6 평행선의 한 직선에서 다른 직선에 수직인 선분을 긋고, 그 선분의 길이를 재어 봅니다.

개념책 67쪽 한 번 더 확인

1 다 **2** 다
3 나 **4** 마
5 가, 다, 마 **6** 나, 라, 마
7 4 cm **8** 5 cm

---

1 직선 가와 만나서 이루는 각이 직각인 직선은 직선 다입니다.

2 직선 가와 직선 다가 서로 수직이므로 직선 가에 대한 수선은 직선 다입니다.

3 직선 가와 직선 나는 직선 라에 각각 수직이므로 서로 평행합니다.

4 직선 라와 직선 마는 직선 가에 각각 수직이므로 서로 평행합니다.

5 만나서 이루는 각이 직각인 두 변이 있는 도형을 모두 찾습니다.

6 서로 만나지 않는 두 변이 있는 도형을 모두 찾습니다.

7 평행선 사이의 선분 중에서 평행선에 수직인 선분의 길이는 4 cm입니다.

8 평행선 사이의 선분 중에서 평행선에 수직인 선분의 길이는 5 cm입니다.

개념책 68~69쪽 실전문제

✎ 서술형 문제는 풀이를 꼭 확인하세요.

1 ㄴ **2** 선분 ㄱㄹ
3 변 ㄱㄴ과 변 ㄹㄷ, 변 ㄱㄹ과 변 ㄴㄷ
4 2쌍 **5**
6 15 cm **7** 가희
8 예

9 풀이 참조

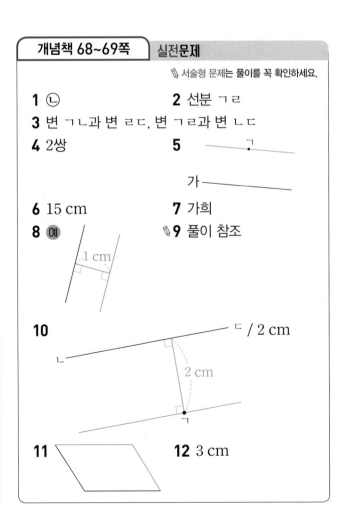

10

11

12 3 cm

1 삼각자의 직각을 낀 변을 이용하여 수선을 바르게 그은 것은 ㉡입니다.

2 변 ㄴㅂ과 만나서 이루는 각이 직각인 선분은 선분 ㄱㄹ입니다.

3 변 ㄱㄴ과 변 ㄹㄷ은 변 ㄴㄷ에 각각 수직이고, 변 ㄱㄹ과 변 ㄴㄷ은 변 ㄱㄴ에 각각 수직입니다. 따라서 서로 평행한 변은 변 ㄱㄴ과 변 ㄹㄷ, 변 ㄱㄹ과 변 ㄴㄷ입니다.

4 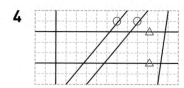　공통인 수선을 그을 수 있는 두 직선을 모두 찾으면 2쌍입니다.

5 점 ㄱ을 지나고 직선 가와 만나지 않는 직선을 긋습니다.

6 변 ㄱㄹ과 변 ㄴㄷ이 서로 평행하므로 두 변 사이의 수직인 변은 변 ㄹㄷ입니다.
　⇨ (평행선 사이의 거리)=(변 ㄹㄷ)=15 cm

7 평행선은 아무리 길게 늘여도 서로 만나지 않습니다.

8 주어진 직선에 수직인 선분을 긋고, 그 선분의 길이가 1 cm가 되는 점을 지나는 평행한 직선을 긋습니다.

9 예 평행선 사이의 거리를 나타내는 선분이 평행선에 수직인 선분이 아니기 때문입니다.」❶

채점 기준
❶ 이유 쓰기

10 점 ㄱ에서 직선 ㄴㄷ에 그은 수직인 선분의 길이를 재어 보면 2 cm이므로 평행선 사이의 거리는 2 cm입니다.

11 주어진 두 선분과 평행한 직선을 각각 그은 후 두 직선이 만나는 점을 나머지 꼭짓점으로 하여 사각형을 완성합니다.

12 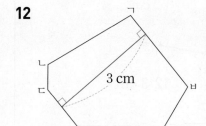　변 ㄷㄹ과 변 ㄱㅂ이 서로 평행하므로 두 변 사이에 수직인 선분을 긋고, 그 선분의 길이를 재어 보면 3 cm입니다.

개념책 70~73쪽

❹ 사다리꼴

예제1　가, 나, 다, 마

예제2　(1) 한　(2) 평행합니다

❺ 평행사변형

예제3　나, 라, 바

예제4　(1) 두　(2) 같습니다
　　　(3) 같습니다　(4) 180°

❻ 마름모

예제5　나, 다

예제6　(1) 같습니다　(2) 평행합니다
　　　(3) 같습니다　(4) 180°

❼ 여러 가지 사각형

예제7　정 / 직, 정 / 직, 정 / 직, 정

예제8　가, 나, 다, 라, 마 / 나, 다, 라, 마 / 라, 마

예제1　평행한 변이 한 쌍이라도 있는 사각형을 모두 찾습니다.

예제2　평행한 변이 한 쌍이라도 있는 사각형이므로 사다리꼴입니다.

예제3　마주 보는 두 쌍의 변이 서로 평행한 사각형을 모두 찾습니다.

예제4　마주 보는 두 쌍의 변이 서로 평행한 사각형이므로 평행사변형입니다.

예제5　네 변의 길이가 모두 같은 사각형을 모두 찾습니다.

예제6　네 변의 길이가 모두 같은 사각형이므로 마름모입니다.

예제7　정사각형은 네 변의 길이가 모두 같으므로 마주 보는 두 변의 길이가 같습니다.

예제8　• 사다리꼴: 평행한 변이 한 쌍이라도 있는 사각형
　　• 평행사변형: 마주 보는 두 쌍의 변이 서로 평행한 사각형
　　• 마름모: 네 변의 길이가 모두 같은 사각형

한번더 확인

1 가, 다, 라, 바, 아
2 가, 나, 바, 사
3 나, 다, 사
4 가, 나, 다, 라, 마 / 가, 다, 마 / 마 / 가, 마 / 마

1 평행한 변이 한 쌍이라도 있는 사각형을 모두 찾습니다.

2 마주 보는 두 쌍의 변이 서로 평행한 사각형을 모두 찾습니다.

3 네 변의 길이가 모두 같은 사각형을 모두 찾습니다.

실전문제

🖉 서술형 문제는 풀이를 꼭 확인하세요.

1 4개

2 예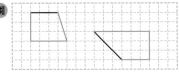

3 (1) (위에서부터) 5, 8
(2) (왼쪽에서부터) 120, 60

4 예

5 예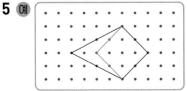

🖉**6** 풀이 참조　　　　**7** (위에서부터) 90, 3, 5

8 60 cm　　　　　**9** ㉢

10 ①, ③　　　　　**11** 사다리꼴

🖉**12** 70°

13 사다리꼴, 평행사변형, 직사각형

14 사다리꼴, 평행사변형, 마름모, 직사각형, 정사각형

15 ㉢　　　　　　**16** 정사각형

17 20°　　　　　**18** 9

1 직사각형 모양의 종이띠는 위와 아래의 두 변이 서로 평행하므로 잘라 낸 사각형은 모두 사다리꼴입니다.
➡ 4개

2 평행한 변이 한 쌍이라도 있는 사각형을 그립니다.

3 (1) 평행사변형은 마주 보는 두 변의 길이가 같습니다.
(2) 평행사변형은 마주 보는 두 각의 크기가 같습니다.

4 평행한 변이 한 쌍이라도 있도록 모눈을 이용하여 선을 긋습니다.

5 네 변의 길이가 모두 같은 사각형이 되도록 한 꼭짓점만 옮깁니다.

🖉**6** 사다리꼴입니다.」❶
예 평행한 변이 있기 때문입니다.」❷

채점 기준
❶ 사다리꼴인지 아닌지 쓰기
❷ 이유 쓰기

7 마름모는 마주 보는 꼭짓점끼리 이은 선분이 서로 수직이고, 서로를 똑같이 둘로 나눕니다.

8 마름모는 네 변의 길이가 모두 같습니다.
➡ (마름모의 네 변의 길이의 합)
$=15+15+15+15=60$(cm)

9 ㉠ 평행사변형은 마주 보는 두 변의 길이가 같습니다.
㉢ 사다리꼴은 평행한 변이 두 쌍일 수도 있습니다.

10 마주 보는 두 쌍의 변이 서로 평행하므로 사다리꼴, 평행사변형입니다.

11 자른 후 펼친 모양은 다음과 같습니다.

평행한 변이 한 쌍이라도 있는 사각형이 만들어지므로 사다리꼴입니다.

🖉**12** 예 평행사변형에서 이웃한 두 각의 크기의 합은 180°입니다.」❶
따라서 $110°+㉠=180°$이므로
$㉠=180°-110°=70°$입니다.」❷

채점 기준
❶ 평행사변형에서 이웃한 두 각의 크기의 합은 180°임을 알기
❷ ㉠의 각도 구하기

13 같은 길이의 막대가 2개씩 2묶음 있으므로 마주 보는 두 변의 길이가 같은 사각형을 만들 수 있습니다.
➡ 사다리꼴, 평행사변형, 직사각형

14 같은 길이의 막대가 4개 있으므로 네 변의 길이가 모두 같은 사각형을 만들 수 있습니다.
⇨ 사다리꼴, 평행사변형, 마름모, 직사각형, 정사각형

15 ㉢ 사다리꼴은 서로 평행한 변이 한 쌍만 있을 수 있으므로 평행사변형이라고 할 수 없습니다.

16 • 네 변의 길이가 모두 같은 사각형: 마름모, 정사각형
• 마주 보는 두 쌍의 변이 서로 평행한 사각형:
 평행사변형, 마름모, 직사각형, 정사각형
• 네 각의 크기가 모두 같은 사각형:
 직사각형, 정사각형
따라서 설명에 알맞은 사각형은 정사각형입니다.

17 마름모는 마주 보는 두 각의 크기가 같습니다.
⇨ ㉡=$80°$
마름모에서 이웃한 두 각의 크기의 합은 $180°$입니다.
$80°+㉠=180°$ ⇨ $㉠=180°-80°=100°$
따라서 ㉠과 ㉡의 각도의 차는 $100°-80°=20°$입니다.

18 평행사변형은 마주 보는 두 변의 길이가 같습니다.
$15+□+15+□=48$, $□+□=18$ ⇨ $□=9$

개념책 78~79쪽	응용문제
예제1 16 cm	유제1 15 cm
예제2 6쌍	유제2 4쌍
예제3 54°	유제3 60°
예제4 30 cm	유제4 36 cm
예제5 9개	유제5 18개
예제6 65°	유제6 55°

예제1 변 ㄱㅇ과 변 ㅂㅅ 사이의 거리는 변 ㄱㄴ, 변 ㄷㄹ, 변 ㅁㅂ의 길이의 합과 같습니다.
⇨ $8+5+3=16$(cm)

유제1 변 ㄱㄴ과 변 ㄹㄷ 사이의 거리는 변 ㄱㅇ, 변 ㅅㅂ, 변 ㅁㄹ의 길이의 합과 같습니다.
⇨ $6+4+5=15$(cm)

예제2 변 ㄱㅂ과 변 ㄷㄴ, 변 ㄱㅂ과 변 ㄹㅁ,
변 ㄷㄴ과 변 ㄹㅁ, 변 ㄷㄹ과 변 ㄱㄴ,
변 ㄷㄹ과 변 ㅂㅁ, 변 ㄱㄴ과 변 ㅂㅁ
⇨ 6쌍

유제2 변 ㄱㅂ과 변 ㅁㄹ, 변 ㄱㅂ과 변 ㄴㄷ,
변 ㅁㄹ과 변 ㄴㄷ, 변 ㄱㄴ과 변 ㄹㄷ
⇨ 4쌍

예제3 (각 ㄷㄹㄴ)=$90°$이므로
(각 ㅇㄹㄴ)=$90°÷5=18°$입니다.
⇨ (각 ㅁㄹㅇ)=$18°×3=54°$

예제3 (각 ㄱㄹㄷ)=$90°$이므로
(각 ㄱㄹㅁ)=$90°÷6=15°$입니다.
⇨ (각 ㅂㄹㄷ)=$15°×4=60°$

예제4

정삼각형은 세 변의 길이가 모두 같고,
마름모는 네 변의 길이가 모두 같으므로
마름모의 한 변은 6 cm입니다.
빨간색 선의 길이는 6 cm인 변이 5개입니다.
⇨ (빨간색 선의 길이)=$6×5=30$(cm)

유제4

평행사변형은 마주 보는 두 변의 길이가 같고,
정사각형은 네 변의 길이가 모두 같으므로
평행사변형의 긴 변은 7 cm입니다.
⇨ (빨간색 선의 길이)
$=4+7+4+7+7+7=36$(cm)

예제5 • 작은 사각형 1개짜리: 4개
• 작은 사각형 2개짜리: 4개
• 작은 사각형 4개짜리: 1개
⇨ $4+4+1=9$(개)
참고 직사각형도 사다리꼴의 수에 포함해야 합니다.

유제5 • 작은 사각형 1개짜리: 6개
• 작은 사각형 2개짜리: 7개
• 작은 사각형 3개짜리: 2개
• 작은 사각형 4개짜리: 2개
• 작은 사각형 6개짜리: 1개
⇨ $6+7+2+2+1=18$(개)
참고 평행사변형도 사다리꼴의 수에 포함해야 합니다.

예제 6 마름모는 마주 보는 두 각의 크기가 같으므로
(각 ㄴㄷㄹ)=(각 ㄴㄱㄹ)=50°이고,
네 변의 길이가 모두 같으므로 삼각형 ㄴㄷㄹ은
이등변삼각형입니다.
따라서 180°−50°=130°이므로
(각 ㄴㄹㄷ)=130°÷2=65°입니다.

유제 6 마름모는 마주 보는 두 각의 크기가 같으므로
(각 ㄴㄷㄹ)=(각 ㄴㄱㄹ)=70°이고,
네 변의 길이가 모두 같으므로 삼각형 ㄴㄷㄹ은
이등변삼각형입니다.
따라서 180°−70°=110°이므로
(각 ㄴㄹㄷ)=110°÷2=55°입니다.

개념책 80~82쪽 | 단원 평가

🖋 서술형 문제는 풀이를 꼭 확인하세요.

1 직선 라, 직선 바   **2** 직선 라

3 예

4 3 cm   **5** 마

6 가, 다, 라, 바, 사

7
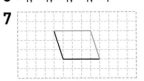

8 (왼쪽에서부터) 90, 6

9 예
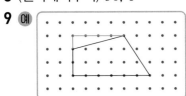

10 (왼쪽에서부터) 115, 5

11 ③   **12** 3개

13 3개   **14** ②, ③

15 11 cm   **16** 63 cm

17 35°   🖋**18** 풀이 참조

🖋**19** 13 cm   🖋**20** 12개

---

1 직선 가와 만나서 이루는 각이 직각인 직선은 직선 라, 직선 바입니다.

2 직선 라와 직선 바는 직선 가에 각각 수직이므로 직선 바와 평행한 직선은 직선 라입니다.

3 각도기에서 90°가 되는 눈금을 이용하여 직선 가에 수직인 직선을 긋습니다.

4 평행선의 한 직선에서 다른 직선에 수직인 선분을 긋고, 그 선분의 길이를 재어 보면 3 cm입니다.

5 평행한 변이 한 쌍도 없는 사각형은 마입니다.

6 마주 보는 두 쌍의 변이 서로 평행한 사각형은 가, 다, 라, 바, 사입니다.

7 마주 보는 두 쌍의 변이 서로 평행한 사각형을 그립니다.

8
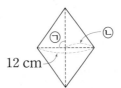
12 cm

• 마름모는 마주 보는 꼭짓점끼리 이은 선분이 서로 수직으로 만납니다. ⇨ ㉠=90°
• 마름모는 마주 보는 꼭짓점끼리 이은 선분이 서로를 똑같이 둘로 나눕니다. ⇨ ㉡=12÷2=6(cm)

9 평행한 변이 한 쌍이라도 있는 사각형이 되도록 한 꼭짓점만 옮깁니다.

10 • (변 ㄹㄷ)=(변 ㄱㄴ)=5 cm
• (각 ㄴㄱㄹ)=180°−65°=115°

11 ③ 정사각형은 네 변의 길이가 모두 같은 사각형이므로 마름모라고 할 수 있습니다.

12 변 ㄴㄷ에 수직인 선분은 선분 ㄱㄴ, 선분 ㄹㅁ, 선분 ㅂㅅ으로 모두 3개입니다.

13 변 ㄱㄴ과 평행한 변은 변 ㄷㄹ, 변 ㅁㅂ, 변 ㅅㅇ으로 모두 3개입니다.

14 • 네 변의 길이가 모두 같으므로 마름모입니다.
• 마주 보는 두 쌍의 변이 서로 평행하므로 평행사변형, 사다리꼴입니다.
• 네 각이 모두 직각이 아니므로 직사각형, 정사각형이 아닙니다.

15 변 ㄱㅇ과 변 ㄴㄷ 사이의 거리는 변 ㅇㅅ, 변 ㅂㅁ, 변 ㄹㄷ의 길이의 합과 같습니다.
⇨ $5+2+4=11$(cm)

16 마름모, 정삼각형, 정사각형의 각 변이 $9\,cm$로 모두 같습니다.
따라서 빨간색 선의 길이는 $9\,cm$인 변이 7개이므로 $9\times7=63$(cm)입니다.

17 마름모는 마주 보는 두 각의 크기가 같으므로
(각 ㄴㄷㄹ)=(각 ㄴㄱㄹ)=$110°$이고,
네 변의 길이가 모두 같으므로 삼각형 ㄴㄷㄹ은 이등변삼각형입니다.
따라서 $180°-110°=70°$이므로
(각 ㄷㄴㄹ)=$70°\div2=35°$입니다.

18 정사각형이 아닙니다.」❶
예 네 변의 길이가 모두 같지 않기 때문입니다.」❷

채점 기준	
❶ 정사각형인지 아닌지 쓰기	2점
❷ 이유 쓰기	3점

19 예 마름모는 네 변의 길이가 모두 같습니다.」❶
따라서 마름모의 한 변은 $52\div4=13$(cm)입니다.」❷

채점 기준	
❶ 마름모는 네 변의 길이가 모두 같음을 알기	2점
❷ 마름모의 한 변의 길이 구하기	3점

20 예 크고 작은 사다리꼴은 작은 사각형 1개짜리 2개,
작은 사각형 2개짜리 5개, 작은 사각형 3개짜리 2개,
작은 사각형 4개짜리 2개, 작은 사각형 6개짜리 1개입니다.」❶
따라서 크고 작은 사다리꼴은 모두
$2+5+2+2+1=12$(개)입니다.」❷

채점 기준	
❶ 사다리꼴의 크기에 따라 그 개수 구하기	3점
❷ 크고 작은 사다리꼴의 수 구하기	2점

1 ㄱ ⇨ 평행선이 없습니다.
ㄷ ⇨ 1쌍
ㅁ ⇨ 2쌍
ㅅ ⇨ 평행선이 없습니다.
ㅌ ⇨ 3쌍

2 • 작은 이등변삼각형 2개짜리: 4개
• 작은 이등변삼각형 3개짜리: 8개
• 작은 이등변삼각형 4개짜리: 4개
• 작은 이등변삼각형 8개짜리: 1개
⇨ $4+8+4+1=17$(개)

참고 직사각형, 정사각형도 사다리꼴의 수에 포함해야 합니다.

개념책 83쪽	창의·융합형 문제

1 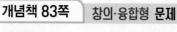 **2** 17개

5. 꺾은선그래프

개념책 86~89쪽

① 꺾은선그래프

예제1 (1) 날짜, 금액 (2) 100원
      (3) 저금통에 들어 있는 금액의 변화

② 꺾은선그래프의 내용

예제2 (1) 16 cm
      (2) 6일과 7일 사이
      (3) ㉯ 그래프

③ 꺾은선그래프로 나타내기

예제3 (1) 예 시각, 예 온도 (2) 예 1 ℃
      (3) 15 ℃
      (4) 예

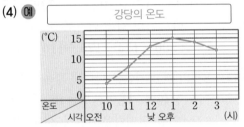

④ 자료를 조사하여 꺾은선그래프로 나타내기

예제4 (1)

이사 온 가구 수

연도(년)	2015	2016	2017	2018	2019	2020
가구 수 (가구)	540	520	580	600	560	500

      (2) 예 500가구
      (3) 예

예제1 (2) 세로 눈금 5칸이 500원이므로 세로 눈금 한
      칸은 500÷5＝100(원)을 나타냅니다.

예제2 (2) 선분이 오른쪽 위로 가장 많이 기울어진 때는
      6일과 7일 사이입니다.
      (3) 꺾은선그래프에서 필요 없는 부분을 물결선을
      사용하여 줄여서 나타내면 자료가 변화하는
      모습이 더 잘 나타납니다.

예제3 (3) 가장 높은 온도가 15 ℃이므로 온도를 나타
      내는 눈금은 적어도 15 ℃까지 나타낼 수 있
      어야 합니다.

예제4 (2) 가장 적은 가구 수가 500가구이므로 물결선
      위로 500가구부터 시작하는 것이 좋습니다.

개념책 90~91쪽 **실전문제**

✐ 서술형 문제는 풀이를 꼭 확인하세요.

1 ㉯ 그래프   2 오후 3시
✐3 풀이 참조   4 예 50상자
5 예 0상자와 3500상자 사이
6 예

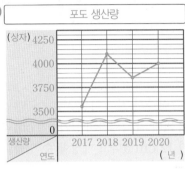

7 2019년   8 24 cm / 26 cm
9 8 cm   10 8 cm
11 8일과 15일 사이 / 15일과 22일 사이
12 예 12 cm   13 556명

1 시간에 따른 자료의 변화를 한눈에 알아보기 쉬운 그
   래프는 꺾은선그래프인 ㉯ 그래프입니다.

2 ㉯ 그래프에서 점이 가장 높게 찍힌 때는 오후 3시입
   니다.

✐3 예 막대그래프는 시각별 체육관의 온도를 비교하기
   쉽습니다.」❶
   꺾은선그래프는 시간에 따라 체육관의 온도가 변화하
   는 모습을 알아보기 쉽습니다.」❷

   채점 기준
   ❶ 체육관의 온도를 막대그래프로 나타내면 좋은 점 쓰기
   ❷ 체육관의 온도를 꺾은선그래프로 나타내면 좋은 점 쓰기

4 조사하여 나타낸 포도 생산량이 50상자 단위이고, 자
   료의 변화하는 양을 모두 나타내어야 하므로 세로 눈
   금 한 칸은 50상자로 나타내는 것이 좋습니다.

5 가장 적은 생산량이 3550상자이므로 물결선을 0상자
   와 3500상자 사이에 넣는 것이 좋습니다.

7 선분이 오른쪽 아래로 기울어진 때는 2018년과 2019년
   사이이므로 포도 생산량이 전년에 비해 줄어든 해는
   2019년입니다.

8 22일에 점이 찍힌 곳의 세로 눈금을 각각 읽으면 ㈎ 꽃은 24 cm이고, ㈏ 꽃은 26 cm입니다.

9 • 1일의 ㈏ 꽃의 키: 6 cm
• 15일의 ㈏ 꽃의 키: 14 cm
⇨ 14−6=8(cm)

10 ㈎ 꽃의 키가 14 cm인 날은 8일입니다.
⇨ 8일의 ㈏ 꽃의 키: 8 cm

11 두 그래프에서 선분이 오른쪽 위로 가장 많이 기울어진 때를 각각 찾습니다.
⇨ ㈎ 꽃: 8일과 15일 사이,
㈏ 꽃: 15일과 22일 사이

12 • 오전 11시의 그림자의 길이: 9 cm
• 낮 12시의 그림자의 길이: 15 cm
⇨ 오전 11시 30분의 그림자의 길이는 9 cm와 15 cm의 중간인 12 cm였다고 예상할 수 있습니다.

13 세로 눈금 한 칸은 2명을 나타냅니다.

연도(년)	2016	2017	2018	2019	2020
졸업생 수(명)	108	102	104	116	126

⇨ (2016년부터 2020년까지의 졸업생 수)
=108+102+104+116+126=556(명)

개념책 92~93쪽　　응용문제

예제 1 1300대　　　**유제 1** 240명

예제 2

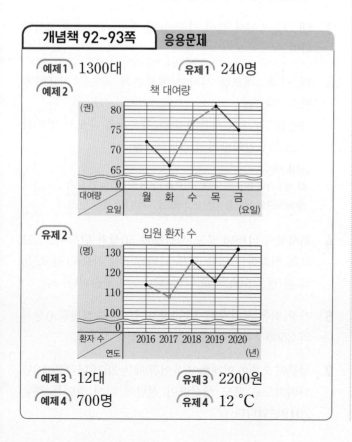

책 대여량

입원 환자 수

예제 3 12대　　　**유제 3** 2200원
예제 4 700명　　　**유제 4** 12 ℃

예제 1 자동차 판매량이 가장 많은 달은 11월로 1800대이고, 가장 적은 달은 8월로 500대입니다.
⇨ 1800−500=1300(대)

유제 1 방문자 수가 가장 많은 날은 5일로 680명이고, 가장 적은 날은 3일로 440명입니다.
⇨ 680−440=240(명)

예제 2 세로 눈금 한 칸은 1권을 나타냅니다.
월요일: 72권, 화요일: 66권, 목요일: 81권,
금요일: 75권
⇨ (수요일의 책 대여량)
=371−72−66−81−75=77(권)

유제 2 세로 눈금 한 칸은 2명을 나타냅니다.
2016년: 114명, 2018년: 126명,
2019년: 116명, 2020년: 132명
⇨ (2017년의 입원 환자 수)
=596−114−126−116−132=108(명)

예제 3 8월의 최고 기온을 나타낸 꺾은선그래프에서 선분이 가장 많이 기울어진 때는 8일과 9일 사이입니다.
⇨ 에어컨 판매량은 8일에 34대, 9일에 46대이므로 46−34=12(대) 늘었습니다.

유제 3 콩 생산량을 나타낸 꺾은선그래프에서 선분이 가장 많이 기울어진 때는 2017년과 2018년 사이입니다.
⇨ 콩 1 kg의 가격은 2017년에 5200원, 2018년에 7400원이므로
7400−5200=2200(원) 올랐습니다.

예제 4 학생 수의 차가 가장 큰 때는 남학생 수와 여학생 수를 나타내는 점이 가장 많이 떨어져 있는 때이므로 2017년입니다.
⇨ 2017년의 남학생 수는 4400명이고, 여학생 수는 3700명이므로 학생 수의 차는
4400−3700=700(명)입니다.

다른 풀이 2017년의 세로 눈금 수의 차는 7칸이고, 세로 눈금 한 칸은 100명을 나타내므로 학생 수의 차는 700명입니다.

유제 4 기온과 수온의 차가 가장 큰 때는 기온과 수온을 나타내는 점이 가장 많이 떨어져 있는 때이므로 8월입니다.
⇨ 8월의 기온은 24 ℃이고, 수온은 12 ℃이므로 기온과 수온의 차는 24−12=12(℃)입니다.

다른 풀이 8월의 세로 눈금 수의 차는 12칸이고, 세로 눈금 한 칸은 1 ℃를 나타내므로 기온과 수온의 차는 12 ℃입니다.

✎ 서술형 문제는 풀이를 꼭 확인하세요.

1 시각 / 온도   **2** 1 °C

3 10 °C   **4** 오전 10시

5 3 °C

6

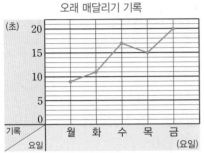

오래 매달리기 기록

7 금요일, 20초   **8** 목요일

9 수요일   **10** 예 0.1 cm

11 ㉡

12 예

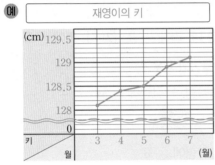

재영이의 키

13 1800대   **14** 3200대

15 6월 / 5월

16 예 184 cm

17

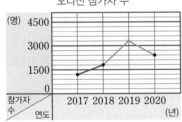

오디션 참가자 수

✎**18** 오전 9시, 16 °C

✎**19** 6 °C

✎**20** 3 °C

2 세로 눈금 5칸이 5 °C이므로 세로 눈금 한 칸은
5÷5＝1(°C)를 나타냅니다.

3 오전 11시에 점이 찍힌 곳의 세로 눈금을 읽으면 10 °C
입니다.

4 점이 가장 낮게 찍힌 때는 오전 10시입니다.

5 낮 12시: 13 °C, 오후 2시: 16 °C
 ⇨ 16－13＝3(°C)

7 점이 가장 높게 찍힌 요일은 금요일이고, 금요일의 기
록은 20초입니다.

8 선분이 오른쪽 아래로 기울어진 때는 수요일과 목요일
사이이므로 기록이 전날에 비해 낮아진 요일은 목요일
입니다.

9 선분이 오른쪽 위로 가장 많이 기울어진 때는 화요일
과 수요일 사이이므로 기록이 전날에 비해 가장 많이
높아진 요일은 수요일입니다.

10 조사하여 나타낸 키가 0.1 cm 단위이고, 자료의 변화
하는 양을 모두 나타내어야 하므로 세로 눈금 한 칸은
0.1 cm로 나타내는 것이 좋습니다.

11 가장 작은 키가 128.1 cm이므로 물결선을 0 cm와
128 cm 사이에 넣는 것이 좋습니다.

13 • 4월의 ㉮ 회사의 자전거 생산량: 2200대
 • 6월의 ㉮ 회사의 자전거 생산량: 4000대
 ⇨ 4000－2200＝1800(대)

14 ㉯ 회사에서 자전거를 2400대 생산한 달은 7월입니다.
 ⇨ 7월의 ㉮ 회사의 자전거 생산량: 3200대

15 두 그래프에서 선분이 가장 많이 기울어진 때를 각각
찾습니다.
 ⇨ ㉮ 회사: 5월과 6월 사이,
  ㉯ 회사: 4월과 5월 사이

16 • 5월 1일의 해바라기의 키: 178 cm
 • 6월 1일의 해바라기의 키: 190 cm
 ⇨ 5월 16일의 해바라기의 키는 178 cm와 190 cm
  의 중간인 184 cm였다고 예상할 수 있습니다.

17 세로 눈금 한 칸은 1500÷5＝300(명)을 나타냅니다.
 2017년: 1200명, 2018년: 1800명,
 2020년: 2400명
 ⇨ (2019년의 참가자 수)
  ＝8700－1200－1800－2400＝3300(명)

18 예 운동장의 온도를 나타낸 꺾은선그래프에서 점이 가장 낮게 찍힌 때는 오전 9시입니다.」❶
오전 9시의 운동장의 온도는 16 ℃입니다.」❷

채점 기준	
❶ 운동장의 온도가 가장 낮은 때 구하기	2점
❷ 운동장의 온도가 가장 낮은 때의 온도 구하기	3점

19 예 오전 9시의 교실의 온도는 18 ℃이고, 낮 12시의 교실의 온도는 24 ℃입니다.」❶
따라서 오전 9시부터 낮 12시까지 교실의 온도는 24−18=6(℃) 올랐습니다.」❷

채점 기준	
❶ 오전 9시와 낮 12시의 교실의 온도 각각 구하기	4점
❷ 오전 9시부터 낮 12시까지 교실의 온도가 몇 ℃ 올랐는지 구하기	1점

20 예 운동장과 교실의 온도 차가 가장 큰 때는 오전 11시입니다.」❶
오전 11시의 운동장의 온도는 19 ℃이고, 교실의 온도는 22 ℃입니다.」❷
따라서 온도의 차는 22−19=3(℃)입니다.」❸

채점 기준	
❶ 운동장과 교실의 온도 차가 가장 큰 때 구하기	2점
❷ 온도 차가 가장 큰 때의 운동장과 교실의 온도 각각 구하기	2점
❸ 위 ❷에서 구한 두 온도의 차 구하기	1점

개념책 97쪽 창의·융합형 문제

1 2017년, 390만 명
2 254만 대

1 그래프에서 선분이 오른쪽 아래로 기울어진 때를 찾으면 2016년과 2017년 사이입니다.
⇨ (2016년에 비해 2017년에 줄어든 관광객 수)
=1724−1334=390(만 명)

2 1인당 국민 총소득을 나타낸 꺾은선그래프에서 선분이 가장 많이 기울어진 때는 2005년과 2010년 사이입니다.
⇨ 자동차 등록 대수는 2005년에 1540만 대, 2010년에 1794만 대이므로 1794−1540=254(만 대) 늘었습니다.

---

6. 다각형

개념책 100~103쪽

❶ 다각형

예제1 ( ) (○) ( ) (○)
유제2 (1) 오각형 (2) 육각형
유제3 7, 7 / 8, 8 / 같습니다에 ○표

❷ 정다각형

예제4 ( ) ( ) (○) (○)
유제5 (1) 정칠각형 (2) 정팔각형
유제6 (1) 6 (2) 120

❸ 대각선

예제7 (1) (2)

예제8 (1) 나, 라에 ○표 (2) 다, 라에 ○표

❹ 모양 만들기와 채우기

예제9 사각형, 육각형에 ○표
유제10 예

예제11 삼각형에 ○표
유제12 예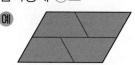

예제1 선분으로만 둘러싸인 도형을 모두 찾습니다.

유제2 (1) 변이 5개인 다각형이므로 오각형입니다.
(2) 변이 6개인 다각형이므로 육각형입니다.

예제4 변의 길이가 모두 같고, 각의 크기가 모두 같은 다각형을 모두 찾습니다.

유제5 (1) 변이 7개인 정다각형이므로 정칠각형입니다.
(2) 변이 8개인 정다각형이므로 정팔각형입니다.

유제6 (1) 정다각형에서 변의 길이는 모두 같으므로 6 cm입니다.
(2) 정다각형에서 각의 크기는 모두 같으므로 120°입니다.

예제7 (1) 사각형에서 그을 수 있는 대각선은 2개입니다.
(2) 오각형에서 그을 수 있는 대각선은 5개입니다.

예제 8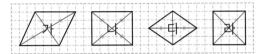

예제 9 사각형 또는 평행사변형 2개, 육각형 또는 정육 각형 1개를 사용하여 모양을 만들었습니다.

유제 10 모양 조각을 길이가 같은 변끼리 이어 붙여서 사 다리꼴을 만듭니다.

예제 11 삼각형 또는 정삼각형 8개를 사용하여 모양을 채 웠습니다.

유제 12 모양 조각을 서로 겹치거나 빈틈이 생기지 않도 록 변끼리 이어 붙여서 평행사변형을 채웁니다.

개념책 104쪽 **한번더 확인**

1 가, 나 **2** 가, 정육각형

3 칠각형 **4** 팔각형 / 11

5
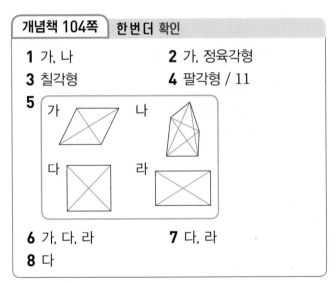

6 가, 다, 라 **7** 다, 라

8 다

---

1 선분으로만 둘러싸인 도형을 모두 찾으면 가, 나입 니다.

2 변의 길이가 모두 같고, 각의 크기가 모두 같은 다각 형을 찾으면 가이고, 변이 6개인 정다각형이므로 정육 각형입니다.

3 변이 7개인 다각형이므로 칠각형입니다.

4 변의 수에 따라 다각형의 이름이 정해집니다.

6 사각형은 대각선의 수가 항상 2개입니다.

7 두 대각선의 길이가 같은 도형은 다(정사각형), 라(직사각형)입니다.

8 두 대각선이 서로 수직으로 만나는 도형은 다(정사각형) 입니다.

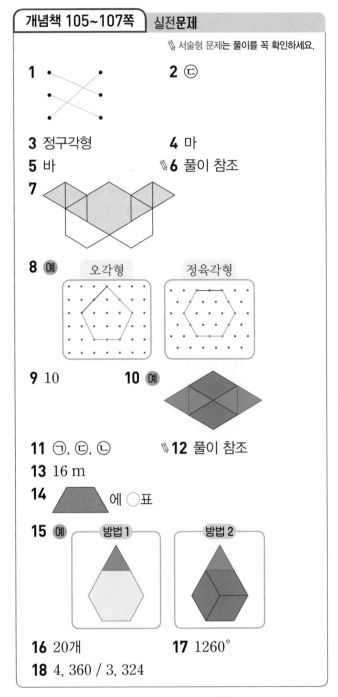

개념책 105~107쪽 **실전문제**

✎ 서술형 문제는 풀이를 꼭 확인하세요.

1 •─×─•   **2** ㉢

3 정구각형   **4** 마

5 바   ✎**6** 풀이 참조

7

8 예 오각형   정육각형

9 10   **10** 예

11 ㉠, ㉢, ㉡   ✎**12** 풀이 참조

13 16 m

14 에 ◯표

15 예 방법 1   방법 2

16 20개   **17** 1260°

18 4, 360 / 3, 324

---

1 • 변이 8개인 다각형은 팔각형입니다.
  • 변이 5개인 다각형은 오각형입니다.
  • 변이 6개인 다각형은 육각형입니다.

2 ㉢ 길이가 같은 변끼리 이어 붙였습니다.

3 9개의 선분으로만 둘러싸여 있으므로 구각형이고, 변의 길이가 모두 같고, 각의 크기가 모두 같으므로 정구각 형입니다.

4 삼각형은 꼭짓점 3개가 서로 이웃하고 있으므로 대각 선을 그을 수 없습니다.

5

두 대각선의 길이가 같고, 두 대각선이 서로 수직으로 만나는 사각형은 바(정사각형)입니다.

✎**6** 나』❶

(예) 다각형은 선분으로만 둘러싸인 도형인데 나는 선분으로 둘러싸여 있지 않습니다.』❷

채점 기준
❶ 다각형이 아닌 도형 찾기
❷ 다각형이 아닌 이유 설명하기

7 변의 길이가 모두 같고, 각의 크기가 모두 같은 다각형을 찾아 색칠합니다.

8 • 오각형은 변이 5개가 되도록 그립니다.
• 정육각형은 6개의 변의 길이가 모두 같고, 각의 크기가 모두 같게 되도록 그립니다.

9 직사각형은 두 대각선의 길이가 같습니다.
⇨ (선분 ㄴㄹ)=(선분 ㄱㄷ)=10 cm

10 모양 조각을 길이가 같은 변끼리 이어 붙여서 마름모를 만듭니다.

11 ㉠ ㉡ ㉢

9개   2개   5개

⇨ 9 > 5 > 2
  ㉠ ㉢ ㉡

✎**12**

  』❶

(예) 꼭짓점의 수가 많은 다각형일수록 더 많은 대각선을 그을 수 있습니다.』❷

채점 기준
❶ 표시된 꼭짓점에서 그을 수 있는 대각선 모두 긋기
❷ 알게 된 점 쓰기

13 정팔각형은 8개의 변의 길이가 모두 같습니다.
⇨ (정팔각형의 모든 변의 길이의 합)
   =2×8=16(m)
따라서 울타리는 모두 16 m입니다.

14

16 8개의 선분으로만 둘러싸인 다각형은 팔각형입니다. 팔각형에 그을 수 있는 대각선은 모두 20개입니다.

다른풀이 팔각형의 한 꼭짓점에서 그을 수 있는 대각선의 수는 8−3=5(개)이고, 꼭짓점은 8개이므로 팔각형에 대각선을 5×8=40(개) 그을 수 있습니다.
40개는 한 대각선이 두 번씩 세어진 것이므로 팔각형의 대각선의 수는 40÷2=20(개)입니다.

17 비법

(다각형의 모든 각의 크기의 합)
=180°×(다각형이 나눠지는 삼각형의 수)

정구각형은 7개의 삼각형으로 나눌 수 있습니다.

⇨ (정구각형의 모든 각의 크기의 합)
   =180°×7=1260°

개념책 108~109쪽	응용문제
예제1 정구각형	유제1 정십이각형
예제2 11개	유제2 19개
예제3 정사각형	유제3 마름모, 정사각형
예제4 10개	유제4 12개
예제5 108°	유제5 120°
예제6 20°	유제6 45°

예제1 정다각형은 변의 길이가 모두 같으므로
(변의 수)=72÷8=9(개)입니다.
⇨ 변이 9개인 정다각형이므로 정구각형입니다.

유제1 정다각형은 변의 길이가 모두 같으므로
(변의 수)=84÷7=12(개)입니다.
⇨ 변이 12개인 정다각형이므로 정십이각형입니다.

예제2 비법

(대각선의 수)
=(한 꼭짓점에서 그을 수 있는 대각선의 수)
  ×(꼭짓점의 수)÷2
={(꼭짓점의 수)−3}×(꼭짓점의 수)÷2

  ⇨ 2+9=11(개)

2개   9개

유제 2   ⇨ 5＋14＝19(개)

5개   14개

예제 3

사다리꼴 평행사변형 마름모 직사각형 정사각형

두 대각선의 길이가 같은 사각형은 직사각형과 정사각형이고, 그중 두 대각선이 서로 수직으로 만나는 사각형은 정사각형입니다.

유제 3   한 대각선이 다른 대각선을 똑같이 둘로 나누는 사각형은 평행사변형, 마름모, 직사각형, 정사각형이고, 그중 두 대각선이 서로 수직으로 만나는 사각형은 마름모, 정사각형입니다.

예제 4   한 변이 4 cm인 정삼각형 모양 조각으로 오른쪽 모양의 위와 아래에 있는 변 8 cm에 각각 2개씩 놓을 수 있습니다.

8 cm
⇨ 필요한 모양 조각은 10개입니다.

유제 4   한 변이 5 cm인 마름모 모양 조각으로 정육각형의 한 변 10 cm에 2개씩 놓을 수 있습니다.

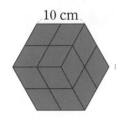
10 cm
⇨ 필요한 모양 조각은 12개입니다.

예제 5   오각형은 3개의 삼각형으로 나눌 수 있습니다.

(오각형의 모든 각의 크기의 합)
＝180°×3＝540°
⇨ (오각형의 한 각의 크기)＝540°÷5＝108°

유제 5   정육각형은 4개의 삼각형으로 나눌 수 있습니다.

(정육각형의 모든 각의 크기의 합)
＝180°×4＝720°
⇨ (정육각형의 한 각의 크기)＝720°÷6＝120°

예제 6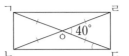

한 직선이 이루는 각의 크기는 180°이므로
(각 ㄴㅇㄷ)＝180°－40°＝140°입니다.
직사각형은 두 대각선의 길이가 같고, 한 대각선이 다른 대각선을 똑같이 둘로 나누므로 삼각형 ㅇㄴㄷ은 이등변삼각형입니다.
따라서 (각 ㄴㄷㅇ)＋(각 ㄷㄴㅇ)
＝180°－140°＝40°,
(각 ㄴㄷㅇ)＝40°÷2＝20°입니다.

유제 6   정사각형은 두 대각선이 서로 수직으로 만나므로 (각 ㄹㅇㄷ)＝90°입니다.

정사각형은 두 대각선의 길이가 같고, 한 대각선이 다른 대각선을 똑같이 둘로 나누므로 삼각형 ㄹㅇㄷ은 이등변삼각형입니다.
따라서 (각 ㄷㄹㅇ)＋(각 ㄹㄷㅇ)
＝180°－90°＝90°,
(각 ㄷㄹㅇ)＝90°÷2＝45°입니다.

개념책 110~112쪽 단원 평가

✎ 서술형 문제는 풀이를 꼭 확인하세요.

1 가, 다, 마   **2** 다, 마
3 (○) (   )   **4** 예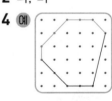

5 ㄴ   **6** (왼쪽에서부터) 120, 8
7 ③   **8** 4개
9 60 cm   **10** 14개
11 예   **12** 6개, 3개, 2개
                          13 라
14 예
방법 1   방법 2

15 정육각형   **16** 6개
17 55°   ✎**18** 풀이 참조
✎**19** 32 cm   ✎**20** 135°

3 대각선은 서로 이웃하지 않는 두 꼭짓점끼리 선분으로 이은 것입니다.

4 칠각형은 변이 7개가 되도록 그립니다.

5 ⓒ 마름모는 변의 길이는 모두 같지만 각의 크기가 모두 같지는 않으므로 정다각형이 아닙니다.

6 정육각형은 6개의 변의 길이가 모두 같고, 각의 크기가 모두 같습니다.

7 ③ 삼각형은 꼭짓점 3개가 서로 이웃하고 있으므로 대각선을 그을 수 없습니다.

9 정오각형은 5개의 변의 길이가 모두 같습니다.
　⇨ (정오각형의 모든 변의 길이의 합)
　　＝$12 \times 5 = 60$(cm)

10 ⇨ 14개

12

13 두 대각선의 길이가 같은 사각형은 다(직사각형), 라(정사각형)이고, 그중 두 대각선이 서로 수직으로 만나는 사각형은 라(정사각형)입니다.

15 정다각형은 변의 길이가 모두 같으므로
　(변의 수)＝$42 \div 7 = 6$(개)입니다.
　따라서 변이 6개인 정다각형이므로 정육각형입니다.

16 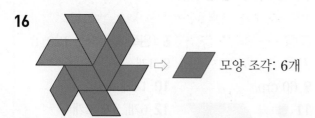 ⇨ 모양 조각: 6개

17 한 직선이 이루는 각의 크기는 $180°$이므로 (각 ㄱㅇㄴ)＝$180° - 110°$＝$70°$입니다.
직사각형은 두 대각선의 길이가 같고, 한 대각선이 다른 대각선을 똑같이 둘로 나누므로 삼각형 ㄱㄴㅇ은 이등변삼각형입니다.
따라서 (각 ㄱㄴㅇ)＋(각 ㄴㄱㅇ)
　　　＝$180° - 70° = 110°$,
　　(각 ㄱㄴㅇ)＝$110° \div 2 = 55°$입니다.

18 정다각형이 아닙니다.」❶
　예 변의 길이가 모두 같지 않고, 각의 크기도 모두 같지 않기 때문입니다.」❷

채점 기준	
❶ 정다각형인지 아닌지 쓰기	2점
❷ 이유 설명하기	3점

19 예 정사각형은 두 대각선의 길이가 같고, 한 대각선이 다른 대각선을 똑같이 둘로 나누므로 한 대각선의 길이는 $8 \times 2 = 16$(cm)입니다.」❶
따라서 두 대각선의 길이의 합은 $16 + 16 = 32$(cm)입니다.」❷

채점 기준	
❶ 한 대각선의 길이 구하기	4점
❷ 두 대각선의 길이의 합 구하기	1점

20 예 정팔각형은 6개의 삼각형으로 나눌 수 있습니다.」❶
정팔각형의 모든 각의 크기의 합은
$180° \times 6 = 1080°$입니다.」❷
따라서 정팔각형의 한 각의 크기는 $1080° \div 8 = 135°$입니다.」❸

채점 기준	
❶ 정팔각형에서 나눌 수 있는 삼각형의 수 알기	1점
❷ 정팔각형의 모든 각의 크기의 합 구하기	2점
❸ 정팔각형의 한 각의 크기 구하기	2점

개념책 113쪽 **창의·융합형 문제**

1 9개
2 140°, 없습니다에 ○표

1 눈 결정체에서 찾은 다각형은 육각형이고, 육각형에 그을 수 있는 대각선은 모두 9개입니다.

2 • 정구각형은 삼각형 7개로 나눌 수 있으므로
　(정구각형의 모든 각의 크기의 합)
　　＝$180° \times 7 = 1260°$입니다.
• 정구각형은 아홉 각의 크기가 모두 같으므로
　(정구각형의 한 각의 크기)
　　＝$1260° \div 9 = 140°$입니다.
따라서 140°가 여러 개 모여 360°를 이룰 수 없으므로 정구각형으로는 평면을 채울 수 없습니다.

1. 분수의 덧셈과 뺄셈

유형책 4~11쪽	실전유형 강화

✎ 서술형 문제는 풀이를 꼭 확인하세요.

1 $\frac{5}{10}$, $1\frac{1}{10}$　　　**2** $<$

3 $\frac{9}{11}$ L

4 $\frac{1}{6}$, $\frac{5}{6}$, 1 또는 $\frac{5}{6}$, $\frac{1}{6}$, 1

5 $1\frac{4}{8}$ m　　　**6** 1, 2, 3, 4

7 $3\frac{7}{9}$

8 $2\frac{2}{5}+1\frac{1}{5}$, $\frac{15}{8}+1\frac{3}{8}$에 ○표

9 1, 2, 3　　　**10** $10\frac{3}{6}$ kg

11 병원

12 $\frac{10}{10}+\frac{14}{10}$, $\frac{11}{10}+\frac{13}{10}$, $\frac{12}{10}+\frac{12}{10}$

13 (○)　　　**14** $>$
　　( )

15 $\frac{6}{15}$ km　　　**16** $\frac{4}{6}$ m

17 6

18 예 $\frac{4}{7}$, $\frac{2}{7}$, $\frac{2}{7}$ / $\frac{5}{7}$, $\frac{3}{7}$, $\frac{2}{7}$

19 $5\frac{4}{10}$, $5\frac{1}{10}$ / $5\frac{1}{10}$

20 빨간색, $3\frac{1}{4}$ cm　　**21** $2\frac{1}{6}$

22 $9\frac{5}{12}$　　　**23** 7, 7, 1

24 $3\frac{2}{5}$　　　✎**25** 풀이 참조

26 $\frac{4}{15}$　　　**27** $\frac{9}{10}$

28 $75\frac{3}{7}$ kg

29 (○)( )( )

30 $5\frac{7}{9}$, $2\frac{8}{9}$　　**31** $2\frac{4}{6}$ kg

32 ㉠, ㉢, ㉡, ㉣　　**33** $3\frac{4}{13}$ L

34 $2\frac{2}{3}$　　　**35** 3개, $\frac{2}{5}$ m

36 7, 2 / $1\frac{5}{8}$

37 (왼쪽에서부터) 8, 4 / $1\frac{5}{9}$

38 (왼쪽에서부터) 5, 4, 1, 2 / $4\frac{2}{6}$

39 $1\frac{3}{4}$　　　**40** $\frac{2}{3}$

41 $7\frac{2}{7}$　　　**42** $3\frac{3}{5}$ km

43 $39\frac{6}{7}$ cm　　**44** $2\frac{7}{11}$ m

45 $\frac{2}{6}$, $\frac{3}{6}$　　　**46** $\frac{3}{8}$, $\frac{7}{8}$

47 $\frac{11}{10}$, $\frac{12}{10}$

2 · $\frac{6}{13}+\frac{4}{13}=\frac{10}{13}$　　· $\frac{5}{13}+\frac{8}{13}=\frac{13}{13}=1$

⇨ $\frac{10}{13}<1$

3 (현주가 어제와 오늘 마신 우유의 양)

$=\frac{6}{11}+\frac{3}{11}=\frac{9}{11}$(L)

4 $1=\frac{6}{6}$이므로 분자의 합이 6인 두 분수를 찾습니다.

⇨ $\frac{1}{6}+\frac{5}{6}=1$ 또는 $\frac{5}{6}+\frac{1}{6}=1$

5 상우: $\frac{5}{8}$ m, 서영: $\frac{7}{8}$ m

⇨ (두 사람이 사용한 끈의 길이)

$=\frac{5}{8}+\frac{7}{8}=\frac{12}{8}=1\frac{4}{8}$(m)

6 $\frac{2}{7}+\frac{\square}{7}=\frac{2+\square}{7}$이고, 덧셈의 계산 결과로 나올 수

있는 가장 큰 진분수는 $\frac{6}{7}$입니다.

⇨ $\frac{2+\square}{7}=\frac{6}{7}$일 때 $2+\square=6$ ⇨ $\square=4$이므로

$\square$ 안에 들어갈 수 있는 수는 1, 2, 3, 4입니다.

8 · $2\frac{2}{5}+1\frac{1}{5}=3\frac{3}{5}$ · $1\frac{4}{6}+\frac{7}{6}=2\frac{5}{6}$

· $1\frac{9}{16}+2\frac{11}{16}=4\frac{4}{16}$ · $\frac{15}{8}+1\frac{3}{8}=3\frac{2}{8}$

⇨ $3<3\frac{3}{5}<4,\ 3<3\frac{2}{8}<4$

9 · $3\frac{4}{12}+1\frac{1}{12}=4\frac{5}{12}$ · $1\frac{5}{12}+2\frac{8}{12}=4\frac{1}{12}$

· $3\frac{2}{12}+\frac{5}{12}=3\frac{7}{12}$

⇨ $4\frac{5}{12}>4\frac{1}{12}>3\frac{7}{12}$

10 (민희네 가족이 딴 귤의 무게)

$=8\frac{5}{6}+1\frac{4}{6}=9+1\frac{3}{6}=10\frac{3}{6}$ (kg)

11 · (학교~은행~서점)$=\frac{11}{12}+1\frac{7}{12}=2\frac{6}{12}$ (km)

· (학교~병원~서점)$=1\frac{5}{12}+\frac{14}{12}=2\frac{7}{12}$ (km)

⇨ $2\frac{6}{12}<2\frac{7}{12}$이므로 병원을 거쳐 가는 길이 더 멉니다.

12 분모가 10인 가분수는 분자가 10이거나 10보다 큰 수입니다.

$2\frac{4}{10}=\frac{24}{10}$이므로 10 또는 10보다 큰 수 중에서 합이 24인 두 수는 10과 14, 11과 13, 12와 12입니다.

⇨ $\frac{10}{10}+\frac{14}{10}=\frac{24}{10}=2\frac{4}{10}$,

$\frac{11}{10}+\frac{13}{10}=\frac{24}{10}=2\frac{4}{10}$,

$\frac{12}{10}+\frac{12}{10}=\frac{24}{10}=2\frac{4}{10}$

14 $\frac{10}{11}-\frac{4}{11}=\frac{6}{11}$, $\frac{9}{11}-\frac{5}{11}=\frac{4}{11}$

⇨ $\frac{6}{11}>\frac{4}{11}$

15 (놀이터~약국)=(학교~약국)−(학교~놀이터)

$=\frac{13}{15}-\frac{7}{15}=\frac{6}{15}$ (km)

16 그림과 같이 잘랐을 때 긴 색 테이프의 길이는 $\frac{5}{6}$ m이고, 짧은 색 테이프의 길이는 $\frac{1}{6}$ m입니다.

⇨ $\frac{5}{6}-\frac{1}{6}=\frac{4}{6}$ (m)

17 $\frac{11}{13}-\frac{\square}{13}=\frac{11-\square}{13}$이므로

$\frac{11-\square}{13}<\frac{6}{13}$ ⇨ $11-\square<6$입니다.

따라서 $11-\square=6$일 때 $\square=5$이므로
$11-\square<6$일 때 $\square$ 안에 들어갈 수 있는 자연수 중에서 가장 작은 수는 6입니다.

18 분모가 7이고 분자의 차가 2가 되는 두 진분수를 찾습니다.

참고 $\frac{9}{14}-\frac{5}{14}=\frac{4}{14}\left(=\frac{2}{7}\right)$와 같이 분모가 7이 아닌 진분수의 뺄셈식을 만들 수도 있으나 아직 약분을 배우지 않았으므로 분모가 7인 진분수의 뺄셈식을 찾도록 지도합니다.

19 $7\frac{4}{10}-2=5\frac{4}{10}$, $5\frac{4}{10}-\frac{3}{10}=5\frac{1}{10}$

⇨ $7\frac{4}{10}-2\frac{3}{10}=5\frac{1}{10}$

20 $25\frac{3}{4}>22\frac{2}{4}$이므로 빨간색 테이프가 노란색 테이프보다 $25\frac{3}{4}-22\frac{2}{4}=3\frac{1}{4}$ (cm) 더 깁니다.

21 $\frac{21}{6}=3\frac{3}{6}$, $\frac{27}{6}=4\frac{3}{6}$, $\frac{14}{6}=2\frac{2}{6}$이므로 선우가 고른 분수는 $\frac{14}{6}$이고, 재영이가 고른 분수는 $\frac{27}{6}$입니다.

⇨ $\frac{27}{6}-\frac{14}{6}=\frac{13}{6}=2\frac{1}{6}$

22 분모인 12를 제외하면 $1<2<7<10$이므로 만들 수 있는 가장 큰 대분수는 $10\frac{7}{12}$이고, 가장 작은 대분수는 $1\frac{2}{12}$입니다.

⇨ $10\frac{7}{12}-1\frac{2}{12}=9\frac{5}{12}$

23 계산 결과 중에서 0이 아닌 가장 작은 값은 $\frac{1}{9}$입니다.

$7\frac{8}{9}-\bigcirc\frac{\bigcirc}{9}=\frac{1}{9}$ ⇨ $\bigcirc\frac{\bigcirc}{9}=7\frac{8}{9}-\frac{1}{9}=7\frac{7}{9}$이므로 ㉠=7, ㉡=7입니다.

24 $4-\frac{3}{5}=3\frac{5}{5}-\frac{3}{5}=3\frac{2}{5}$

25 예 $3-1\frac{3}{6}$은 3에서 1을 빼고, $\frac{3}{6}$을 더 빼야 하므로

$3-1\frac{3}{6}=3-1-\frac{3}{6}=2-\frac{3}{6}=1\frac{6}{6}-\frac{3}{6}=1\frac{3}{6}$

입니다. ①

26 $\frac{11}{15}+\square=1$에서 $\square=1-\frac{11}{15}$입니다.

$\Rightarrow \square=1-\frac{11}{15}=\frac{15}{15}-\frac{11}{15}=\frac{4}{15}$

27 $8>\frac{75}{10}\left(=7\frac{5}{10}\right)>7\frac{4}{10}>7\frac{1}{10}$

$\Rightarrow 8-7\frac{1}{10}=\frac{9}{10}$

28 ($2\frac{2}{7}$ kg씩 2번 덜어 낸 후 남은 쌀의 양)

$=80-2\frac{2}{7}-2\frac{2}{7}=79\frac{7}{7}-2\frac{2}{7}-2\frac{2}{7}$

$=77\frac{5}{7}-2\frac{2}{7}=75\frac{3}{7}$(kg)

29 $\cdot 6-2\frac{7}{8}=3\frac{1}{8}$ $\cdot 7-4\frac{2}{8}=2\frac{6}{8}$ $\cdot 8-4\frac{5}{8}=3\frac{3}{8}$

$\Rightarrow$ 계산 결과와 3의 차를 계산하면 $3\frac{1}{8}-3=\frac{1}{8}$,

$3-2\frac{6}{8}=\frac{2}{8}$, $3\frac{3}{8}-3=\frac{3}{8}$입니다.

따라서 $\frac{1}{8}<\frac{2}{8}<\frac{3}{8}$이므로 계산 결과가 3에 가장

가까운 뺄셈식은 $6-2\frac{7}{8}$입니다.

30 $\cdot 7\frac{3}{9}-1\frac{5}{9}=6\frac{12}{9}-1\frac{5}{9}=5\frac{7}{9}$

$\cdot 5\frac{7}{9}-2\frac{8}{9}=4\frac{16}{9}-2\frac{8}{9}=2\frac{8}{9}$

31 $5\frac{3}{6}-2\frac{5}{6}=4\frac{9}{6}-2\frac{5}{6}=2\frac{4}{6}$(kg)

32 ㉠ $7\frac{5}{11}-3\frac{10}{11}=6\frac{16}{11}-3\frac{10}{11}=3\frac{6}{11}$

㉡ $5\frac{6}{11}-\frac{31}{11}=\frac{61}{11}-\frac{31}{11}=\frac{30}{11}=2\frac{8}{11}$

㉢ $9\frac{2}{11}-\frac{69}{11}=\frac{101}{11}-\frac{69}{11}=\frac{32}{11}=2\frac{10}{11}$

㉣ $8\frac{3}{11}-5\frac{9}{11}=7\frac{14}{11}-5\frac{9}{11}=2\frac{5}{11}$

$\Rightarrow \underset{㉠}{3\frac{6}{11}}>\underset{㉢}{2\frac{10}{11}}>\underset{㉡}{2\frac{8}{11}}>\underset{㉣}{2\frac{5}{11}}$

33 (어제 사용하고 남은 물의 양)

$=20\frac{3}{13}-7\frac{7}{13}=12\frac{9}{13}$(L)

$\Rightarrow$ (오늘 사용하고 남은 물의 양)

$=12\frac{9}{13}-9\frac{5}{13}=3\frac{4}{13}$(L)

다른 풀이 (어제와 오늘 사용한 물의 양)

$=7\frac{7}{13}+9\frac{5}{13}=16\frac{12}{13}$(L)

$\Rightarrow$ (물탱크에 남은 물의 양)

$=20\frac{3}{13}-16\frac{12}{13}=3\frac{4}{13}$(L)

34 수직선에서 3과 4 사이가 눈금 3칸으로 나누어져 있

으므로 눈금 한 칸은 $\frac{1}{3}$을 나타냅니다.

$\Rightarrow$ ㉠은 $3\frac{2}{3}$, ㉡은 $6\frac{1}{3}$을 나타냅니다.

따라서 ㉠과 ㉡이 나타내는 두 분수의 차는

$6\frac{1}{3}-3\frac{2}{3}=2\frac{2}{3}$입니다.

35 $4\frac{3}{5}-1\frac{2}{5}=3\frac{1}{5}$, $3\frac{1}{5}-1\frac{2}{5}=1\frac{4}{5}$,

$1\frac{4}{5}-1\frac{2}{5}=\frac{2}{5}$

$\Rightarrow \frac{2}{5}$에서 $1\frac{2}{5}$를 뺄 수 없으므로 상자를 3개까지 묶

을 수 있고, 남는 끈은 $\frac{2}{5}$ m입니다.

36 차가 가장 크려면 빼지는 대분수의 분자 부분에 가장

큰 수를, 빼는 대분수의 분자 부분에 가장 작은 수를

놓아야 합니다.

$\Rightarrow 2\frac{7}{8}-1\frac{2}{8}=1\frac{5}{8}$

37 차가 가장 작으려면 빼는 대분수의 자연수 부분에 가

장 큰 수를, 분자 부분에 두 번째로 큰 수를 놓아야 합

니다.

$\Rightarrow 10-8\frac{4}{9}=9\frac{9}{9}-8\frac{4}{9}=1\frac{5}{9}$

38 차가 가장 크려면

· 빼지는 대분수의 자연수 부분에 가장 큰 수를, 분자

부분에 두 번째로 큰 수를 놓아야 합니다.

· 빼는 대분수의 자연수 부분에 가장 작은 수를, 분자

부분에 두 번째로 작은 수를 놓아야 합니다.

$\Rightarrow 5\frac{4}{6}-1\frac{2}{6}=4\frac{2}{6}$

39 어떤 수를 □라 하면 $\square - \dfrac{3}{4} = \dfrac{1}{4}$ 입니다.

$\Rightarrow \dfrac{1}{4} + \dfrac{3}{4} = \square$, $\square = 1$

따라서 바르게 계산하면 $1 + \dfrac{3}{4} = 1\dfrac{3}{4}$ 입니다.

40 어떤 수를 □라 하면 $\square + 4\dfrac{2}{3} = 10$ 입니다.

$\Rightarrow 10 - 4\dfrac{2}{3} = \square$, $\square = 5\dfrac{1}{3}$

따라서 바르게 계산하면

$5\dfrac{1}{3} - 4\dfrac{2}{3} = 4\dfrac{4}{3} - 4\dfrac{2}{3} = \dfrac{2}{3}$ 입니다.

41 어떤 수를 □라 하고 어떤 수에서 $1\dfrac{5}{7}$ 를 뺀 값을

△라 하면 $\square - 1\dfrac{5}{7} = \triangle$, $\triangle - 2\dfrac{1}{7} = 3\dfrac{3}{7}$ 입니다.

$\triangle - 2\dfrac{1}{7} = 3\dfrac{3}{7} \Rightarrow 3\dfrac{3}{7} + 2\dfrac{1}{7} = \triangle$, $\triangle = 5\dfrac{4}{7}$

$\square - 1\dfrac{5}{7} = 5\dfrac{4}{7} \Rightarrow 5\dfrac{4}{7} + 1\dfrac{5}{7} = \square$, $\square = 7\dfrac{2}{7}$

따라서 어떤 수는 $7\dfrac{2}{7}$ 입니다.

42 (집~공원)
$=$(집~서점)$+$(도서관~공원)$-$(도서관~서점)
$= \dfrac{14}{5} + 1\dfrac{3}{5} - \dfrac{4}{5} = \dfrac{22}{5} - \dfrac{4}{5} = \dfrac{18}{5} = 3\dfrac{3}{5}$ (km)

43 (색 테이프 3장의 길이의 합)$=15 \times 3 = 45$ (cm)

(겹쳐진 부분의 길이의 합)$=2\dfrac{4}{7} + 2\dfrac{4}{7} = 5\dfrac{1}{7}$ (cm)

$\Rightarrow$ (이어 붙인 색 테이프의 전체 길이)

$=45 - 5\dfrac{1}{7} = 39\dfrac{6}{7}$ (cm)

44 ㉡에서 ㉢까지의 거리를 □m라 하면

$7\dfrac{3}{11} + 5\dfrac{9}{11} - \square = 10\dfrac{5}{11}$ 입니다.

$\Rightarrow 13\dfrac{1}{11} - \square = 10\dfrac{5}{11}$, $\square = 2\dfrac{7}{11}$

따라서 ㉡에서 ㉢까지의 거리는 $2\dfrac{7}{11}$ m입니다.

45 합이 5이고 차가 1인 두 수를 찾으면 2와 3이므로 두 진분수의 분자는 2, 3입니다.

따라서 두 진분수는 $\dfrac{2}{6}$, $\dfrac{3}{6}$ 입니다.

46 $1\dfrac{2}{8} = \dfrac{10}{8}$

합이 10이고 차가 4인 두 수를 찾으면 3과 7이므로 두 진분수의 분자는 3, 7입니다.

따라서 두 진분수는 $\dfrac{3}{8}$, $\dfrac{7}{8}$ 입니다.

47 분모가 10인 가분수는 분자가 10이거나 10보다 큰 수입니다.

$2\dfrac{3}{10} = \dfrac{23}{10}$ 이므로 10 또는 10보다 큰 수 중에서 합이 23이고 차가 1인 두 수를 찾으면 11과 12입니다.

$\Rightarrow$ 두 가분수의 분자는 11, 12입니다. $\quad \llcorner\!\!\cdot\, 11+12=23,$
$\qquad\qquad\qquad\qquad\qquad\qquad\qquad 12-11=1$

따라서 두 가분수는 $\dfrac{11}{10}$, $\dfrac{12}{10}$ 입니다.

유형책 12~17쪽	상위권유형 강화

48 ❶ $\dfrac{3}{4}$, $\dfrac{3}{4}$, $\dfrac{1}{4}$ ❷ $1\dfrac{3}{4}$

49 $3\dfrac{4}{8}$ **50** 유미

51 ❶ $\dfrac{6}{7}$ ❷ $\dfrac{1}{7}$ ❸ 105쪽

52 450 g **53** 260 mL

54 ❶ $3\dfrac{1}{3}$ cm ❷ $12\dfrac{2}{3}$ cm

55 $9\dfrac{3}{5}$ cm **56** $6\dfrac{5}{6}$ cm

57 ❶ 2 / 1 ❷ $8\dfrac{4}{11}$ / $12\dfrac{6}{11}$ ❸ $20\dfrac{10}{11}$

58 $1\dfrac{20}{22}$ **59** $35\dfrac{8}{14}$

60 ❶ 1 / 2 ❷ 작아야에 ○표
  ❸ 6, 5, 4, 3 ❹ 14

61 24 **62** 6

63 ❶ $\dfrac{6}{12}$ ❷ 2일

64 4일 **65** 2일

48 ❷ $\dfrac{3}{4} + \dfrac{3}{4} + \dfrac{1}{4} = \dfrac{6}{4} + \dfrac{1}{4} = \dfrac{7}{4} = 1\dfrac{3}{4}$

49 약속에 따라 $6 ♥ 1\dfrac{2}{8}$ 의 식을 세워 계산하면

$6 ♥ 1\dfrac{2}{8} = 6 - 1\dfrac{2}{8} - 1\dfrac{2}{8} = 5\dfrac{8}{8} - 1\dfrac{2}{8} - 1\dfrac{2}{8}$

$= 4\dfrac{6}{8} - 1\dfrac{2}{8} = 3\dfrac{4}{8}$ 입니다.

50 약속에 따라 $2\dfrac{3}{10} \blacklozenge 1\dfrac{6}{10}$ 의 식을 세워 계산하면

$2\dfrac{3}{10} \blacklozenge 1\dfrac{6}{10}$

$=2\dfrac{3}{10}+1\dfrac{6}{10}+1\dfrac{6}{10}=3\dfrac{9}{10}+1\dfrac{6}{10}$

$=4+1\dfrac{5}{10}=5\dfrac{5}{10}$ 입니다.

따라서 $2\dfrac{3}{10} \blacklozenge 1\dfrac{6}{10}$ 의 값을 바르게 구한 사람은 유미입니다.

51 ❶ 어제와 오늘 읽은 쪽수는 전체의 $\dfrac{4}{7}+\dfrac{2}{7}=\dfrac{6}{7}$ 입니다.

❷ 전체를 1로 보았을 때 남은 쪽수는 전체의 $1-\dfrac{6}{7}=\dfrac{1}{7}$ 입니다.

❸ 전체의 $\dfrac{1}{7}$ 만큼이 15쪽이므로 전체 쪽수는 $15\times 7=105$(쪽)입니다.

52 과자와 빵을 만드는 데 사용한 밀가루는 전체의 $\dfrac{3}{9}+\dfrac{5}{9}=\dfrac{8}{9}$ 입니다.

전체를 1로 보았을 때 남은 밀가루는 전체의 $1-\dfrac{8}{9}=\dfrac{1}{9}$ 입니다.

⇨ 전체의 $\dfrac{1}{9}$ 만큼이 50 g이므로 처음에 가지고 있던 밀가루는 $50\times 9=450$(g)입니다.

53 우진, 세미, 영주가 마신 물은 전체의

$\dfrac{3}{13}+\dfrac{5}{13}+\dfrac{4}{13}=\dfrac{8}{13}+\dfrac{4}{13}=\dfrac{12}{13}$ 입니다.

전체를 1로 보았을 때 남은 물은 전체의 $1-\dfrac{12}{13}=\dfrac{1}{13}$ 입니다.

⇨ 전체의 $\dfrac{1}{13}$ 만큼이 20 mL이므로 처음에 가지고 있던 물은 $20\times 13=260$(mL)입니다.

54 ❶ 20분=10분+10분이므로 20분 동안 탄 양초의 길이는 $1\dfrac{2}{3}+1\dfrac{2}{3}=2+1\dfrac{1}{3}=3\dfrac{1}{3}$(cm)입니다.

❷ $16-3\dfrac{1}{3}=15\dfrac{3}{3}-3\dfrac{1}{3}=12\dfrac{2}{3}$(cm)

55 30분=15분+15분이므로 30분 동안 탄 양초의 길이는 $2\dfrac{4}{5}+2\dfrac{4}{5}=4+1\dfrac{3}{5}=5\dfrac{3}{5}$(cm)입니다.

⇨ (30분 후 남은 양초의 길이)

$=15\dfrac{1}{5}-5\dfrac{3}{5}=14\dfrac{6}{5}-5\dfrac{3}{5}=9\dfrac{3}{5}$(cm)

56 1시간=60분=20분+20분+20분이므로 1시간 동안 탄 양초의 길이는

$3\dfrac{3}{6}+3\dfrac{3}{6}+3\dfrac{3}{6}=7+3\dfrac{3}{6}=10\dfrac{3}{6}$(cm)입니다.

⇨ (1시간 후 남은 양초의 길이)

$=17\dfrac{2}{6}-10\dfrac{3}{6}=16\dfrac{8}{6}-10\dfrac{3}{6}=6\dfrac{5}{6}$(cm)

57 ❷ $2\dfrac{1}{11},\ 4\dfrac{2}{11},\ 6\dfrac{3}{11},\ 8\dfrac{4}{11},\ 10\dfrac{5}{11},\ 12\dfrac{6}{11}$

(자연수 부분 +2씩, 분자 +1씩)

❸ $8\dfrac{4}{11}+12\dfrac{6}{11}=20\dfrac{10}{11}$

58 대분수의 자연수 부분은 1부터 차례대로 1씩 커지고, 진분수 부분의 분자는 13부터 차례대로 1씩 작아지는 규칙입니다.

⇨ $1\dfrac{13}{22},\ 2\dfrac{12}{22},\ 3\dfrac{11}{22},\ 4\dfrac{10}{22},\ 5\dfrac{9}{22},\ 6\dfrac{8}{22},\ 7\dfrac{7}{22}$

따라서 다섯째와 일곱째에 놓이는 수의 차를 구하면

$7\dfrac{7}{22}-5\dfrac{9}{22}=6\dfrac{29}{22}-5\dfrac{9}{22}=1\dfrac{20}{22}$ 입니다.

59 대분수의 자연수 부분은 3부터 차례대로 1씩 커지고, 진분수 부분의 분자는 1부터 차례대로 2씩 커지는 규칙입니다.

⇨ $3\dfrac{1}{14},\ 4\dfrac{3}{14},\ 5\dfrac{5}{14},\ 6\dfrac{7}{14},\ 7\dfrac{9}{14},\ 8\dfrac{11}{14}$

따라서 늘어놓은 6개의 분수의 합은

$3\dfrac{1}{14}+4\dfrac{3}{14}+5\dfrac{5}{14}+6\dfrac{7}{14}+7\dfrac{9}{14}+8\dfrac{11}{14}$

$=35\dfrac{8}{14}$ 입니다.

60 ❷ ▦와 ▲는 진분수 부분의 분자이므로 각각 9보다 작아야 합니다.

❹ ▦+▲가 가장 클 때는 두 수가 각각 8, 6일 때이므로 $8+6=14$입니다.

61 주어진 뺄셈식의 자연수 부분의 계산에서 $5-2=3$
이므로 $\frac{\blacksquare}{15}-\frac{\blacktriangle}{15}=\frac{4}{15}$ $\Rightarrow$ $\blacksquare-\blacktriangle=4$입니다.

$\blacksquare$, $\blacktriangle$는 진분수 부분의 분자이므로 각각 15보다 작아야 합니다.
15보다 작고 차가 4인 두 수 $\blacksquare$, $\blacktriangle$를 찾으면

$\blacksquare$	14	13	12	11	10
$\blacktriangle$	10	9	8	7	6

$\Rightarrow$ $\blacksquare+\blacktriangle$가 가장 클 때는 두 수가 각각 14, 10일 때
이므로 $14+10=24$입니다.

62 주어진 덧셈식의 자연수 부분의 계산에서 $1+6=7$
이므로 $\frac{\blacksquare}{13}+\frac{\blacktriangle}{13}=\frac{8}{13}$ $\Rightarrow$ $\blacksquare+\blacktriangle=8$입니다.

$\blacksquare$, $\blacktriangle$는 진분수 부분의 분자이므로 각각 13보다 작아야 합니다.
13보다 작고 합이 8인 두 수 $\blacksquare$, $\blacktriangle$를 찾으면

$\blacksquare$	7	6	5	4
$\blacktriangle$	1	2	3	4

$\Rightarrow$ $\blacksquare-\blacktriangle$가 가장 클 때는 두 수가 각각 7, 1일 때이
므로 $7-1=6$입니다.

63 ❶ 준하와 현지가 함께 하루 동안 하는 일의 양은 전
체의 $\frac{2}{12}+\frac{4}{12}=\frac{6}{12}$입니다.

❷
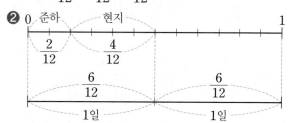

$\frac{6}{12}+\frac{6}{12}=\frac{12}{12}=1$이므로 이 일을 준하와 현지
가 함께 한다면 일을 끝내는 데 2일이 걸립니다.

64 은혜와 영재가 함께 하루 동안 하는 일의 양은 전체의
$\frac{1}{16}+\frac{3}{16}=\frac{4}{16}$입니다.

$\frac{4}{16}+\frac{4}{16}+\frac{4}{16}+\frac{4}{16}=\frac{16}{16}=1$이므로 이 일을
은혜와 영재가 함께 한다면 일을 끝내는 데 4일이 걸
립니다.

65 선주, 재희, 예나가 함께 하루 동안 하는 일의 양은 전
체의 $\frac{3}{24}+\frac{4}{24}+\frac{5}{24}=\frac{12}{24}$입니다.

$\frac{12}{24}+\frac{12}{24}=\frac{24}{24}=1$이므로 이 일을 선주, 재희, 예
나가 함께 한다면 일을 끝내는 데 2일이 걸립니다.

유형책 18~20쪽	응용 **단원 평가**

◎ 서술형 문제는 풀이를 꼭 확인하세요.

1 $\frac{3}{6}$　　　　**2** $\frac{8}{9}$

3 $3\frac{3}{5}$, $8\frac{1}{5}$　　**4** $2\frac{1}{3}$

5 $<$　　　　**6** $1\frac{2}{13}$

7 $4\frac{4}{6}-3\frac{2}{6}$, $5\frac{3}{5}-\frac{21}{5}$에 ◯표

8 $\frac{2}{10}$ L　　　　**9** ㉡, ㉠, ㉣, ㉢

10 $1\frac{3}{5}$　　　　**11** 은아, $\frac{10}{12}$ m

12 1, 2, 3

13 $\frac{8}{8}+\frac{13}{8}$, $\frac{9}{8}+\frac{12}{8}$, $\frac{10}{8}+\frac{11}{8}$

14 3개　　　　**15** 2, 9 / $1\frac{7}{14}$

16 $8\frac{4}{6}$ cm　　**17** 2

◎**18** $1\frac{1}{5}$ kg　　◎**19** 2통, $\frac{1}{4}$ kg

◎**20** $16\frac{6}{8}$ cm

2 $\frac{6}{9}+\frac{2}{9}=\frac{8}{9}$

3 ・$2\frac{1}{5}+1\frac{2}{5}=3\frac{3}{5}$
・$6\frac{4}{5}+1\frac{2}{5}=7+1\frac{1}{5}=8\frac{1}{5}$

4 $3-\frac{2}{3}=2\frac{3}{3}-\frac{2}{3}=2\frac{1}{3}$

5 ・$2\frac{5}{11}+1\frac{10}{11}=3+1\frac{4}{11}=4\frac{4}{11}$
・$5\frac{6}{11}-1\frac{1}{11}=4\frac{5}{11}$
$\Rightarrow$ $4\frac{4}{11}<4\frac{5}{11}$

6 $\frac{11}{13}>\frac{9}{13}>\frac{7}{13}>\frac{4}{13}$
$\Rightarrow$ $\frac{11}{13}+\frac{4}{13}=\frac{15}{13}=1\frac{2}{13}$

7 ・$3\frac{3}{4}-\frac{5}{4}=2\frac{2}{4}$ ・$4\frac{4}{6}-3\frac{2}{6}=1\frac{2}{6}$

  ・$2\frac{1}{3}-1\frac{2}{3}=\frac{2}{3}$ ・$5\frac{3}{5}-\frac{21}{5}=1\frac{2}{5}$

  $\Rightarrow 1<1\frac{2}{6}<2,\ 1<1\frac{2}{5}<2$

8 $\frac{5}{10}-\frac{3}{10}=\frac{2}{10}$(L)

9 ㉠ $3\frac{3}{7}+2\frac{2}{7}=5\frac{5}{7}$

  ㉡ $1\frac{6}{7}+4\frac{3}{7}=5+1\frac{2}{7}=6\frac{2}{7}$

  ㉢ $7-2\frac{2}{7}=6\frac{7}{7}-2\frac{2}{7}=4\frac{5}{7}$

  ㉣ $6-\frac{5}{7}=5\frac{7}{7}-\frac{5}{7}=5\frac{2}{7}$

  $\Rightarrow \underset{㉡}{6\frac{2}{7}}>\underset{㉠}{5\frac{5}{7}}>\underset{㉣}{5\frac{2}{7}}>\underset{㉢}{4\frac{5}{7}}$

10 $3\frac{2}{5}-\square=1\frac{4}{5}$

  $\Rightarrow \square=3\frac{2}{5}-1\frac{4}{5}=2\frac{7}{5}-1\frac{4}{5}=1\frac{3}{5}$

11 $2\frac{9}{12}>1\frac{11}{12}$이므로 색 테이프를 은아가 민호보다

  $2\frac{9}{12}-1\frac{11}{12}=1\frac{21}{12}-1\frac{11}{12}=\frac{10}{12}$(m) 더 많이 사용했습니다.

12 $\frac{\square}{11}+\frac{7}{11}=\frac{\square+7}{11}$이고, 덧셈의 계산 결과로 나올

  수 있는 가장 큰 진분수는 $\frac{10}{11}$입니다.

  $\Rightarrow \frac{\square+7}{11}=\frac{10}{11}$일 때 $\square+7=10 \Rightarrow \square=3$이므로 $\square$ 안에 들어갈 수 있는 자연수는 1, 2, 3입니다.

13 분모가 8인 가분수는 분자가 8이거나 8보다 큰 수입니다.

  $2\frac{5}{8}=\frac{21}{8}$이므로 8 또는 8보다 큰 수 중에서 합이 21인 두 수는 8과 13, 9와 12, 10과 11입니다.

  $\Rightarrow \frac{8}{8}+\frac{13}{8}=\frac{21}{8}=2\frac{5}{8},\ \frac{9}{8}+\frac{12}{8}=\frac{21}{8}=2\frac{5}{8},$

  $\frac{10}{8}+\frac{11}{8}=\frac{21}{8}=2\frac{5}{8}$

14 $6-2\frac{\square}{9}=5\frac{9}{9}-2\frac{\square}{9}<3\frac{4}{9}$이므로

  $\frac{9}{9}-\frac{\square}{9}<\frac{4}{9} \Rightarrow 9-\square<4$입니다.

  따라서 $9-\square=4$일 때 $\square=5$이므로 $9-\square<4$일 때 1부터 8까지의 수 중에서 $\square$ 안에 들어갈 수 있는 수는 6, 7, 8로 모두 3개입니다.

15 차가 가장 작으려면 빼지는 대분수의 분자 부분에 가장 작은 수를, 빼는 대분수의 분자 부분에 가장 큰 수를 놓아야 합니다.

  $\Rightarrow 8\frac{2}{14}-6\frac{9}{14}=7\frac{16}{14}-6\frac{9}{14}=1\frac{7}{14}$

16 (색 테이프 3장의 길이의 합)$=3\times3=9$(cm)

  (겹쳐진 부분의 길이의 합)$=\frac{1}{6}+\frac{1}{6}=\frac{2}{6}$(cm)

  $\Rightarrow$ (이어 붙인 색 테이프의 전체 길이)

  $=9-\frac{2}{6}=8\frac{6}{6}-\frac{2}{6}=8\frac{4}{6}$(cm)

17 약속에 따라 $\frac{5}{7}\bigstar\frac{4}{7}$의 식을 세워 계산하면

  $\frac{5}{7}\bigstar\frac{4}{7}=\frac{5}{7}+\frac{5}{7}+\frac{4}{7}=\frac{10}{7}+\frac{4}{7}=\frac{14}{7}=2$ 입니다.

18 예 공 한 개의 무게를 2번 더하면 되므로

  $\frac{3}{5}+\frac{3}{5}$을 계산합니다.」❶

  따라서 공 2개의 무게는 $\frac{3}{5}+\frac{3}{5}=\frac{6}{5}=1\frac{1}{5}$(kg)입니다.」❷

채점 기준	
❶ 문제에 알맞은 식 만들기	2점
❷ 공 2개의 무게 구하기	3점

19 예 $5\frac{1}{4}-2\frac{2}{4}=2\frac{3}{4},\ 2\frac{3}{4}-2\frac{2}{4}=\frac{1}{4}$」❶

  따라서 $\frac{1}{4}$에서 $2\frac{2}{4}$를 뺄 수 없으므로 보리를 2통까지 담을 수 있고, 남는 보리는 $\frac{1}{4}$ kg입니다.」❷

채점 기준	
❶ $5\frac{1}{4}$에서 $2\frac{2}{4}$를 뺄 수 없을 때까지 빼기	3점
❷ 담을 수 있는 통의 수와 남는 보리의 양 구하기	2점

20 예 20분=10분+10분이므로 20분 동안 탄 양초의

길이는 $1\frac{5}{8}+1\frac{5}{8}=2+1\frac{2}{8}=3\frac{2}{8}$(cm)입니다. ❶

따라서 20분 후 남은 양초의 길이는

$20-3\frac{2}{8}=19\frac{8}{8}-3\frac{2}{8}=16\frac{6}{8}$(cm)입니다. ❷

채점 기준	
❶ 20분 동안 탄 양초의 길이 구하기	2점
❷ 20분 후 남은 양초의 길이 구하기	3점

유형책 21~22쪽 심화 **단원 평가**

✎ 서술형 문제는 풀이를 꼭 확인하세요.

1 $2\frac{1}{7}$, $3\frac{6}{7}$　　　**2** $2\frac{5}{9}$

3 ④

4 (계산 순서대로) $\frac{7}{13}$, $\frac{6}{13}$

5 $\frac{4}{10}$　　　　　　**6** 9, 4, 1

7 $\frac{5}{11}$, $\frac{8}{11}$　　　**8** $19\frac{2}{12}$

✎**9** 4　　　　　　✎**10** 220쪽

---

1 ・$5\frac{5}{7}-3\frac{4}{7}=2\frac{1}{7}$

・$5\frac{5}{7}-1\frac{6}{7}=4\frac{12}{7}-1\frac{6}{7}=3\frac{6}{7}$

2 $3\frac{7}{9}>2\frac{5}{9}>1\frac{2}{9}$

$\Rightarrow 3\frac{7}{9}-1\frac{2}{9}=2\frac{5}{9}$

3 ① $1\frac{1}{3}+1\frac{2}{3}=2+\frac{3}{3}=2+1=3$

② $6\frac{2}{3}-4\frac{1}{3}=2\frac{1}{3}$

③ $3-\frac{1}{3}=2\frac{3}{3}-\frac{1}{3}=2\frac{2}{3}$

④ $9-5\frac{2}{3}=8\frac{3}{3}-5\frac{2}{3}=3\frac{1}{3}$

⑤ $4\frac{1}{3}-1\frac{2}{3}=3\frac{4}{3}-1\frac{2}{3}=2\frac{2}{3}$

$\Rightarrow 3\frac{1}{3}>3>2\frac{2}{3}>2\frac{1}{3}$

4 ・$\frac{5}{13}+\frac{2}{13}=\frac{7}{13}$

・$\frac{7}{13}-\square=\frac{1}{13} \Rightarrow \square=\frac{7}{13}-\frac{1}{13}=\frac{6}{13}$

5 밀가루 한 봉지를 1로 보았을 때 남은 밀가루는 전체의

$1-\frac{4}{10}-\frac{2}{10}=\frac{6}{10}-\frac{2}{10}=\frac{4}{10}$입니다.

6 계산 결과 중에서 0이 아닌 가장 작은 값은 $\frac{1}{6}$입니다.

$9\frac{5}{6}-㉠\frac{㉡}{6}=\frac{1}{6} \Rightarrow ㉠\frac{㉡}{6}=9\frac{5}{6}-\frac{1}{6}=9\frac{4}{6}$

이므로 ㉠=9, ㉡=4입니다.

7 $1\frac{2}{11}=\frac{13}{11}$

합이 13이고 차가 3인 두 수를 찾으면 5와 8이므로
두 진분수의 분자는 5, 8입니다.

따라서 두 진분수는 $\frac{5}{11}$, $\frac{8}{11}$입니다.

8 대분수의 자연수 부분은 1부터 차례로 2씩 커지고,
진분수 부분의 분자는 11부터 차례로 1씩 작아지는
규칙입니다.

$\Rightarrow 1\frac{11}{12}$, $3\frac{10}{12}$, $5\frac{9}{12}$, $\underset{\text{넷째}}{7\frac{8}{12}}$, $9\frac{7}{12}$, $\underset{\text{여섯째}}{11\frac{6}{12}}$

따라서 넷째와 여섯째에 놓이는 수의 합을 구하면

$7\frac{8}{12}+11\frac{6}{12}=18+1\frac{2}{12}=19\frac{2}{12}$입니다.

✎**9** 예 어떤 수를 $\square$라 하면 $\square+3\frac{5}{9}=6\frac{4}{9}$이므로

$6\frac{4}{9}-3\frac{5}{9}=\square$, $\square=2\frac{8}{9}$입니다. ❶

따라서 바르게 계산하면

$2\frac{8}{9}+1\frac{1}{9}=3+\frac{9}{9}=3+1=4$입니다. ❷

채점 기준	
❶ 어떤 수 구하기	5점
❷ 바르게 계산한 값 구하기	5점

✎**10** 예 어제와 오늘 읽은 쪽수는 전체의

$\frac{4}{10}+\frac{5}{10}=\frac{9}{10}$입니다. ❶

전체를 1로 보았을 때 남은 쪽수는 전체의

$1-\frac{9}{10}=\frac{1}{10}$입니다. ❷

따라서 전체의 $\frac{1}{10}$만큼이 22쪽이므로 전체 쪽수는

$22\times10=220$(쪽)입니다. ❸

채점 기준	
❶ 어제와 오늘 읽은 쪽수는 전체의 몇 분의 몇인지 구하기	3점
❷ 남은 쪽수는 전체의 몇 분의 몇인지 구하기	3점
❸ 전체 쪽수 구하기	4점

2. 삼각형

✎ 서술형 문제는 풀이를 꼭 확인하세요.

1 7 / 6

2 이등변삼각형

3 정삼각형

4 예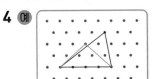

✎**5** 풀이 참조

6 24 cm

7 14 cm

8 2개

9 예

10 6

11 10 cm

12 20 cm

13 96 cm

14 72 cm

15 66 cm

16 (1) (왼쪽에서부터) 6, 70
(2) (왼쪽에서부터) 7, 35

17

18 ㉠

19 ㉢

✎**20** 풀이 참조

21 100

22 30°

23 8

24 40°

25 15°

26 20°

27 60, 6

28 지호

29 예 세 각의 크기가 모두 60°로 같습니다. /
예 세 삼각형의 한 변의 길이가 서로 다릅니다.

30 60°

31 예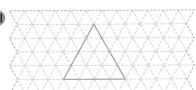

✎**32** 풀이 참조

33 21 cm

34 120

35 15°

36 나, 마 / 가, 바 / 다, 라

37 ㉠

38 ㉢

39 다

40 ㉢

41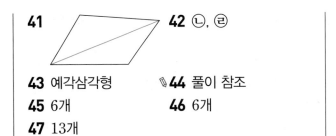

42 ㉡, ㉣

43 예각삼각형

✎**44** 풀이 참조

45 6개

46 6개

47 13개

1 • 이등변삼각형은 두 변의 길이가 같습니다.
• 정삼각형은 세 변의 길이가 같습니다.

2 세 변이 8 cm, 9 cm, 9 cm인 삼각형은 이등변삼각형입니다.

3 변과 꼭짓점이 각각 3개인 도형이므로 삼각형이고 변의 길이가 모두 5 cm이므로 정삼각형입니다.
참고 두 변의 길이가 같으므로 이등변삼각형도 정답으로 인정합니다.

4 꼭짓점을 한 개만 옮겨서 두 변의 길이가 같은 삼각형을 만듭니다.

✎**5** 예 두 원이 만나는 점과 선분의 양 끝을 이어 그린 두 변의 길이는 원의 반지름과 같으므로 그린 삼각형은 세 변의 길이가 같기 때문입니다.」❶

채점 기준
❶ 정삼각형인 이유 쓰기

6 정삼각형은 세 변의 길이가 같습니다.
⇨ (세 변의 길이의 합)=8×3=24(cm)

7 정삼각형은 세 변의 길이가 같습니다.
⇨ (만들 수 있는 가장 큰 정삼각형의 한 변)
=42÷3=14(cm)

8 • 4 cm, 4 cm, 7 cm 막대로 두 변의 길이가 같은 이등변삼각형을 만들 수 있습니다.
• 4 cm, 7 cm, 7 cm 막대로 두 변의 길이가 같은 이등변삼각형을 만들 수 있습니다.
따라서 만들 수 있는 이등변삼각형은 모두 2개입니다.

9

10 길이가 같은 두 변은 각각 7 cm입니다.
7+□+7=20 ⇨ □=20−7−7=6

11 이등변삼각형이므로 (변 ㄱㄴ)=(변 ㄴㄷ)입니다.
(변 ㄱㄴ)+(변 ㄴㄷ)+12=32
⇨ (변 ㄱㄴ)+(변 ㄴㄷ)=20,
(변 ㄱㄴ)=20÷2=10(cm)

12 ·10+㉠+10=28, ㉠=28-10-10=8(cm)
·8+㉡+8=28, ㉡=28-8-8=12(cm)
⇨ (㉠과 ㉡의 길이의 합)=8+12=20(cm)

13
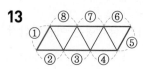
세 변의 길이의 합이 36 cm인 정삼각형의 한 변은
36÷3=12(cm)입니다.
따라서 빨간색 선의 길이는 정삼각형의 한 변의 8배
이므로 12×8=96(cm)입니다.

14
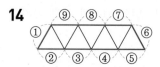
세 변의 길이의 합이 24 cm인 정삼각형의 한 변은
24÷3=8(cm)입니다.
따라서 빨간색 선의 길이는 정삼각형의 한 변의 9배
이므로 8×9=72(cm)입니다.

15
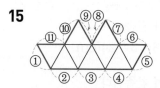
세 변의 길이의 합이 18 cm인 정삼각형의 한 변은
18÷3=6(cm)입니다.
따라서 빨간색 선의 길이는 정삼각형의 한 변의 11배
이므로 6×11=66(cm)입니다.

16 (1) 이등변삼각형이므로 두 변의 길이가 6 cm로 같고,
두 각의 크기가 70°로 같습니다.
(2) 이등변삼각형이므로 두 변의 길이가 7 cm로 같고,
180°-110°=70°에서 두 각의 크기가
70°÷2=35°로 같습니다.

17 주어진 선분의 양 끝에 각각 40°인 각을 그린 다음 두
각의 변이 만나는 점을 찾아 이등변삼각형을 완성합
니다.

18 ㉠ 이등변삼각형은 두 변의 길이가 같습니다.

19 나머지 한 각의 크기를 각각 구해 봅니다.
㉠ 180°-40°-80°=60°
㉡ 180°-60°-50°=70°
㉢ 180°-15°-150°=15°
따라서 이등변삼각형은 세 각 중 두 각의 크기가 같은
㉢입니다.

20 예 나머지 한 각의 크기는 180°-80°-60°=40°
이므로 크기가 같은 두 각이 없기 때문입니다.」❶

> **채점 기준**
> ❶ 이등변삼각형이 아닌 이유 쓰기

21 접었을 때 완전히 겹쳐진 두 변의 길이가 같으므로 이
등변삼각형입니다.
⇨ □=180°-40°-40°=100°

22 원의 반지름의 길이는 모두 같으므로 삼각형 ㅇㄱㄴ은
이등변삼각형입니다.
따라서 180°-120°=60°, 60°÷2=30°이므로
각 ㅇㄱㄴ의 크기는 30°입니다.

23 한 직선이 이루는 각의 크기는 180°이므로
(각 ㄱㄷㄴ)=180°-110°=70°,
(각 ㄱㄴㄷ)=180°-40°-70°=70°입니다.
따라서 삼각형의 세 각이 40°, 70°, 70°이므로 이등
변삼각형이고, 이등변삼각형은 두 변의 길이가 같습
니다.

24 삼각형 ㄱㄴㄷ이 이등변삼각형이므로
(각 ㄱㄷㄴ)=(각 ㄱㄴㄷ)=80°입니다.
(각 ㄱㄷㄹ)=180°-80°=100°
따라서 삼각형 ㄱㄷㄹ은 이등변삼각형이므로
(각 ㄷㄱㄹ)+(각 ㄱㄹㄷ)=180°-100°=80°,
(각 ㄱㄹㄷ)=(각 ㄷㄱㄹ)=80°÷2=40°입니다.

25 삼각형 ㄱㄴㄷ이 이등변삼각형이므로
(각 ㄱㄷㄴ)=(각 ㄱㄴㄷ)=30°입니다.
(각 ㄱㄷㄹ)=180°-30°=150°
따라서 삼각형 ㄱㄷㄹ은 이등변삼각형이므로
(각 ㄷㄱㄹ)+(각 ㄱㄹㄷ)=180°-150°=30°,
(각 ㄱㄹㄷ)=(각 ㄷㄱㄹ)=30°÷2=15°입니다.

26 삼각형 ㄱㄴㄷ이 이등변삼각형이므로
(각 ㄴㄱㄷ)=(각 ㄱㄴㄷ)=70°입니다.
(각 ㄱㄷㄴ)=180°−70°−70°=40°이고,
(각 ㄱㄷㄹ)=180°−40°=140°입니다.
따라서 삼각형 ㄱㄷㄹ은 이등변삼각형이므로
(각 ㄷㄱㄹ)+(각 ㄱㄹㄷ)=180°−140°=40°,
(각 ㄱㄹㄷ)=(각 ㄷㄱㄹ)=40°÷2=20°입니다.

27 정삼각형이므로 세 변의 길이가 같고, 세 각의 크기가
모두 60°입니다.

28 정삼각형은 세 각의 크기가 같습니다.

30 삼각형 ㄱㄴㄷ은 두 변의 길이가 같으므로 이등변삼
각형이고, 이등변삼각형은 두 각의 크기가 같으므로
각 ㄴㄱㄷ의 크기는 60°입니다.
➡ (각 ㄱㄴㄷ)=180°−60°−60°=60°

31 3개의 변으로 둘러싸인 도형이므로 삼각형이고, 세
각의 크기가 모두 같으므로 정삼각형을 그립니다.

✐32 예각삼각형」❶
㉝ 정삼각형은 세 각이 모두 60°로 예각이기 때문입
니다.」❷

채점 기준
❶ 정삼각형이 어떤 삼각형인지 쓰기
❷ 이유 쓰기

33 나머지 한 각의 크기는 180°−60°−60°=60°이고,
세 각이 모두 60°이므로 정삼각형입니다.
따라서 정삼각형은 세 변의 길이가 같으므로 사용한
철사는 모두 7+7+7=21(cm)입니다.

34 정삼각형이므로 (각 ㄴㄱㄷ)=60°입니다.
따라서 한 직선이 이루는 각의 크기는 180°이므로
□=180°−60°=120°입니다.

35 • (변 ㄴㄷ)=(변 ㄷㄹ)이므로 삼각형 ㄹㄴㄷ은 이등변
삼각형입니다.
• 사각형 ㄱㄴㄷㅁ은 정사각형이므로
(각 ㄴㄷㅁ)=90°이고, 삼각형 ㅁㄷㄹ은 정삼각형이
므로 (각 ㅁㄷㄹ)=60°입니다.
➡ (각 ㄴㄷㄹ)=90°+60°=150°
따라서 삼각형 ㄹㄴㄷ은 이등변삼각형이므로
(각 ㄹㄴㄷ)+(각 ㄴㄹㄷ)=180°−150°=30°,
(각 ㄹㄴㄷ)=(각 ㄴㄹㄷ)=30°÷2=15°입니다.

36 • 예각삼각형은 세 각이 모두 예각인 삼각형입니다.
• 둔각삼각형은 한 각이 둔각인 삼각형입니다.
• 직각삼각형은 한 각이 직각인 삼각형입니다.

37 ㉠ 예각삼각형은 예각이 3개입니다.

38 둔각삼각형은 한 각이 둔각인 ㉢입니다.

39 이등변삼각형은 가, 다이고, 둔각삼각형은 나, 다입니다.
따라서 이등변삼각형이면서 둔각삼각형인 것은 다입
니다.

40 세 각이 모두 예각이 되도록 삼각형을 그릴 수 있는
점을 찾습니다.

41 한 각이 둔각인 삼각형 2개가 되도록 나누어야 하므
로 둔각인 부분을 나누면 안 됩니다.

42 • 두 변의 길이가 같으므로 이등변삼각형입니다.
• 한 각이 둔각이므로 둔각삼각형입니다.

43 나머지 한 각의 크기는 180°−70°−30°=80°입니다.
따라서 세 각이 모두 예각이므로 예각삼각형입니다.

✐44 ㉝ 삼각형의 90°인 각을 제외한 나머지 두 각의 크기
의 합이 180°−90°=90°이므로 둔각이 없기 때문입
니다.」❶

채점 기준
❶ 둔각삼각형이 아닌 이유 쓰기

45
• 작은 삼각형 1개짜리: ②, ④, ⑥, ⑧ → 4개
• 작은 삼각형 4개짜리:
②+③+⑤+⑥, ③+④+⑤+⑧ → 2개
➡ 4+2=6(개)

46
• 작은 삼각형 1개짜리: ②, ④, ⑥, ⑧ → 4개
• 작은 삼각형 4개짜리:
②+③+⑤+⑥, ③+④+⑤+⑧ → 2개
➡ 4+2=6(개)

47

- 작은 정삼각형 1개짜리:
  ①, ②, ③, ④, ⑤, ⑥, ⑦, ⑧, ⑨ → 9개
- 작은 정삼각형 4개짜리:
  ①+②+③+④, ②+⑤+⑥+⑦,
  ④+⑦+⑧+⑨ → 3개
- 작은 정삼각형 9개짜리:
  ①+②+③+④+⑤+⑥+⑦+⑧+⑨ → 1개
  ⇨ $9+3+1=13$(개)

유형책 32~37쪽　　**상위권유형 강화**

48 ❶ 7 cm / 14 cm　❷ 7 cm / 7 cm
　　❸ 35 cm

49 49 cm　　　　　**50** 57 cm

51 ❶ 40°　❷ 20°

52 40°　　　　　　**53** 15°

54 ❶ 10 cm　❷ 15 cm

55 6 cm　　　　　　**56** 9 cm

57 ❶ 6 cm　❷ 9 cm, 9 cm
　　❸ 12 cm와 6 cm, 9 cm와 9 cm

58 20 cm와 8 cm, 14 cm와 14 cm

59 17 cm와 19 cm, 18 cm와 18 cm

60 ❶ 35°　❷ 85°

61 95°　　　　　　**62** 70°

63 ❶ 18 cm　❷ 9 cm　❸ 63 cm

64 84 cm　　　　　**65** 75 cm

---

48 ❶ 정삼각형은 세 변의 길이가 같습니다.
　　(변 ㄹㅁ)=(변 ㄱㅁ)=7 cm,
　　(변 ㄴㄷ)=(변 ㄱㄴ)=14 cm
　❷ (변 ㄱㄹ)=(변 ㄱㅁ)=7 cm
　　　⇨ (변 ㄹㄴ)=(변 ㄱㄴ)−(변 ㄱㄹ)
　　　　　　=14−7=7(cm)
　　(변 ㄱㄷ)=(변 ㄱㄴ)=14 cm
　　　⇨ (변 ㅁㄷ)=(변 ㄱㄷ)−(변 ㄱㅁ)
　　　　　　=14−7=7(cm)
　❸ 7+7+14+7=35(cm)

49 정삼각형은 세 변의 길이가 같습니다.
　　(변 ㄹㅁ)=(변 ㄹㄴ)=8 cm,
　　(변 ㄱㄷ)=(변 ㄴㄷ)=19 cm

　　(변 ㄱㄴ)=(변 ㄴㄷ)=19 cm이므로
　　(변 ㄱㄹ)=(변 ㄱㄴ)−(변 ㄹㄴ)
　　　　　　=19−8=11(cm)입니다.
　　(변 ㄴㅁ)=(변 ㄹㄴ)=8 cm이므로
　　(변 ㅁㄷ)=(변 ㄴㄷ)−(변 ㄴㅁ)
　　　　　　=19−8=11(cm)입니다.
　⇨ (사각형 ㄱㄹㅁㄷ의 네 변의 길이의 합)
　　　=11+8+11+19=49(cm)

50 정삼각형은 세 변의 길이가 같습니다.
　　(변 ㄹㅁ)=(변 ㄹㄷ)=6 cm,
　　(변 ㄱㄴ)=(변 ㄴㄷ)=21 cm
　　(변 ㄱㄷ)=(변 ㄴㄷ)=21 cm이므로
　　(변 ㄱㄹ)=(변 ㄱㄷ)−(변 ㄹㄷ)
　　　　　　=21−6=15(cm)입니다.
　　(변 ㅁㄷ)=(변 ㄹㄷ)=6 cm이므로
　　(변 ㄴㅁ)=(변 ㄴㄷ)−(변 ㅁㄷ)
　　　　　　=21−6=15(cm)입니다.
　⇨ (사각형 ㄱㄴㅁㄹ의 네 변의 길이의 합)
　　　=21+15+6+15=57(cm)

51 ❶ 삼각형 ㄹㄴㄷ은 이등변삼각형이므로
　　(각 ㄹㄴㄷ)+(각 ㄹㄷㄴ)=180°−100°=80°,
　　(각 ㄹㄴㄷ)=(각 ㄹㄷㄴ)=80°÷2=40°입니다.
　❷ 삼각형 ㄱㄴㄷ은 정삼각형이므로
　　(각 ㄱㄴㄷ)=60°입니다.
　　　⇨ (각 ㄱㄴㄹ)=(각 ㄱㄴㄷ)−(각 ㄹㄴㄷ)
　　　　　　　=60°−40°=20°

52 삼각형 ㄹㄴㄷ은 이등변삼각형이므로
　　(각 ㄹㄴㄷ)+(각 ㄹㄷㄴ)=180°−140°=40°,
　　(각 ㄹㄷㄴ)=(각 ㄹㄴㄷ)=40°÷2=20°입니다.
　　삼각형 ㄱㄴㄷ은 정삼각형이므로
　　(각 ㄱㄷㄴ)=60°입니다.
　　　⇨ (각 ㄱㄷㄹ)=(각 ㄱㄷㄴ)−(각 ㄹㄷㄴ)
　　　　　　　=60°−20°=40°

53 삼각형 ㄹㄴㄷ은 이등변삼각형이므로
　　(각 ㄹㄴㄷ)+(각 ㄹㄷㄴ)=180°−80°=100°,
　　(각 ㄹㄴㄷ)=(각 ㄹㄷㄴ)=100°÷2=50°입니다.
　　삼각형 ㄱㄴㄷ은 이등변삼각형이므로
　　(각 ㄱㄴㄷ)+(각 ㄱㄷㄴ)=180°−50°=130°,
　　(각 ㄱㄴㄷ)=(각 ㄱㄷㄴ)=130°÷2=65°입니다.
　　　⇨ (각 ㄱㄴㄹ)=(각 ㄱㄴㄷ)−(각 ㄹㄴㄷ)
　　　　　　　=65°−50°=15°

54 ❶ 삼각형 ㄱㄴㄷ은 이등변삼각형이므로
(변 ㄴㄷ)=(변 ㄱㄴ)=10 cm입니다.
❷ 사각형의 네 변의 길이의 합은
10+10+(변 ㄷㄹ)+(변 ㄱㄹ)=50이므로
(변 ㄷㄹ)+(변 ㄱㄹ)=50−10−10=30(cm)
입니다.
따라서 삼각형 ㄱㄷㄹ은 정삼각형이므로
(변 ㄷㄹ)=(변 ㄱㄹ)=30÷2=15(cm)입니다.

55 삼각형 ㄱㄴㄷ은 정삼각형이므로
(변 ㄴㄷ)=(변 ㄱㄴ)=9 cm입니다.
사각형의 네 변의 길이의 합은
9+9+(변 ㄷㄹ)+(변 ㄱㄹ)=30이므로
(변 ㄷㄹ)+(변 ㄱㄹ)=30−9−9=12(cm)입니다.
따라서 삼각형 ㄱㄷㄹ은 이등변삼각형이므로
(변 ㄷㄹ)=(변 ㄱㄹ)=12÷2=6(cm)입니다.

56 삼각형 ㄱㄷㄹ은 이등변삼각형이므로
(변 ㄱㄷ)=(변 ㄱㄹ)=11 cm이고,
삼각형 ㄱㄴㄷ은 정삼각형이므로
(변 ㄱㄴ)=(변 ㄴㄷ)=(변 ㄱㄷ)=11 cm입니다.
따라서 사각형의 네 변의 길이의 합은
11+11+(변 ㄷㄹ)+11=42이므로
(변 ㄷㄹ)=42−11−11−11=9(cm)입니다.

57 ❶ 12+12+□=30, 24+□=30, □=6
❷ 12+△+△=30, △+△=18, △=9
❸ 나머지 두 변의 길이가 될 수 있는 경우는
12 cm와 6 cm, 9 cm와 9 cm입니다.

58 • 이등변삼각형의 세 변이 20 cm, 20 cm, □ cm
일 때 20+20+□=48, 40+□=48, □=8
입니다.
• 이등변삼각형의 세 변이 20 cm, △ cm, △ cm일
때 20+△+△=48, △+△=28, △=14입니다.
따라서 나머지 두 변의 길이가 될 수 있는 경우는
20 cm와 8 cm, 14 cm와 14 cm입니다.

59 • 이등변삼각형의 세 변이 17 cm, 17 cm, □ cm
일 때 17+17+□=53, 34+□=53, □=19
입니다.
• 이등변삼각형의 세 변이 17 cm, △ cm, △ cm일
때 17+△+△=53, △+△=36, △=18입니다.
따라서 나머지 두 변의 길이가 될 수 있는 경우는
17 cm와 19 cm, 18 cm와 18 cm입니다.

60 ❶ 삼각형 ㄱㄴㄷ은 이등변삼각형이므로
(각 ㄱㄴㄷ)+(각 ㄴㄱㄷ)=180°−110°=70°,
(각 ㄱㄴㄷ)=(각 ㄴㄱㄷ)=70°÷2=35°입니다.
❷ 삼각형 ㅁㄷㄹ은 정삼각형이므로
(각 ㅁㄷㄹ)=60°입니다.
따라서 한 직선이 이루는 각의 크기는 180°이므로
(각 ㄱㄷㅁ)=180°−35°−60°=85°입니다.

61 삼각형 ㄱㄴㄷ은 정삼각형이므로 (각 ㄱㄷㄴ)=60°입니다. 삼각형 ㅁㄷㄹ은 이등변삼각형이므로
(각 ㅁㄷㄹ)+(각 ㄷㅁㄹ)=180°−130°=50°,
(각 ㅁㄷㄹ)=(각 ㄷㅁㄹ)=50°÷2=25°입니다.
따라서 한 직선이 이루는 각의 크기는 180°이므로
(각 ㄱㄷㅁ)=180°−60°−25°=95°입니다.

62 삼각형 ㄱㄴㄷ은 이등변삼각형이므로
(각 ㄱㄷㄴ)+(각 ㄴㄱㄷ)=180°−100°=80°,
(각 ㄱㄷㄴ)=(각 ㄴㄱㄷ)=80°÷2=40°입니다.
삼각형 ㅁㄷㄹ은 이등변삼각형이므로
(각 ㅁㄷㄹ)=(각 ㅁㄹㄷ)=70°입니다.
따라서 한 직선이 이루는 각의 크기는 180°이므로
(각 ㄱㄷㅁ)=180°−40°−70°=70°입니다.

63 ❶ (두 번째로 큰 정삼각형의 한 변)
=12÷2=6(cm)
⇨ (두 번째로 큰 정삼각형의 세 변의 길이의 합)
=6×3=18(cm)
❷ (가장 작은 정삼각형의 한 변)=6÷2=3(cm)
⇨ (가장 작은 정삼각형의 세 변의 길이의 합)
=3×3=9(cm)
❸ 색칠한 정삼각형은 두 번째로 큰 정삼각형이 3개,
가장 작은 정삼각형이 1개입니다.
⇨ (색칠한 정삼각형의 모든 변의 길이의 합)
=18+18+18+9=63(cm)

64 • (두 번째로 큰 정삼각형의 한 변)=16÷2=8(cm)
• (가장 작은 정삼각형의 한 변)=8÷2=4(cm)
• (두 번째로 큰 정삼각형의 세 변의 길이의 합)
=8×3=24(cm)
• (가장 작은 정삼각형의 세 변의 길이의 합)
=4×3=12(cm)
색칠한 정삼각형은 두 번째로 큰 정삼각형이 3개,
가장 작은 정삼각형이 1개입니다.
⇨ (색칠한 정삼각형의 모든 변의 길이의 합)
=24+24+24+12=84(cm)

65 • (두 번째로 큰 정삼각형의 한 변)
$=20÷2=10(cm)$
• (가장 작은 정삼각형의 한 변)$=10÷2=5(cm)$
• (두 번째로 큰 정삼각형의 세 변의 길이의 합)
$=10×3=30(cm)$
• (가장 작은 정삼각형의 세 변의 길이의 합)
$=5×3=15(cm)$
색칠한 정삼각형은 두 번째로 큰 정삼각형이 1개,
가장 작은 정삼각형이 3개입니다.
⇨ (색칠한 정삼각형의 모든 변의 길이의 합)
$=30+15+15+15=75(cm)$

유형책 38~40쪽	응용 **단원 평가**

✎ 서술형 문제는 풀이를 꼭 확인하세요.

1 ( ) (○) ( )
2 45
3 5, 5
4 ㉠
5
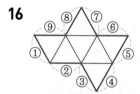
6 다
7 이등변삼각형, 직각삼각형에 ○표
8 ㉢
9 3
10 24 cm
11 ④, ⑤
12 65
13 140
14 120°
15 예
16 81 cm
17 30°
✎**18** 풀이 참조
✎**19** 둔각삼각형, 3개
✎**20** 27 cm

8 ㉢ 정삼각형은 두 변의 길이가 같으므로 이등변삼각형이라고 할 수 있습니다.

9 (나머지 한 각의 크기)$=180°-60°-60°=60°$
삼각형의 세 각의 크기가 같으므로 정삼각형이고,
정삼각형은 세 변의 길이가 같습니다.

---

10 나머지 한 변은 7 cm입니다.
⇨ (세 변의 길이의 합)$=7+10+7=24(cm)$

11 • 두 변의 길이가 같으므로 이등변삼각형입니다.
• 세 변의 길이가 같으므로 정삼각형입니다.
• 정삼각형은 세 각의 크기가 모두 예각이므로 예각삼각형입니다.

12 삼각형은 두 변의 길이가 같으므로 이등변삼각형입니다.
$180°-50°=130° ⇨ □=130°÷2=65°$

13 이등변삼각형이므로
(각 ㄱㄴㄷ)+(각 ㄱㄷㄴ)$=180°-100°=80°$,
(각 ㄱㄷㄴ)=(각 ㄱㄴㄷ)$=80°÷2=40°$입니다.
따라서 한 직선이 이루는 각의 크기는 180°이므로
□$=180°-40°=140°$입니다.

14 이등변삼각형은 두 각의 크기가 같으므로 ㉡$=20°$입니다.
㉠$=180°-20°-20°=140°$
⇨ (㉠과 ㉡의 각도의 차)$=140°-20°=120°$

15 한 각이 둔각인 삼각형 2개와 세 각이 모두 예각인 삼각형 1개가 되도록 선분 2개를 긋습니다.

16

세 변의 길이의 합이 27 cm인 정삼각형의 한 변은
$27÷3=9(cm)$입니다.
따라서 빨간색 선의 길이는 정삼각형의 한 변의 9배이므로 $9×9=81(cm)$입니다.

17 삼각형 ㄹㄴㄷ은 이등변삼각형이므로
(각 ㄹㄴㄷ)+(각 ㄹㄷㄴ)$=180°-120°=60°$,
(각 ㄹㄴㄷ)=(각 ㄹㄷㄴ)$=60°÷2=30°$입니다.
삼각형 ㄱㄴㄷ은 정삼각형이므로
(각 ㄱㄴㄷ)$=60°$입니다.
⇨ (각 ㄱㄴㄹ)=(각 ㄱㄴㄷ)-(각 ㄹㄴㄷ)
$=60°-30°=30°$

✎**18** 예 나머지 한 각의 크기는 $180°-55°-60°=65°$이므로 세 각의 크기가 모두 다르기 때문입니다. ❶

채점 기준	
❶ 정삼각형이 아닌 이유 쓰기	5점

◈19 예 예각삼각형은 나로 1개입니다.」❶

둔각삼각형은 다, 라, 마, 바로 4개입니다.」❷

따라서 둔각삼각형이 $4-1=3$(개) 더 많습니다.」❸

채점 기준	
❶ 예각삼각형의 수 구하기	2점
❷ 둔각삼각형의 수 구하기	2점
❸ 어느 삼각형이 몇 개 더 많은지 구하기	1점

◈20 예 정삼각형은 세 변의 길이가 모두 같으므로

(변 ㄹㅁ)=(변 ㄱㄹ)=(변 ㄱㅁ)=6 cm,

(변 ㄴㄷ)=(변 ㄱㄴ)=(변 ㄱㄷ)=11 cm입니다.」❶

(변 ㄹㄴ)=(변 ㅁㄷ)=$11-6=5$(cm)입니다.」❷

따라서 사각형 ㄹㄴㄷㅁ의 네 변의 길이의 합은

$5+11+5+6=27$(cm)입니다.」❸

채점 기준	
❶ 변 ㄹㅁ과 변 ㄴㄷ의 길이 각각 구하기	2점
❷ 변 ㄹㄴ과 변 ㅁㄷ의 길이 각각 구하기	2점
❸ 사각형 ㄹㄴㄷㅁ의 네 변의 길이의 합 구하기	1점

유형책 41~42쪽 **심화 단원 평가**

◈ 서술형 문제는 풀이를 꼭 확인하세요.

1 ㉠, ㉡

2 이등변삼각형 / 둔각삼각형

3 7   **4** ①, ③

5 7   **6** 55°

7 7 cm와 11 cm, 9 cm와 9 cm

8 100°   **◈9** 10 cm

◈10 35개

---

1 이등변삼각형은 두 변의 길이가 같은 ㉠, ㉡입니다.

2 • 두 변의 길이가 같으므로 이등변삼각형입니다.

• 한 각이 둔각이므로 둔각삼각형입니다.

3 (나머지 한 각의 크기)=$180°-25°-130°=25°$

삼각형의 두 각의 크기가 같으므로 이등변삼각형이고,

이등변삼각형은 두 변의 길이가 같습니다.

4 (나머지 한 각의 크기)=$180°-75°-30°=75°$

따라서 삼각형의 세 각이 75°, 30°, 75°로 두 각의 크기가 같으므로 이등변삼각형이고 세 각이 모두 예각이므로 예각삼각형입니다.

5 (이등변삼각형의 세 변의 길이의 합)

=(정삼각형의 세 변의 길이의 합)

=$6×3=18$(cm)

⇨ □$+4+$□$=18$, □$+$□$=14$, □$=7$

6 삼각형 ㄱㄴㄷ이 이등변삼각형이므로

(각 ㄴㄱㄷ)=(각 ㄱㄴㄷ)=35°입니다.

(각 ㄱㄷㄴ)=$180°-35°-35°=110°$이고,

(각 ㄱㄷㄹ)=$180°-110°=70°$입니다.

따라서 삼각형 ㄱㄷㄹ은 이등변삼각형이므로

(각 ㄷㄱㄹ)+(각 ㄱㄹㄷ)=$180°-70°=110°$,

(각 ㄱㄹㄷ)=(각 ㄷㄱㄹ)=$110°÷2=55°$입니다.

7 • 이등변삼각형의 세 변이 7 cm, 7 cm, □ cm일 때

$7+7+$□$=25$, $14+$□$=25$, □$=11$입니다.

• 이등변삼각형의 세 변이 7 cm, △ cm, △ cm일

때 $7+△+△=25$, $△+△=18$, $△=9$입니다.

따라서 나머지 두 변의 길이가 될 수 있는 경우는

7 cm와 11 cm, 9 cm와 9 cm입니다.

8 삼각형 ㄱㄷㄴ은 정삼각형이므로

(각 ㄱㄷㄴ)=60°입니다.

삼각형 ㅁㄷㄹ은 이등변삼각형이므로

(각 ㅁㄷㄹ)+(각 ㄷㄹㄹ)=$180°-140°=40°$,

(각 ㅁㄷㄹ)=(각 ㄷㅁㄹ)=$40°÷2=20°$입니다.

따라서 한 직선이 이루는 각의 크기는 180°이므로

(각 ㄱㄷㅁ)=$180°-60°-20°=100°$입니다.

◈9 예 삼각형 ㄱㄷㄹ은 정삼각형이므로

(변 ㄷㄹ)=(변 ㄱㄹ)=14 cm입니다.」❶

사각형의 네 변의 길이의 합은

(변 ㄱㄴ)+(변 ㄴㄷ)+14+14=48이므로

(변 ㄱㄴ)+(변 ㄴㄷ)=$48-14-14=20$(cm)입니다.

따라서 삼각형 ㄱㄴㄷ은 이등변삼각형이므로

(변 ㄱㄴ)=(변 ㄴㄷ)=$20÷2=10$(cm)입니다.」❷

채점 기준	
❶ 변 ㄷㄹ의 길이 구하기	4점
❷ 변 ㄱㄴ의 길이 구하기	6점

◈10 예 작은 정삼각형 1개짜리 정삼각형은 22개, 작은 정삼각형 4개짜리 정삼각형은 10개, 작은 정삼각형 9개짜리 정삼각형은 3개입니다.」❶

따라서 크고 작은 정삼각형은 모두

$22+10+3=35$(개)입니다.」❷

채점 기준	
❶ 정삼각형의 크기에 따라 그 개수 구하기	7점
❷ 크고 작은 정삼각형의 수 구하기	3점

3. 소수의 덧셈과 뺄셈

✎ 서술형 문제는 풀이를 꼭 확인하세요.

1 5.14 / 오 점 일사

2 (선 잇기)

3 ㉢, ㉣

4 0.77 m

5 0.79, 0.97

6 규현

7 준호, 오 점 삼영팔

8 26.183

9 ㉡

10 ㉢

✎**11** 0.622

12 7, 1, 0, 9

13 ④

14 (1) < (2) =

15 영호

16 ㉠, ㉢, ㉡

17 1.476, 1.477, 1.478, 1.479

18 치타, 캥거루, 사자

19 7, 8, 9

20 6개

21 6, 7, 8

22 930 / 0.093

23 ㉣

24 0.672

25 1010

26 100배

27 82 cm

28 1.9 / 2.3

29 >

30 ②, ⑤

31 9.9

32 9.6

✎**33** 3.1 L

34 0.76

35 ㉡, ㉢, ㉣, ㉠

36 1.23 kg

37 9.68 cm

38 4.56 km

39 15.48

40 0.4 / 0.8

41 (선 잇기)

42 0.9 L

43 3.2 / 1.5

✎**44** 0.4 km

45 13.2

46 0.75

47 (　　) (○)

48 미연, 1.21초

49 0.06

50 6, 7, 8, 9

51 1.94 m

52 6.93

53 1.1

54 $\boxed{5}.\boxed{4}\boxed{3} - \boxed{1}.\boxed{2} = \boxed{4.23}$

55 (위에서부터) 6, 7, 8

56 (위에서부터) 1, 2, 4

57 12

58 5.3

59 6.6

60 7.4

---

1 1이 5개이면 5, 0.1이 1개이면 0.1, 0.01이 4개이면 0.04이므로 설명하는 소수는 5.14이고, 오 점 일사라고 읽습니다.

2 · $\dfrac{16}{100}$ ⇨ 0.16 ⇨ 영 점 일육

· $1\dfrac{6}{100}$ ⇨ 1.06 ⇨ 일 점 영육

3 소수 둘째 자리 숫자를 각각 찾습니다.
㉠ 2.1<u>1</u> ⇨ 1　　㉡ 0.2<u>3</u> ⇨ 3
㉢ 3.<u>2</u>2 ⇨ 2　　㉣ 12.1<u>2</u> ⇨ 2
⇨ 소수 둘째 자리 숫자가 2인 수를 모두 찾으면 ㉢, ㉣입니다.

4 수직선에서 작은 눈금 한 칸의 크기는 0.01입니다. 따라서 리본이 나타내는 소수는 0.7에서 오른쪽으로 작은 눈금 7칸만큼 더 간 곳을 가리키므로 0.77입니다.
⇨ 지수가 사용한 리본의 길이는 0.77 m입니다.

5 일의 자리 숫자가 0인 소수 두 자리 수는 0.□□이므로 만들 수 있는 소수 두 자리 수는 0.79, 0.97입니다.

6 ·은주: 1이 8개이면 8, $\dfrac{1}{10}$(=0.1)이 8개이면 0.8, $\dfrac{1}{100}$(=0.01)이 4개이면 0.04이므로 8.84입니다.

·영민: 0.01이 884개이면 8.84입니다.

·규현: 1이 8개이면 8, 0.1이 84개이면 8.4이므로 16.4입니다.

⇨ 다른 수를 설명한 한 사람은 규현입니다.

7 5.308 ⇨ 오 점 삼영팔

8 10이 2개이면 20, 1이 6개이면 6, $\dfrac{1}{10}$(=0.1)이 1개이면 0.1, $\dfrac{1}{100}$(=0.01)이 8개이면 0.08, $\dfrac{1}{1000}$(=0.001)이 3개이면 0.003이므로 26.183입니다.

9 ㉠ 2.509는 0.001이 2509개인 수입니다.
㉡ 2.509에서 5는 0.5를 나타냅니다.

10 ㉠ 0.7<u>9</u>3 ⇨ 0.09　　　㉡ 8.<u>9</u>03 ⇨ 0.9
㉢ <u>9</u>.204 ⇨ 9
⇨ 9 > 0.9 > 0.09이므로 9가 나타내는 수가 가장 큰 수는 ㉢입니다.

11 예 승우가 378 m를 가고 남은 거리는
1000−378=622(m)입니다.」❶
남은 거리는 전체 1000 m 중의 622 m이므로 분수로
나타내면 전체의 $\frac{622}{1000}$입니다.」❷
따라서 $\frac{622}{1000}$를 소수로 나타내면 0.622입니다.」❸

채점 기준
❶ 남은 거리 구하기
❷ 남은 거리는 전체의 얼마인지 분수로 나타내기
❸ 위 ❷의 분수를 소수로 나타내기

12 7보다 크고 8보다 작으므로 일의 자리 숫자는 7입니다.
소수 첫째, 둘째, 셋째 자리 숫자가 각각 1, 0, 9이므로
설명하는 소수는 7.109입니다.

13 소수는 오른쪽 끝자리에 있는 0을 생략할 수 있습니다.
④ 0.66~~0~~

14 (1) 1.937 < 1.973 (2) 2.7 = 2.70
　　　　└3<7─┘

15 1.6 > 1.49이므로 우유를 더 많이 마신 사람은 영호
입니다.

16 1 g=0.001 kg이므로 176 g=0.176 kg입니다.
⇨ 0.186 > 0.179 > 0.176
　　 ㉠　　　 ㉢　　　 ㉡

17 1.475보다 크고 1.48보다 작은 소수 세 자리 수는
1.475와 1.48 사이의 수입니다.
⇨ 1.476, 1.477, 1.478, 1.479

18 • 캥거루: 9.91의 $\frac{1}{10}$인 수 ⇨ 0.991
• 사자: 0.1이 8개, 0.01이 12개인 수 ⇨ 0.92
• 치타: 일 점 구팔 ⇨ 1.98
따라서 1.98 > 0.991 > 0.92이므로 달리기가 빠른 동
물부터 차례대로 쓰면 치타, 캥거루, 사자입니다.

19 자연수 부분은 0, 소수 첫째 자리 수는 4로 각각 같고,
소수 셋째 자리 수를 비교하면 9>8이므로 □는 7과
같거나 7보다 커야 합니다.
⇨ □ 안에 들어갈 수 있는 수는 7, 8, 9입니다.

20 자연수 부분은 2, 소수 첫째 자리 수는 1로 각각 같고,
소수 셋째 자리 수를 비교하면 7>5이므로 □<6이
어야 합니다.
⇨ □ 안에 들어갈 수 있는 수는 0, 1, 2, 3, 4, 5로
모두 6개입니다.

21 • 8.57 < 8.□6에서 자연수 부분은 8로 같고, 소수 둘
째 자리 수를 비교하면 7>6이므로 □>5이어야 합
니다.
• 8.□6 < 8.91에서 자연수 부분은 8로 같고, 소수 둘
째 자리 수를 비교하면 6>1이므로 □<9이어야 합
니다.
⇨ □ 안에 들어갈 수 있는 수는 5보다 크고 9보다
작아야 하므로 6, 7, 8입니다.

22 • 9.3의 100배 ⇨ 930
• 9.3의 $\frac{1}{100}$ ⇨ 0.093

23 ㉠: 305.1의 $\frac{1}{10}$ ⇨ 30.51
㉡: 3051의 $\frac{1}{100}$ ⇨ 30.51
㉢: 3.051의 10배 ⇨ 30.51
㉣: 3.051의 100배 ⇨ 305.1

24 10이 6개이면 60, 1이 7개이면 7, 0.1이 2개이면 0.2
이므로 나타내는 수는 67.2입니다.
⇨ 67.2의 $\frac{1}{100}$은 0.672입니다.

25 • 60은 0.06의 1000배입니다. → ㉠=1000
• 37.94의 $\frac{1}{10}$은 3.794입니다. → ㉡=10
⇨ ㉠+㉡=1000+10=1010

26 ㉠은 소수 첫째 자리 숫자이므로 0.7을 나타내고, ㉡
은 소수 셋째 자리 숫자이므로 0.007을 나타냅니다.
따라서 0.7은 0.007의 100배이므로 ㉠이 나타내는
수는 ㉡이 나타내는 수의 100배입니다.

27

⇨ 지금 유나의 장난감 버스는 82 cm입니다.

28
```
    8 . 2            1
   8 2              0 . 6
  8 2 0            + 1 . 7
   8 2              2 . 3
```

```
   0 . 2
 + 1 . 7
   1 . 9
```

29 1.8+4.8=6.6, 3.5+2.7=6.2
⇨ 6.6>6.2

30 ① 0.5+0.2=0.7   ② 0.8+0.3=1.1
③ 0.2+0.3=0.5   ④ 0.1+0.8=0.9
⑤ 0.7+0.8=1.5
⇨ 계산 결과가 1보다 큰 것은 ②, ⑤입니다.

31 만든 두 소수: 3.6, 6.3
⇨ 3.6+6.3=9.9

32 • 인영이가 생각하는 소수: 5.7
• 유미가 생각하는 소수: 3.9
⇨ 5.7+3.9=9.6

✎33 **예** 민석이가 오늘 마신 물은 1.3+0.5=1.8(L)입니다.」❶
따라서 민석이가 어제와 오늘 마신 물은 모두
1.3+1.8=3.1(L)입니다.」❷

채점 기준
❶ 민석이가 오늘 마신 물의 양 구하기
❷ 민석이가 어제와 오늘 마신 물은 모두 몇 L인지 구하기

34
```
    0.5 1
  + 0.2 5
    0.7 6
```

35 ㉠ 0.62+0.17=0.79   ㉡ 1.25+0.3=1.55
㉢ 1.18+0.28=1.46   ㉣ 0.4+0.98=1.38
⇨ 1.55 > 1.46 > 1.38 > 0.79
　㉡　　㉢　　㉣　　㉠

36 (아버지가 딴 딸기의 무게)
=0.75+0.48=1.23(kg)

37 (세 변의 길이의 합)
=3.48+3.48+2.72
=6.96+2.72=9.68(cm)

38 (준영이가 걸어갔다가 다시 출발 지점으로 돌아온 거리)
=1.93+1.93=3.86(km)
⇨ (준영이가 걸은 전체 거리)
=3.86+0.7=4.56(km)

39 • 은서: 7.56보다 크고 7.71보다 작은 수는 7.69입니다.
• 혁수: 7.69보다 크고 7.8보다 작은 수는 7.79입니다.
⇨ 7.69+7.79=15.48

40
```
    0.9       0 10
  - 0.5       1̸.3
    0.4     - 0.5
              0.8
```

41 4.4-1.8=2.6, 0.8-0.2=0.6, 7.1-2.5=4.6
2-1.4=0.6, 6.8-2.2=4.6, 3.4-0.8=2.6

42 (대영이가 마신 사과 주스의 양)
=1.5-0.6=0.9(L)

43
```
      ─㉠─        ─㉡─
  5.6        2.4        0.9
```
• 5.6-㉠=2.4 ⇨ ㉠=5.6-2.4=3.2
• 2.4-㉡=0.9 ⇨ ㉡=2.4-0.9=1.5

✎44 **예** 집에서 공원을 지나 미술관까지 가는 거리는
1.6+2.7=4.3(km)입니다.」❶
따라서 집에서 공원을 지나 미술관까지 가는 거리는
집에서 미술관까지 바로 가는 거리보다
4.3-3.9=0.4(km) 더 멉니다.」❷

채점 기준
❶ 집에서 공원을 지나 미술관까지 가는 거리 구하기
❷ 집에서 공원을 지나 미술관까지 가는 거리는 집에서 미술관까지 바로 가는 거리보다 몇 km 더 먼지 구하기

45 • 15의 $\frac{1}{10}$인 수 ⇨ 1.5
• 1.47을 10배 한 수 ⇨ 14.7
⇨ 14.7-1.5=13.2

46
```
      1 10
    2̸.4 5
  - 1.7 0̸
    0.7 5
```

48 17.68>16.47이므로 미연이가 서진이보다
17.68-16.47=1.21(초) 더 빨리 달렸습니다.

49 6.9와 7 사이를 10등분 했으므로 작은 눈금 한 칸의
크기는 0.01입니다.
• ㉠이 나타내는 수: 6.96
• ㉡이 나타내는 수: 7.02
⇨ ㉡-㉠=7.02-6.96=0.06

50 5.42-1.84=3.58
3.58<3.☐6에서 자연수 부분이 같고, 소수 둘째 자
리 수를 비교하면 8>6이므로 5<☐이어야 합니다.
⇨ ☐ 안에 들어갈 수 있는 수는 6, 7, 8, 9입니다.

51 (색 테이프 2장의 길이의 합)
$=1.04+1.04=2.08(m)$
⇨ (이어 붙인 색 테이프의 전체 길이)
$=2.08-0.14=1.94(m)$

52 $9>6>2$이므로 만들 수 있는 소수 두 자리 수 중에서 가장 큰 수는 9.62이고, 가장 작은 수는 2.69입니다.
⇨ $9.62-2.69=6.93$

53 $7>3>0$이므로 만들 수 있는 1보다 작은 소수 두 자리 수 중에서 가장 큰 수는 0.73이고, 가장 작은 수는 0.37입니다.
⇨ $0.73+0.37=1.1$

54 빼지는 수는 클수록, 빼는 수는 작을수록 차가 큽니다.
$5>4>3>2>1$이므로 만들 수 있는 가장 큰 소수 두 자리 수는 5.43이고, 가장 작은 소수 한 자리 수는 1.2입니다.
⇨ $5.43-1.2=4.23$

55
$$\begin{array}{r} ㉠.\ 3\ \ 9 \\ +\ 2\ .㉡\ ㉢ \\ \hline 9\ .\ 1\ \ 7 \end{array}$$
• $9+㉢=17 ⇨ ㉢=8$
• $1+3+㉡=11 ⇨ ㉡=7$
• $1+㉠+2=9 ⇨ ㉠=6$

56
$$\begin{array}{r} 7\ .㉠ \\ -\ ㉡\ .\ 6\ \ 6 \\ \hline 4\ .\ 4\ ㉢ \end{array}$$
• $10-6=㉢ ⇨ ㉢=4$
• $㉠-1+10-6=4 ⇨ ㉠=1$
• $7-1-㉡=4 ⇨ ㉡=2$

57 • $㉢+4=11 ⇨ ㉢=7$
• $1+8+㉡=11 ⇨ ㉡=2$
• $1+㉠+2=6 ⇨ ㉠=3$
⇨ $㉠+㉡+㉢=3+2+7=12$

58 어떤 수를 □라 하면 $□-0.7=3.9$이므로
$□=3.9+0.7=4.6$입니다.
따라서 바르게 계산하면 $4.6+0.7=5.3$입니다.

59 어떤 수를 □라 하면 $□+9.48=25.56$이므로
$□=25.56-9.48=16.08$입니다.
따라서 바르게 계산하면 $16.08-9.48=6.6$입니다.

60 어떤 수를 □라 하면 $□-3.7=2.49$이므로
$□=2.49+3.7=6.19$입니다.
바르게 계산하면 $6.19+3.7=9.89$입니다.
⇨ $9.89-2.49=7.4$

유형책 54~59쪽 상위권유형 강화

61 ❶ 0.01 ❷ 6칸 ❸ 7.46
62 6.24 **63** 4.358
64 ❶ 8.37 ❷ $\dfrac{1}{10}$ ❸ 0.837
65 0.374 **66** 514
67 ❶ 10.5 ❷ 3 ❸ $0, 1, 2$
68 $5, 6, 7, 8, 9$ **69** $0, 1, 2, 3$
70 ❶ ㉠ ❷ ㉡, ㉢ ❸ ㉠, ㉡, ㉢
71 ㉡, ㉢, ㉠   **72** ㉢, ㉠, ㉡
73 ❶ 0.84 kg ❷ 8.4 kg ❸ 1.4 kg
74 0.35 kg   **75** 0.15 kg
76 ❶ $6, 2$ ❷ 9 ❸ 6.295
77 3.486 **78** 8.319

61 ❶ 7.4와 7.5 사이의 크기는 0.1이고, 0.1을 10등분 한 작은 눈금 한 칸의 크기는 0.01입니다.
❷ ㉠은 7.4에서 작은 눈금 6칸을 뛰어 센 수입니다.
❸ ㉠이 나타내는 수는 7.4에서 한 칸에 0.01씩 6칸 뛰어 센 수이므로 7.46입니다.

62 6.2와 6.3 사이의 크기는 0.1이고, 0.1을 10등분 한 작은 눈금 한 칸의 크기는 0.01입니다.
㉠이 나타내는 수는 6.2에서 0.01씩 4칸 뛰어 센 수이므로 6.24입니다.

63 4.35와 4.36 사이의 크기는 0.01이고, 0.01을 10등분 한 작은 눈금 한 칸의 크기는 0.001입니다.
㉠이 나타내는 수는 4.35에서 0.001씩 8칸 뛰어 센 수이므로 4.358입니다.

64 ❶ 1이 5개이면 5, 0.1이 32개이면 3.2, 0.01이 17개이면 0.17이므로 나타내는 수는 8.37입니다.
❸
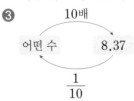
⇨ 어떤 수는 8.37의 $\dfrac{1}{10}$인 0.837입니다.

65 1이 2개이면 2, 0.1이 15개이면 1.5, 0.01이 24개이면 0.24이므로 나타내는 수는 3.74입니다.

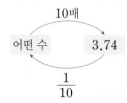

⇨ 어떤 수는 3.74의 $\frac{1}{10}$인 0.374입니다.

66 1이 3개이면 3, 0.1이 18개이면 1.8, 0.01이 34개이면 0.34이므로 나타내는 수는 5.14입니다.

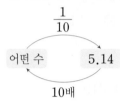

⇨ 어떤 수는 5.14의 10배인 51.4이므로 51.4의 10배는 514입니다.

67 ❶ 4.6+5.9=10.5
❷ 10.5=2.13+8.☐7이라고 생각하면
8.☐7=10.5−2.13=8.37, ☐=3입니다.
❸ 4.6+5.9>2.13+8.☐7이므로 ☐<3이어야 합니다.
⇨ ☐ 안에 들어갈 수 있는 수는 0, 1, 2입니다.

68 9.1−1.9=7.2
7.2<5.75+1.☐5에서 7.2=5.75+1.☐5라고 생각하면 1.☐5=7.2−5.75=1.45, ☐=4입니다.
9.1−1.9<5.75+1.☐5이므로 ☐>4이어야 합니다.
⇨ ☐ 안에 들어갈 수 있는 수는 5, 6, 7, 8, 9입니다.

69 15.44−2.96=12.48
9.☐2+3.06<12.48에서 9.☐2+3.06=12.48 이라고 생각하면 9.☐2=12.48−3.06=9.42, ☐=4 입니다. 9.☐2+3.06<15.44−2.96이므로 ☐<4 이어야 합니다.
⇨ ☐ 안에 들어갈 수 있는 수는 0, 1, 2, 3입니다.

70 ❶ 십의 자리 수를 비교하면 3>2이므로 가장 큰 수는 ㉠입니다.
❷ ㉠이 가장 큰 수이므로 나머지 두 수 ㉡과 ㉢의 크기를 비교합니다.
㉢의 ☐ 안에 0을 넣으면 ㉡ 29.☐5>㉢ 20.04 이고, ㉢의 ☐ 안에 9를 넣으면 ㉡의 ☐ 안에 0 을 넣어도 ㉡ 29.05>㉢ 29.04이므로 ㉡>㉢입니다.
❸ 세 수의 크기를 비교하면 ㉠>㉡>㉢입니다.

71 십의 자리 수를 비교하면 5<6이므로 가장 작은 수는 ㉠입니다.
㉠이 가장 작은 수이므로 나머지 두 수 ㉡과 ㉢의 크기를 비교합니다.
㉡의 ☐ 안에 9를 넣으면 ㉡ 69.95>㉢ 60.☐4 이고, ㉡의 ☐ 안에 0을 넣으면 ㉢의 ☐ 안에 9를 넣어도 ㉡ 60.95>㉢ 60.94이므로 ㉡>㉢입니다.
⇨ ㉡>㉢>㉠

72 • ㉠의 ☐ 안에 0을 넣으면
㉡ 70.0☐4<㉠ 70.185<㉢ 79.52☐입니다.
• ㉠의 ☐ 안에 9를 넣으면
㉡ 70.0☐4<㉠ 79.185<㉢ 79.52☐입니다.
⇨ ㉢>㉠>㉡

73 ❶ (책 1권의 무게)=9.8−8.96=0.84(kg)
❷ 책 10권의 무게는 책 1권의 무게인 0.84 kg의 10배이므로 8.4 kg입니다.
❸ (빈 상자의 무게)=9.8−8.4=1.4(kg)

74 (사과 1개의 무게)=4.05−3.68=0.37(kg)
사과 10개의 무게는 사과 1개의 무게인 0.37 kg의 10배이므로 3.7 kg입니다.
⇨ (빈 상자의 무게)=4.05−3.7=0.35(kg)

75 (음료수 5병의 무게)=2.4−1.65=0.75(kg)
(음료수 15병의 무게)
=0.75+0.75+0.75=2.25(kg)
⇨ (빈 상자의 무게)=2.4−2.25=0.15(kg)

76 ❶ • 6보다 크고 7보다 작은 소수 세 자리 수이므로 6.■▲●입니다.
• 일의 자리 숫자와 소수 첫째 자리 숫자의 합은 8 이므로 6+■=8, ■=2입니다.
❷ 소수 둘째 자리 숫자는 3으로 나누어떨어지는 수 중 가장 큰 수이므로 ▲=9입니다.
❸ 이 소수 6.29●을 100배 하면 629.●이고, 이때 소수 첫째 자리 숫자가 5이므로 ●=5입니다.
⇨ 조건을 모두 만족하는 소수는 6.295입니다.

77 • 3보다 크고 4보다 작은 소수 세 자리 수이므로 3.■▲●입니다.
• 일의 자리 숫자와 소수 첫째 자리 숫자의 합은 7이므로 3+■=7, ■=4입니다.
• 소수 둘째 자리 숫자는 4로 나누어떨어지는 수 중 가장 큰 수이므로 ▲=8입니다.
• 이 소수 3.48●을 100배 하면 348.●이고, 이때 소수 첫째 자리 숫자가 6이므로 ●=6입니다.
⇨ 조건을 모두 만족하는 소수는 3.486입니다.

78 • 8보다 크고 9보다 작은 소수 세 자리 수이므로
8.■▲●입니다.
• 일의 자리 숫자와 소수 첫째 자리 숫자의 차는 5이므로 8−■=5, ■=3입니다.
• 이 소수 8.3▲●을 10배 하면 83.▲●이고, 이때 소수 첫째 자리 숫자가 1이므로 ▲=1입니다.
• 소수 셋째 자리 숫자는 3으로 나누어떨어지는 수 중 가장 큰 수이므로 ●=9입니다.
⇨ 조건을 모두 만족하는 소수는 8.319입니다.

유형책 60~62쪽	응용 **단원 평가**

✎ 서술형 문제는 풀이를 꼭 확인하세요.

1 3.76 / 삼 점 칠육　　　**2** ㉡

3 0.528, 52.8　　　**4** 1.1

5　　5 . 3 5
　　 − 3 . 4
　　──────
　　　1 . 9 5

6 ㉣

7 ④　　　**8** 3

9 >　　　**10** 2.1 kg

11 0.07　　　**12** 산장

13 120　　　**14** 8, 9

15 5 / 5 / 4　　　**16** 14.13

17 7, 8, 9　　　✎**18** 1.2

✎**19** 0.203　　　✎**20** ㉢, ㉡, ㉠

---

2 소수는 필요한 경우 오른쪽 끝자리에 0을 붙여서 나타낼 수 있습니다.
⇨ 2.3=2.30=2.300

3 5.28의 $\frac{1}{10}$ 은 소수점을 기준으로 수가 오른쪽으로 한 자리 이동하므로 0.528이고, 5.28을 10배 하면 소수점을 기준으로 수가 왼쪽으로 한 자리 이동하므로 52.8입니다.

4　　　¹
　　　　0 . 8
　　 ＋ 0 . 3
　　──────
　　　　1 . 1

5 소수점의 자리를 잘못 맞추고 계산하였습니다.
　　　⁴ ¹⁰
　　　5̶ . 3 5
　　 − 3 . 4
　　──────
　　　1 . 9 5

6 소수는 필요한 경우 오른쪽 끝자리에 있는 0을 생략할 수 있으나 왼쪽 끝자리나 수의 가운데에 있는 0은 생략할 수 없습니다.
㉣ 4.605와 4.65는 다른 수입니다.

7 6이 나타내는 수를 각각 구해 봅니다.
① 6　② 0.06　③ 0.006　④ 60　⑤ 0.6
⇨ 6이 나타내는 수가 가장 큰 것은 ④입니다.

8 0.53＞0.524＞0.412＞0.391이므로 가장 큰 수는 0.53이고, 0.53의 소수 둘째 자리 숫자는 3입니다.

9 6.7＋5.5=12.2, 12.4−1.1=11.3
⇨ 12.2＞11.3

10 (경민이와 세미가 사용한 찰흙의 양)
=1.3+0.8=2.1(kg)

11 • 지율이가 생각하는 소수: 4.8
• 승아가 생각하는 소수: 4.73
⇨ 4.8−4.73=0.07

12 1 m=0.001 km이므로 1910 m=1.91 km입니다.
⇨ 1.295＜1.3 ＜1.91
　　산장　약수터　정상

13 • 24는 2.4의 10배입니다. → ☐=10
• 5.2는 0.052의 100배입니다. → ☐=100
• 3.169는 31.69의 $\frac{1}{10}$ 입니다. → ☐=10
⇨ 10＋100＋10=120

14 2.742＜2.☐36에서 자연수 부분이 같고, 소수 둘째 자리 수를 비교하면 4＞3이므로 7＜☐이어야 합니다.
⇨ ☐ 안에 들어갈 수 있는 수는 8, 9입니다.

15 • 10＋2−㉢=8 ⇨ ㉢=4
• 7−1−㉡=1 ⇨ ㉡=5
• ㉠−2=3 ⇨ ㉠=5

16 만들 수 있는 소수 두 자리 수 중에서 가장 큰 수는 9.54이고, 가장 작은 수는 4.59입니다.
⇨ 9.54＋4.59=14.13

17 4.06−0.96=3.1
3.1＜6.☐6−3.56에서 3.1=6.☐6−3.56이라고 생각하면 6.☐6=3.1＋3.56=6.66, ☐=6입니다.
4.06−0.96＜6.☐6−3.56이므로 ☐＞6이어야 합니다.
⇨ ☐ 안에 들어갈 수 있는 수는 7, 8, 9입니다.

18 예 0.01이 30개인 수는 0.3입니다.」❶
따라서 0.3보다 0.9만큼 더 큰 수는
0.3+0.9=1.2입니다.」❷

채점 기준	
❶ 0.01이 30개인 수 구하기	2점
❷ 0.01이 30개인 수보다 0.9만큼 더 큰 수 구하기	3점

19 예 어떤 수는 203의 $\frac{1}{10}$이므로 20.3입니다.」❶

따라서 20.3의 $\frac{1}{100}$은 0.203입니다.」❷

채점 기준	
❶ 어떤 수 구하기	3점
❷ 어떤 수의 $\frac{1}{100}$ 구하기	2점

20 예 일의 자리 수를 비교하면 3<4이므로 가장 작은
수는 ㉠입니다.」❶
㉡과 ㉢의 비교에서 ㉢의 □ 안에 0을 넣으면 ㉡의
□ 안에 9를 넣어도 ㉡ 4.093<㉢ 4.094이므로
㉡<㉢입니다.」❷
따라서 ㉢>㉡>㉠이므로 큰 수부터 차례대로 기호
를 쓰면 ㉢, ㉡, ㉠입니다.」❸

채점 기준	
❶ 가장 작은 수 찾기	2점
❷ 나머지 두 수의 크기 비교하기	2점
❸ 큰 수부터 차례대로 기호 쓰기	1점

유형책 63~64쪽 | **심화 단원 평가**

⟋ 서술형 문제는 풀이를 꼭 확인하세요.

1 [선 잇기 그림]　**2** 16.83
3 혜진　**4** ㉣
5 8.3 kg　**6** 1000배
7 0, 1, 2, 3, 4　**8** 5.308
⟋**9** 7.05　⟋**10** 0.65 kg

1 • $\frac{56}{100}$=0.56 ⇨ 영 점 오육
• 0.01이 66개인 수 ⇨ 0.66 ⇨ 영 점 육육
• 0.65 ⇨ 영 점 육오

2 1이 16개이면 16, $\frac{1}{10}$(=0.1)이 8개이면 0.8,
$\frac{1}{100}$(=0.01)이 3개이면 0.03이므로 16.83입니다.

3 • 은영: 0.248　• 혜진: 2.48　• 현정: 0.248
⇨ 다른 수를 설명한 한 사람은 혜진입니다.

4 ㉠ 0.9+2.8=3.7　㉡ 5.4-1.6=3.8
㉢ 1.9+2.3=4.2　㉣ 7.1-3.6=3.5
⇨ 3.5<3.7<3.8<4.2
　　㉣　㉠　㉡　㉢

5 30.2>23.84>21.9이므로 몸무게가 가장 무거운 학
생은 성훈이로 30.2 kg이고, 가장 가벼운 학생은 태환
이로 21.9 kg입니다. ⇨ 30.2-21.9=8.3(kg)

6 ㉠은 일의 자리 숫자이므로 6을 나타내고, ㉡은 소수
셋째 자리 숫자이므로 0.006을 나타냅니다.
따라서 6은 0.006의 1000배이므로 ㉠이 나타내는
수는 ㉡이 나타내는 수의 1000배입니다.

7 2.83+4.74=7.57
7.57>7.□8에서 자연수 부분은 7로 같고, 소수 둘
째 자리 수를 비교하면 7<8이므로 5>□이어야 합
니다.
⇨ □ 안에 들어갈 수 있는 수는 0, 1, 2, 3, 4입니다.

8 • 5보다 크고 6보다 작은 소수 세 자리 수이므로
5.■▲●입니다.
• 일의 자리 숫자와 소수 둘째 자리 숫자의 합은 5이므
로 5+▲=5, ▲=0입니다.
• 소수 셋째 자리 숫자는 2로 나누어떨어지는 수 중 가
장 큰 수이므로 ●=8입니다.
• 이 소수 5.■08을 10배 하면 5■.08이고, 이때 일
의 자리 숫자가 3이므로 ■=3입니다.
⇨ 조건을 모두 만족하는 소수는 5.308입니다.

9 예 어떤 수를 □라 하면 □+5.73=9.21이므로
9.21-5.73=□, □=3.48입니다.」❶
따라서 바르게 계산하면
3.48+3.57=7.05입니다.」❷

채점 기준	
❶ 어떤 수 구하기	6점
❷ 바르게 계산한 값 구하기	4점

10 예 주스 $\frac{1}{3}$만큼의 무게는
2.15-1.65=0.5(kg)입니다.」❶
주스 한 병의 무게는
0.5+0.5+0.5=1.5(kg)입니다.」❷
따라서 빈 병의 무게는
2.15-1.5=0.65(kg)입니다.」❸

채점 기준	
❶ 주스 $\frac{1}{3}$만큼의 무게 구하기	4점
❷ 주스 한 병의 무게 구하기	4점
❸ 빈 병의 무게는 몇 kg인지 구하기	2점

4. 사각형

유형책 66~75쪽 실전유형 강화

✎ 서술형 문제는 풀이를 꼭 확인하세요.

1 ( )(○)( )

2

3 가 　　**4** 2개

5

6 지희 　　**7**

8 60

9 25°

10 35°

11 직선 가와 직선 나, 직선 라와 직선 바

12 (1) 2쌍 (2) 3쌍 　　**13** 1개

14 ㉡ 　　**15**

16 6 cm

17 3 cm

18

4 cm

19 5 cm 　　**20** 2 cm

21 11 cm 　　**22** 4 cm

23 9 cm 　　**24** 11 cm

25 ④

26 예

✎**27** 풀이 참조

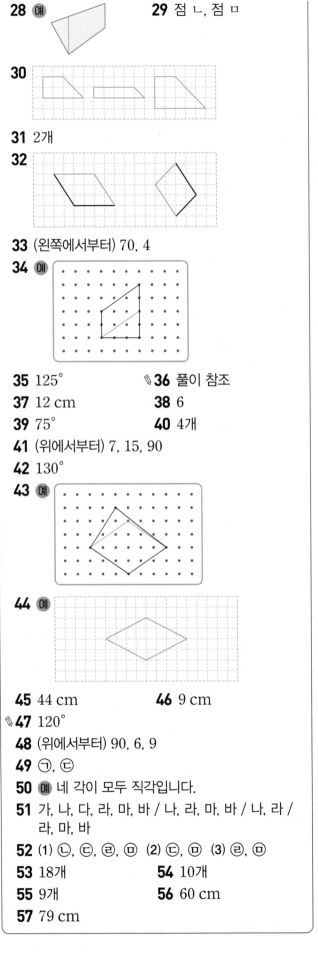

28 예 　　**29** 점 ㄴ, 점 ㅁ

30

31 2개

32

33 (왼쪽에서부터) 70, 4

34 예

35 125° 　　✎**36** 풀이 참조

37 12 cm 　　**38** 6

39 75° 　　**40** 4개

41 (위에서부터) 7, 15, 90

42 130°

43 예

44 예

45 44 cm 　　**46** 9 cm

✎**47** 120°

48 (위에서부터) 90, 6, 9

49 ㉠, ㉢

50 예 네 각이 모두 직각입니다.

51 가, 나, 다, 라, 마, 바 / 나, 라, 마, 바 / 나, 라 / 라, 마, 바

52 (1) ㉡, ㉢, ㉣, ㉤ (2) ㉢, ㉤ (3) ㉣, ㉤

53 18개 　　**54** 10개

55 9개 　　**56** 60 cm

57 79 cm

1 직선 가와 직선 나가 서로 수직으로 만나는 것을 찾습니다.

3 만나서 이루는 각이 직각인 두 변이 있는 도형은 가입니다.

4 변 ㄷㄹ과 만나서 이루는 각이 직각인 변은 변 ㄱㄹ, 변 ㄴㄷ으로 모두 2개입니다.

6 한 직선에 수직인 직선은 셀 수 없이 많이 그을 수 있습니다.

7 삼각자의 직각을 낀 변 중 한 변을 변 ㄴㄷ에 맞추고 직각을 낀 다른 한 변이 점 ㄱ을 지나도록 놓은 후 직선을 긋습니다.

8 $30° + \square = 90°$
$\Rightarrow \square = 90° - 30° = 60°$

9 $45° + ㉠ + 20° = 90°$
$\Rightarrow ㉠ = 90° - 45° - 20° = 25°$

10 한 직선이 이루는 각의 크기는 180°입니다.
$㉠ + 90° + 55° = 180°$
$\Rightarrow ㉠ = 180° - 90° - 55° = 35°$

11 • 직선 가와 직선 나는 직선 마에 각각 수직이므로 서로 평행합니다.
• 직선 라와 직선 바는 직선 다에 각각 수직이므로 서로 평행합니다.

12 마주 보는 두 변끼리 서로 평행합니다.

13 한 점을 지나고 한 직선과 평행한 직선은 1개만 그을 수 있습니다.

14 ㉠ **E** $\Rightarrow$ 3쌍   ㉡ **H** $\Rightarrow$ 1쌍
㉢ **T** $\Rightarrow$ 평행선이 없습니다.
㉣ **X** $\Rightarrow$ 평행선이 없습니다.

15 주어진 세 선분과 평행한 직선을 각각 그은 후 두 직선끼리 만나는 점을 꼭짓점으로 하여 도형을 완성합니다.

16 평행선 사이의 선분 중에서 평행선에 수직인 선분의 길이는 6 cm입니다.

17 평행선 사이에 수직인 선분을 긋고, 그 선분의 길이를 재어 보면 3 cm입니다.

18 주어진 직선에 수직인 선분을 긋고, 그 선분의 길이가 4 cm가 되는 점을 지나는 평행한 직선을 긋습니다.

19 직선 다와 직선 마가 평행하므로 직선 다에서 직선 마에 수직인 선분을 긋고, 그 선분의 길이를 재어 보면 5 cm입니다.

20 변 ㄱㅁ과 변 ㄴㄷ이 서로 평행하므로 두 변 사이에 수직인 선분을 긋고, 그 선분의 길이를 재어 보면 2 cm입니다.

21 변 ㄱㅇ과 변 ㄴㄷ 사이의 거리는 변 ㅇㅅ, 변 ㅂㅁ, 변 ㄹㄷ의 길이의 합과 같습니다.
$\Rightarrow 4 + 3 + 4 = 11 \text{(cm)}$

22 평행선 사이의 거리는 변 ㄱㄴ의 길이와 같습니다.
삼각형 ㄱㄴㄷ은 두 각의 크기가 같으므로 이등변삼각형입니다.
$\Rightarrow$ (평행선 사이의 거리)
$= (변 ㄱㄴ) = (변 ㄴㄷ) = 4 \text{ cm}$

23 평행선 사이의 거리는 변 ㄹㄷ의 길이와 같습니다.
삼각형 ㄱㄷㄹ에서
(각 ㄱㄷㄹ) $= 180° - 45° - 90° = 45°$이므로
삼각형 ㄱㄷㄹ은 이등변삼각형입니다.
$\Rightarrow$ (평행선 사이의 거리)
$= (변 ㄹㄷ) = (변 ㄱㄹ) = 9 \text{ cm}$

24 평행선 사이의 거리는 선분 ㄴㅁ과 선분 ㅁㄷ의 길이의 합과 같습니다.
(각 ㄴㄱㅁ) $= 180° - 90° - 45° = 45°$이므로
삼각형 ㄱㄴㅁ은 이등변삼각형입니다.
(선분 ㄴㅁ) $= (변 ㄱㄴ) = 3 \text{ cm}$
(각 ㄹㅁㄷ) $= 180° - 90° - 45° = 45°$이므로
삼각형 ㄹㅁㄷ은 이등변삼각형입니다.
(선분 ㅁㄷ) $= (변 ㄹㄷ) = 8 \text{ cm}$
$\Rightarrow$ (평행선 사이의 거리)
$= (선분 ㄴㅁ) + (선분 ㅁㄷ) = 3 + 8 = 11 \text{(cm)}$

25 평행한 변이 한 쌍도 없는 사각형은 ④입니다.

26 평행한 변이 한 쌍이라도 있는 사각형을 그립니다.

27 예 변 ㄱㄴ과 변 ㄹㄷ이 서로 평행하기 때문입니다. ❶

채점 기준
❶ 이유 쓰기

28 사각형의 네 변 중 어느 한 변과 평행하도록 여러 가지 방법으로 선분을 그어 봅니다.

29 주어진 변과 평행한 변을 한 쌍이라도 만들 수 있는 점을 모두 찾습니다.

30 평행한 변이 한 쌍이라도 있는 사각형을 모두 찾아 그립니다.

31 마주 보는 두 쌍의 변이 서로 평행한 사각형은 나, 라입니다. ⇨ 2개

32 마주 보는 두 쌍의 변이 서로 평행한 사각형을 그립니다.

33 평행사변형은 마주 보는 두 변의 길이가 같고, 마주 보는 두 각의 크기가 같습니다.

34 마주 보는 두 쌍의 변이 서로 평행한 사각형이 되도록 한 꼭짓점만 옮깁니다.

35 평행사변형에서 이웃한 두 각의 크기의 합은 $180°$입니다. ⇨ ㉠$=180°-55°=125°$

36 평행사변형」❶

㉠ 마주 보는 두 쌍의 변이 서로 평행하기 때문입니다.」❷

채점 기준
❶ 사각형의 이름 쓰기
❷ 이유 쓰기

참고 사다리꼴도 정답으로 인정합니다.

37 사각형 ㄱㄴㅁㄹ은 마주 보는 두 쌍의 변이 서로 평행하므로 평행사변형입니다.
평행사변형은 마주 보는 두 변의 길이가 같으므로
(선분 ㄴㅁ)=(선분 ㄱㄹ)=14 cm입니다.
⇨ (선분 ㅁㄷ)=26−14=12(cm)

38 평행사변형은 마주 보는 두 변의 길이가 같습니다.
9+□+9+□=30, □+□=12 ⇨ □=6

39 평행사변형은 마주 보는 두 각의 크기가 같으므로
(각 ㄱㄴㄷ)=(각 ㄷㄹㄱ)=75°입니다.
삼각형 ㄱㄴㄷ의 세 각의 크기의 합은 $180°$이므로
(각 ㄴㄱㄷ)=180°−75°−30°=75°입니다.

40 네 변의 길이가 모두 같지 않은 사각형은 가, 다, 마, 바이므로 마름모가 아닌 것은 모두 4개입니다.

41 마름모는 마주 보는 꼭짓점끼리 이은 선분이 서로 수직이고, 서로를 똑같이 둘로 나눕니다.

42 한 직선이 이루는 각의 크기는 $180°$이므로
(각 ㄴㄷㄹ)=180°−50°=130°입니다.
마름모는 마주 보는 두 각의 크기가 같으므로
㉠=(각 ㄴㄷㄹ)=130°입니다.

43 네 변의 길이가 모두 같은 사각형이 되도록 한 꼭짓점만 옮깁니다.

44 4개의 선분으로 둘러싸여 있으므로 사각형입니다.
마주 보는 두 쌍의 변이 서로 평행하고 네 변의 길이가 모두 같은 사각형을 그립니다.

45 마름모는 네 변의 길이가 모두 같습니다.
⇨ (마름모의 네 변의 길이의 합)
=11+11+11+11=44(cm)

46 (정삼각형의 세 변의 길이의 합)
=12+12+12=36(cm)
⇨ (마름모의 한 변)=36÷4=9(cm)

47 예 마름모에서 이웃한 두 각의 크기의 합은 $180°$이므로 ㉠+㉡=180°입니다.」❶
㉠의 각도는 ㉡의 각도보다 $60°$ 더 크므로
㉡+60°+㉡=180°, ㉡+㉡=120°에서
㉡=60°, ㉠=60°+60°=120°입니다.」❷

채점 기준
❶ ㉠과 ㉡의 각도의 합 구하기
❷ ㉠의 각도 구하기

48 직사각형은 네 각의 크기가 모두 $90°$이고, 마주 보는 두 변의 길이가 같습니다.

49 정사각형은 네 변의 길이가 모두 같고, 네 각의 크기가 $90°$로 모두 같습니다.

50 정사각형과 직사각형은 네 각이 모두 직각이고, 마주 보는 두 쌍의 변이 서로 평행합니다.

51 라는 정사각형이므로 사다리꼴, 평행사변형, 마름모, 직사각형이라고 할 수 있습니다.

52 (1) 평행한 변이 두 쌍인 사각형은
평행사변형, 마름모, 직사각형, 정사각형입니다.
(2) 네 변의 길이가 모두 같은 사각형은
마름모, 정사각형입니다.
(3) 네 각의 크기가 모두 같은 사각형은
직사각형, 정사각형입니다.

53

- 작은 사각형 1개짜리:
  ①, ②, ③, ④, ⑤, ⑥ → 6개
- 작은 사각형 2개짜리:
  ①+②, ②+③, ④+⑤, ⑤+⑥, ①+④,
  ②+⑤, ③+⑥ → 7개
- 작은 사각형 3개짜리:
  ①+②+③, ④+⑤+⑥ → 2개
- 작은 사각형 4개짜리:
  ①+②+④+⑤, ②+③+⑤+⑥ → 2개
- 작은 사각형 6개짜리:
  ①+②+③+④+⑤+⑥ → 1개
  ⇨ 6+7+2+2+1=18(개)

54

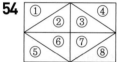

- 작은 삼각형 2개짜리:
  ①+②, ③+④, ⑤+⑥,
  ⑦+⑧ → 4개
- 작은 삼각형 4개짜리:
  ①+②+③+④, ⑤+⑥+⑦+⑧,
  ①+②+⑥+⑤, ④+③+⑦+⑧,
  ②+③+⑥+⑦ → 5개
- 작은 삼각형 8개짜리:
  ①+②+③+④+⑤+⑥+⑦+⑧ → 1개
  ⇨ 4+5+1=10(개)

55

- 작은 정삼각형 2개짜리:
  ①+③, ②+⑤, ④+⑦, ⑥+⑧,
  ②+③, ③+④, ⑤+⑥, ⑥+⑦
  → 8개
- 작은 정삼각형 8개짜리:
  ①+②+③+④+⑤+⑥+⑦+⑧ → 1개
  ⇨ 8+1=9(개)

56 이등변삼각형 ㅁㄷㄹ에서
(변 ㅁㄷ)+(변 ㅁㄹ)=36−10=26(cm)이므로
(변 ㅁㄷ)=(변 ㅁㄹ)=26÷2=13(cm)입니다.
평행사변형은 마주 보는 두 변의 길이가 같으므로
(변 ㄱㄴ)=(변 ㅁㄷ)=13 cm,
(변 ㄴㄷ)=(변 ㄱㅁ)=12 cm입니다.
⇨ 12+13+12+10+13=60(cm)

57 평행사변형은 마주 보는 두 변의 길이가 같으므로
(변 ㄹㄷ)=(변 ㄱㄴ)=15 cm입니다.
이등변삼각형 ㅁㄹㄷ에서
(변 ㅁㄹ)+(변 ㅁㄷ)=51−15=36(cm)이므로
(변 ㅁㄹ)=(변 ㅁㄷ)=36÷2=18(cm)입니다.
(변 ㄱㄹ)=32−18=14(cm)이고
평행사변형은 마주 보는 두 변의 길이가 같으므로
(변 ㄴㄷ)=(변 ㄱㄹ)=14 cm입니다.
⇨ 32+15+14+18=79(cm)

유형책 76~79쪽	상위권유형 강화

58 ❶ 60° **❷** 70° **❸** 110°
59 105°   **60** 85°
61 ❶ 40° / 150° **❷** 80°
62 75°   **63** 85°
64 ❶ 80° **❷** 140° **❸** 20°
65 35°   **66** 25°
67 ❶ 110° **❷** 70° **❸** 35° **❹** 110°
68 120°   **69** 140°

58 ❶ 한 직선이 이루는 각의 크기는 180°이므로
(각 ㅈㅋㅊ)=180°−120°=60°입니다.
❷ 삼각형의 세 각의 크기의 합은 180°이므로
(각 ㅋㅈㅊ)=180°−60°−50°=70°입니다.
❸ 한 직선이 이루는 각의 크기는 180°이므로
(각 ㄱㅈㅊ)=180°−70°=110°입니다.

59

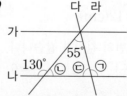

한 직선이 이루는 각의 크기는 180°이므로
ⓛ=180°−130°=50°입니다.
삼각형의 세 각의 크기의 합은 180°이므로
ⓒ=180°−50°−55°=75°입니다.
한 직선이 이루는 각의 크기는 180°이므로
㉠=180°−75°=105°입니다.

60

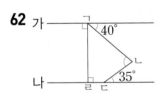

한 직선이 이루는 각의 크기는 180°이므로
ⓛ=180°−140°=40°입니다.
한 직선이 이루는 각의 크기는 180°이므로
ⓒ=180°−125°=55°입니다.
삼각형의 세 각의 크기의 합은 180°이므로
ⓝ=180°−40°−55°=85°입니다.

61 ❶ 직선 가와 선분 ㄱㄹ은 서로 수직이므로
(각 ㄴㄱㄹ)=90°−50°=40°입니다.
한 직선이 이루는 각의 크기는 180°이므로
(각 ㄴㄷㄹ)=180°−30°=150°입니다.
❷ 사각형의 네 각의 크기의 합은 360°이므로
(각 ㄱㄴㄷ)=360°−40°−150°−90°=80°입니다.

62

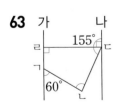

점 ㄱ에서 직선 나에 수직인 선분을 그어 만나는 점을
점 ㄹ이라 합니다.
직선 가와 선분 ㄱㄹ은 서로 수직이므로
(각 ㄴㄱㄹ)=90°−40°=50°입니다.
한 직선이 이루는 각의 크기는 180°이므로
(각 ㄴㄷㄹ)=180°−35°=145°입니다.
사각형의 네 각의 크기의 합은 360°이므로
(각 ㄱㄴㄷ)=360°−50°−90°−145°=75°입니다.

63 가　　　나
ㄹ┐   155° ┌ㄷ
ㄱ
60°

점 ㄷ에서 직선 가에 수직인 선분을 그어 만나는 점을
점 ㄹ이라 합니다.
(각 ㄹㄱㄴ)=180°−60°=120°,
(각 ㄹㄷㄴ)=155°−90°=65°
사각형의 네 각의 크기의 합은 360°이므로
(각 ㄱㄴㄷ)=360°−90°−120°−65°=85°입니다.

64 ❶ 마름모에서 이웃한 두 각의 크기의 합은 180°이므
로 (각 ㄱㄹㄷ)=180°−100°=80°입니다.
❷ 정삼각형 ㄹㄷㅁ에서 (각 ㄷㄹㅁ)=60°이므로
(각 ㄱㄹㅁ)=80°+60°=140°입니다.
❸ (변 ㄹㄱ)=(변 ㄹㄷ)=(변 ㄹㅁ)이므로
삼각형 ㄹㄱㅁ은 이등변삼각형입니다.
180°−140°=40°이므로
(각 ㄹㄱㅁ)=40°÷2=20°입니다.

65 마름모에서 이웃한 두 각의 크기의 합은 180°이므로
(각 ㄱㄹㄷ)=180°−130°=50°입니다.
정삼각형 ㄱㄹㅁ에서 (각 ㄱㄹㅁ)=60°이므로
(각 ㄷㄹㅁ)=50°+60°=110°입니다.
(변 ㄹㄷ)=(변 ㄹㄱ)=(변 ㄹㅁ)이므로
삼각형 ㄹㄷㅁ은 이등변삼각형입니다.
180°−110°=70°이므로
(각 ㄹㄷㅁ)=70°÷2=35°입니다.

66 마름모에서 이웃한 두 각의 크기의 합은 180°이므로
(각 ㄱㄹㄷ)=180°−140°=40°입니다.
정사각형 ㄹㄷㅁㅂ에서 (각 ㄷㄹㅂ)=90°이므로
(각 ㄱㄹㅂ)=40°+90°=130°입니다.
(변 ㄹㄱ)=(변 ㄹㄷ)=(변 ㄹㅂ)이므로
삼각형 ㄹㄱㅂ은 이등변삼각형입니다.
180°−130°=50°이므로
(각 ㄹㄱㅂ)=50°÷2=25°입니다.

67 ❶ 평행사변형에서 이웃한 두 각의 크기의 합은 180°
이므로 (각 ㄱㄹㄷ)=180°−70°=110°입니다.
❷ 평행사변형은 마주 보는 두 각의 크기가 같으므로
(각 ㄴㄷㄹ)=(각 ㄹㄱㄴ)=70°입니다.
❸ 삼각형 ㄹㄴㄷ에서
(각 ㄹㄴㄷ)=180°−75°−70°=35°이고,
접힌 부분과 접히기 전 부분의 각도는 같으므로
(각 ㄹㄴㅁ)=(각 ㄹㄴㄷ)=35°입니다.
❹ 사각형 ㅂㄴㄷㄹ에서
(각 ㄴㅂㄹ)=360°−35°−35°−70°−110°
=110°입니다.

68 평행사변형에서 이웃한 두 각의 크기의 합은 180°이
므로 (각 ㄱㄹㄷ)=180°−65°=115°입니다.
평행사변형은 마주 보는 두 각의 크기가 같으므로
(각 ㄴㄷㄹ)=(각 ㄹㄱㄴ)=65°입니다.

삼각형 ㄹㄴㄷ에서
(각 ㄹㄴㄷ)=180°−85°−65°=30°이고,
접힌 부분과 접히기 전 부분의 각도는 같으므로
(각 ㄹㄴㅁ)=(각 ㄹㄴㄷ)=30°입니다.
사각형 ㅂㄴㄷㄹ에서
(각 ㄴㅂㄹ)=360°−30°−30°−65°−115°
　　　　　　=120°입니다.

69 평행사변형에서 이웃한 두 각의 크기의 합은 180°이
므로 (각 ㄴㄱㄹ)=180°−125°=55°입니다.
평행사변형은 마주 보는 두 각의 크기가 같으므로
(각 ㄱㄴㄷ)=(각 ㄷㄹㄱ)=125°입니다.
삼각형 ㄱㄴㄷ에서
(각 ㄱㄷㄴ)=180°−35°−125°=20°이고,
접힌 부분과 접히기 전 부분의 각도는 같으므로
(각 ㄱㄷㅁ)=(각 ㄱㄷㄴ)=20°입니다.
사각형 ㄱㄴㄷㅂ에서
(각 ㄱㅂㄷ)=360°−55°−125°−20°−20°
　　　　　　=140°입니다.

유형책 80~82쪽	응용 단원 평가

✎ 서술형 문제는 풀이를 꼭 확인하세요.

1 직선 가, 직선 나　　**2** 2쌍

3 ③

4 예
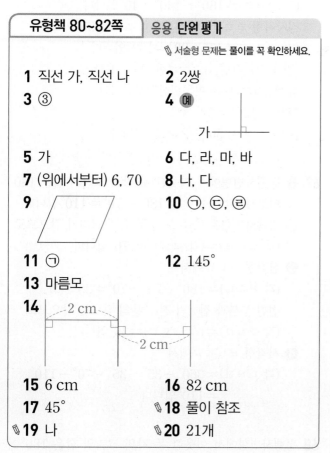

5 가　　**6** 다, 라, 마, 바

7 (위에서부터) 6, 70　　**8** 나, 다

9

10 ㉠, ㉢, ㉣

11 ㉠　　**12** 145°

13 마름모

14

15 6 cm　　**16** 82 cm

17 45°　　✎**18** 풀이 참조

✎**19** 나　　✎**20** 21개

9 주어진 두 선분과 평행한 직선을 각각 그은 후 두 직
선이 만나는 점을 나머지 꼭짓점으로 하여 사각형을
완성합니다.

10 ㉡ 마름모는 마주 보는 두 각의 크기가 같습니다.

11 ㉠ 직사각형은 네 변의 길이가 모두 같은 것은 아니므
로 정사각형이라고 할 수 없습니다.

12 마름모에서 이웃한 두 각의 크기의 합은 180°입니다.
　⇨ ㉠=180°−35°=145°

13 네 변의 길이가 모두 같지 않으므로 마름모라고 할 수
없습니다.

14 주어진 직선의 양쪽으로 하나씩 평행선 사이의 거리
가 2 cm가 되도록 직선을 각각 긋습니다.

15 평행선 사이의 거리는 변 ㄱㄴ의 길이와 같습니다.
삼각형 ㄱㄴㄹ에서
(각 ㄱㄴㄹ)=180°−90°−45°=45°이므로
삼각형 ㄱㄴㄹ은 이등변삼각형입니다.
　⇨ (평행한 사이의 거리)
　　　=(변 ㄱㄴ)=(변 ㄱㄹ)=6 cm

16 평행사변형은 마주 보는 두 변의 길이가 같으므로
(변 ㄱㄴ)=(변 ㅂㄷ)=(변 ㅁㄹ)=21 cm입니다.
평행사변형의 네 변의 길이의 합이 62 cm이므로
62−21−21=20(cm)에서
(변 ㄱㅂ)=(변 ㅂㅁ)=(변 ㄴㄷ)=(변 ㄷㄹ)
　　　　　　=20÷2=10(cm)입니다.
　⇨ 21+10+10+21+10+10=82(cm)

17
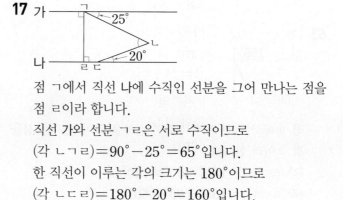

점 ㄱ에서 직선 나에 수직인 선분을 그어 만나는 점을
점 ㄹ이라 합니다.
직선 가와 선분 ㄱㄹ은 서로 수직이므로
(각 ㄴㄱㄹ)=90°−25°=65°입니다.
한 직선이 이루는 각의 크기는 180°이므로
(각 ㄴㄷㄹ)=180°−20°=160°입니다.
사각형의 네 각의 크기의 합은 360°이므로
(각 ㄱㄴㄷ)=360°−65°−90°−160°=45°입니다.

18 평행사변형입니다.」❶

예 마주 보는 두 쌍의 변이 서로 평행하기 때문입니다.」❷

채점 기준	
❶ 평행사변형인지 아닌지 쓰기	2점
❷ 이유 쓰기	3점

19 예 평행선을 찾아보면 가는 없고, 나는 3쌍, 다는 2쌍 있습니다.」❶

따라서 평행선이 가장 많은 도형은 나입니다.」❷

채점 기준	
❶ 평행선이 각각 몇 쌍 있는지 구하기	3점
❷ 평행선이 가장 많은 도형 찾기	2점

20 예 작은 정삼각형 2개짜리 마름모는 18개, 작은 정삼각형 8개짜리 마름모는 3개입니다.」❶

따라서 크고 작은 마름모는 모두 $18+3=21$(개)입니다.」❷

채점 기준	
❶ 마름모의 크기에 따라 그 개수 구하기	3점
❷ 크고 작은 마름모의 수 구하기	2점

유형책 83~84쪽 **심화 단원 평가**

🖊 서술형 문제는 풀이를 꼭 확인하세요.

1 (왼쪽에서부터) 4, 6   **2** 라

3 6 cm   **4** 10 cm

5 60°   **6** 126°

7 8 cm   **8** 25°

🖊**9** 75°   🖊**10** 120°

1 평행사변형은 마주 보는 두 변의 길이가 같습니다.

2 • 수선이 있는 도형: 가, 다, 라
• 평행선이 있는 도형: 나, 라
따라서 수선과 평행선이 모두 있는 도형은 라입니다.

3 (정삼각형의 세 변의 길이의 합)
$=8+8+8=24$(cm)
⇨ (마름모의 한 변)$=24÷4=6$(cm)

4 변 ㄱㄴ과 변 ㄹㄷ 사이의 거리는 변 ㄱㅇ, 변 ㅅㅂ, 변 ㅁㄹ의 길이의 합과 같습니다.
⇨ $5+2+3=10$(cm)

5 마름모는 네 변의 길이가 모두 같으므로 삼각형 ㄱㄴㄹ은 이등변삼각형입니다.
따라서 $180°-60°=120°$이므로
(각 ㄱㄴㄹ)$=120°÷2=60°$입니다.

6 (각 ㄱㄹㄷ)$=$(각 ㄷㄹㄴ)$=90°$이므로
(각 ㄱㄹㅁ)$=90°÷5=18°$이고,
(각 ㅅㄹㄷ)$=18°×2=36°$입니다.
⇨ (각 ㅅㄹㄴ)$=36°+90°=126°$

7 사각형 ㄱㅁㄷㄹ은 마주 보는 두 쌍의 변이 서로 평행하므로 평행사변형입니다.
평행사변형은 마주 보는 두 변의 길이가 같으므로
(선분 ㅁㄷ)$=$(변 ㄱㄹ)$=12$ cm이고,
(선분 ㄴㅁ)$=20-12=8$(cm)입니다.
따라서 정삼각형은 세 변의 길이가 모두 같으므로
(변 ㄱㄴ)$=$(선분 ㄴㅁ)$=8$ cm입니다.

8 마름모에서 이웃한 두 각의 크기의 합은 $180°$이므로
(각 ㄱㄹㄷ)$=180°-110°=70°$입니다.
정삼각형 ㄹㄷㅁ에서 (각 ㄷㄹㅁ)$=60°$이므로
(각 ㄱㄹㅁ)$=70°+60°=130°$입니다.
(변 ㄹㄱ)$=$(변 ㄹㄷ)$=$(변 ㄹㅁ)이므로
삼각형 ㄹㄱㅁ은 이등변삼각형입니다.
$180°-130°=50°$이므로
(각 ㄹㄱㅁ)$=50°÷2=25°$입니다.

🖊**9** 예
ⓛ$=180°-125°=55°$,
ⓒ$=180°-90°-40°=50°$입니다.」❶
따라서 삼각형의 세 각의 크기의 합은 $180°$이므로
㉠$=180°-55°-50°=75°$입니다.」❷

채점 기준	
❶ ⓛ과 ⓒ의 각도 각각 구하기	6점
❷ ㉠의 각도 구하기	4점

🖊**10** 예 마름모는 마주 보는 두 각의 크기가 같으므로
(각 ㄴㄷㄹ)$=$(각 ㄹㄱㄴ)$=130°$입니다.」❶
접힌 부분과 접히기 전 부분의 각도는 같으므로
(각 ㄷㄹㅂ)$=$(각 ㅁㄹㅂ)$=20°$이고,
(각 ㄹㅂㄷ)$=$(각 ㄹㅂㅁ)
    $=180°-130°-20°=30°$입니다.」❷
따라서 한 직선이 이루는 각의 크기는 $180°$이므로
(각 ㄴㅂㅁ)$=180°-30°-30°=120°$입니다.」❸

채점 기준	
❶ 각 ㄴㄷㄹ의 크기 구하기	2점
❷ 각 ㄹㅂㄷ과 각 ㄹㅂㅁ의 크기 각각 구하기	4점
❸ 각 ㄴㅂㅁ의 크기 구하기	4점

유형책

80 ~ 84 쪽

5. 꺾은선그래프

▨ 서술형 문제는 **풀이를 꼭 확인하세요.**

1 ㉯ 그래프

▨**2** 풀이 참조

3 온도 / 시각

4 오후 2시

5 ㉠, ㉣ / ㉡, ㉢

6 2개월

7 6개월과 8개월 사이   **8** ㉯ 그래프

9 ㉢

10 예 4.1 m

11 1.3 ℃

12 212명

13 예 650상자

14 285개

15 10개

16 신우

17 민재

18 다미

19 예 0.1 kg

20 예

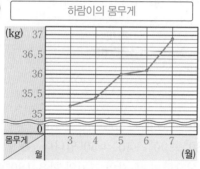

21 예

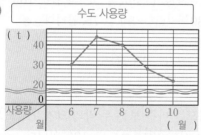

22 14, 10 /

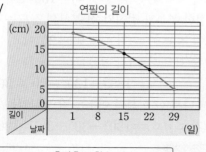

23 예

요일(요일)	월	화	수	목	금
횟수(회)	20	27	33	25	31

24 예

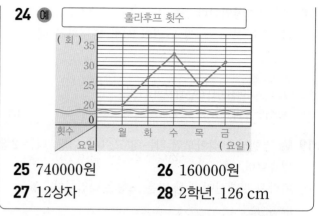

25 740000원   **26** 160000원

27 12상자   **28** 2학년, 126 cm

1 시간에 따른 자료의 변화를 한눈에 알아보기 쉬운 그래프는 꺾은선그래프인 ㉯ 그래프입니다.

▨**2** **같은 점** 예 가로는 월, 세로는 강수량을 나타냅니다.」❶
다른 점 예 막대그래프는 막대로, 꺾은선그래프는 선분으로 나타내었습니다.」❷

채점 기준
❶ 막대그래프와 꺾은선그래프의 같은 점 쓰기
❷ 막대그래프와 꺾은선그래프의 다른 점 쓰기

3 꺾은선그래프의 가로는 시각, 세로는 온도를 나타냅니다.

4 세로 눈금 20과 만나는 점의 가로 눈금을 읽으면 오후 2시입니다.

5 수량을 비교하기에 알맞은 그래프는 막대그래프이고, 시간에 따른 자료의 변화를 알아보기에 알맞은 그래프는 꺾은선그래프입니다.

6 점이 가장 낮게 찍힌 때는 2개월입니다.

7 선분이 가장 많이 기울어진 때는 6개월과 8개월 사이입니다.

8 꺾은선그래프에서 필요 없는 부분을 물결선을 사용하여 줄여서 나타내면 변화하는 모습이 더 잘 나타납니다.

9 ㉢ 4월 1일: 3.6 m, 6월 1일: 4.6 m
⇨ 4월 1일부터 6월 1일까지 나무의 키는
4.6−3.6=1(m) 자랐습니다.

10 4월 1일: 3.6 m, 6월 1일: 4.6 m
⇨ 5월 1일의 나무의 키는 3.6 m와 4.6 m의 중간인 4.1 m였을 것이라고 예상할 수 있습니다.

11 체온이 가장 높은 때는 오후 2시로 37.4 ℃이고, 가장 낮은 때는 오전 8시로 36.1 ℃입니다.
⇨ 37.4−36.1=1.3(℃)

12 월요일: 202명, 화요일: 204명, 수요일: 208명, 금요일: 230명
⇨ (목요일의 관람객 수)
=1056−202−204−208−230=212(명)

13 매년 포도 생산량이 10상자, 20상자, 30상자, 40상자가 늘어나고 있습니다. 따라서 2021년의 포도 생산량은 2020년의 600상자보다 50상자 더 늘어난 650상자일 것이라고 예상할 수 있습니다.

14 기온이 영하로 내려간 날수가 가장 많은 달은 1월입니다.
⇨ 1월의 담요 판매량: 285개

15 기온이 영하로 내려간 날수를 나타낸 꺾은선그래프에서 선분이 가장 많이 기울어진 때는 11월과 12월 사이입니다.
⇨ 11월의 담요 판매량은 255개, 12월의 담요 판매량은 265개이므로 265−255=10(개) 늘었습니다.

16 1회부터 4회까지 선분이 오른쪽 위로 기울어진 그래프는 신우의 공 던지기 기록을 나타낸 그래프입니다.

17 3회의 다미의 기록은 16 m, 신우의 기록은 17 m, 민재의 기록은 20 m이므로 기록이 가장 높은 사람은 민재입니다.

18 2회와 4회의 공 던지기 기록의 차를 각각 구해 보면
• 다미: 21−15=6(m)
• 신우: 20−16=4(m)
• 민재: 21−18=3(m)
이므로 2회와 4회의 공 던지기 기록의 차가 가장 큰 사람은 다미입니다.

19 조사하여 나타낸 몸무게가 0.1 kg 단위이고, 자료의 변화하는 양을 모두 나타내어야 하므로 세로 눈금 한 칸은 0.1 kg으로 나타내는 것이 좋습니다.

20 가로 눈금과 세로 눈금이 만나는 자리에 점을 찍고, 점들을 선분으로 잇습니다.

21 가장 적은 수도 사용량이 22 t이므로 0 t과 20 t 사이를 물결선을 사용하여 줄여서 나타낼 수 있습니다.

22 세로 눈금 한 칸: 1 cm
• 표를 보고 1일, 8일, 29일의 연필의 길이를 꺾은선 그래프에 나타냅니다.
• 꺾은선그래프를 보고 15일, 22일의 연필의 길이를 표에 나타냅니다.

24 가장 적은 횟수가 20회이므로 0회와 20회 사이를 물결선을 사용하여 줄여서 나타낼 수 있습니다.

25

날짜(일)	9	10	11	12
판매량(개)	240	220	120	160

⇨ (판매량의 합)
=240+220+120+160=740(개)
따라서 9일부터 12일까지 아이스크림을 판매한 금액은 모두 740×1000=740000(원)입니다.

26

요일(요일)	월	화	수	목	금
판매량(개)	50	60	85	70	55

⇨ (판매량의 합)
=50+60+85+70+55=320(개)
따라서 월요일부터 금요일까지 마스크를 판매한 금액은 모두 320×500=160000(원)입니다.

27 수확량의 차가 가장 큰 때는 사과와 배의 수확량을 나타내는 점이 가장 많이 떨어져 있는 때이므로 8월입니다.
⇨ 8월의 사과 수확량은 46상자이고, 배 수확량은 34상자이므로 수확량의 차는 46−34=12(상자)입니다.

28 키가 같아진 때는 은혜와 진규의 키를 나타내는 점의 위치가 같은 때이므로 2학년입니다.
⇨ 2학년의 은혜와 진규의 키: 126 cm

유형책 92~95쪽 **상위권유형 강화**

29 ❶ 9, 10, 13, 37 ❷ 2 mm
30 100상자 **31** 20 kg
32 ❶ 31 mm ❷ 29 mm
33 15.9 cm **34** 290잔
35 ❶ 6회 ❷ 6칸
36 4칸 **37** 2칸
38 ❶ 6회 ❷ 8회 ❸ 준희
39 국어 **40** (나) 회사

29 ❶ 2017년부터 2020년까지 적설량은 꺾은선그래프
에서 각각 세로 눈금 5칸, 9칸, 10칸, 13칸입니다.
⇨ (세로 눈금 수의 합)
  =5+9+10+13=37(칸)
❷ 세로 눈금 수의 합인 37칸이 74 mm를 나타내므
로 세로 눈금 한 칸은 74÷37=2(mm)입니다.

30 2017년부터 2020년까지 귤 생산량을 나타내는 세로
눈금 수와 합계를 구하면 다음과 같습니다.

연도(년)	2017	2018	2019	2020	합계
세로 눈금 수(칸)	6	8	11	10	35

⇨ 세로 눈금 수의 합인 35칸이 3500상자를 나타내
므로 세로 눈금 한 칸은 3500÷35=100(상자)입
니다.

31 월요일부터 금요일까지 초콜릿 판매량을 나타내는 세
로 눈금 수와 합계를 구하면 다음과 같습니다.

요일(요일)	월	화	수	목	금	합계
세로 눈금 수(칸)	4	9	7	13	9	42

⇨ 세로 눈금 수의 합인 42칸이 840 kg을 나타내므
로 세로 눈금 한 칸은 840÷42=20(kg)입니다.

32 ❶ 4분 후의 양초의 길이: 21 mm
  ⇨ (1분 후의 양초의 길이)=21+10=31(mm)
❷ (2분 후의 양초의 길이)=60−31=29(mm)

33 월요일의 식물의 키는 15.1 cm이므로 목요일의 식물
의 키는 15.1+1=16.1(cm)입니다.
⇨ (수요일의 식물의 키)=32−16.1=15.9(cm)

34 12월의 주스 판매량은 260잔이므로 10월의 주스 판
매량은 260−10=250(잔)입니다.
⇨ (9월의 주스 판매량)=250+40=290(잔)

35 ❶ (세로 눈금 한 칸의 크기)=10÷5=2(회)
  수요일의 횟수: 20회, 목요일의 횟수: 26회
  ⇨ (수요일과 목요일의 횟수의 차)
    =26−20=6(회)
❷ 위 ❶에서 수요일과 목요일의 횟수의 차가 6회이
므로 세로 눈금 수의 차는 6÷1=6(칸)입니다.

36 (세로 눈금 한 칸의 크기)=50÷5=10(명)
2일의 방문객 수: 360명, 3일의 방문객 수: 340명
⇨ (2일과 3일의 방문객 수의 차)
  =360−340=20(명)
따라서 세로 눈금 한 칸의 크기를 5명으로 하여 그래
프를 다시 그린다면, 2일과 3일의 세로 눈금 수의 차
는 20÷5=4(칸)입니다.

37 (세로 눈금 한 칸의 크기)=10÷5=2(명)
2018년의 출생아 수: 508명,
2019년의 출생아 수: 516명
⇨ (2018년과 2019년의 출생아 수의 차)
  =516−508=8(명)
따라서 세로 눈금 한 칸의 크기를 4명으로 하여 그래
프를 다시 그린다면, 2018년과 2019년의 세로 눈금
수의 차는 8÷4=2(칸)입니다.

38 ❶ 민지의 턱걸이 횟수가 가장 많은 날은 6일로 14회
이고, 가장 적은 날은 5일로 8회이므로 횟수의 차
는 14−8=6(회)입니다.
❷ 준희의 턱걸이 횟수가 가장 많은 날은 7일로 18회
이고, 가장 적은 날은 5일로 10회이므로 횟수의
차는 18−10=8(회)입니다.
❸ 6<8이므로 턱걸이 횟수가 가장 많은 날과 가장
적은 날의 횟수의 차가 더 큰 사람은 준희입니다.

39 • 수학 시험 점수가 가장 높은 달은 6월로 96점이고,
가장 낮은 달은 3월로 82점이므로 점수의 차는
96−82=14(점)입니다.
• 국어 시험 점수가 가장 높은 달은 5월로 92점이고,
가장 낮은 달은 4월로 76점이므로 점수의 차는
92−76=16(점)입니다.
따라서 14<16이므로 점수가 가장 높은 달과 가장
낮은 달의 점수의 차가 더 큰 과목은 국어입니다.

40 • ㈎ 회사의 접시 생산량이 가장 많은 달은 1월로
545개이고, 가장 적은 달은 3월로 510개이므로 생
산량의 차는 545−510=35(개)입니다.
• ㈏ 회사의 접시 생산량이 가장 많은 달은 2월로
470개이고, 가장 적은 달은 3월로 440개이므로 생
산량의 차는 470−440=30(개)입니다.
따라서 35>30이므로 접시 생산량이 가장 많은 달과
가장 적은 달의 생산량의 차가 더 작은 회사는 ㈏ 회
사입니다.

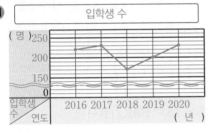
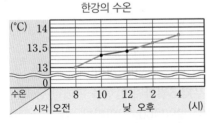

🖉 서술형 문제는 풀이를 꼭 확인하세요.

1 횟수 / 요일　　**2** 목요일

3 금요일

4 꺾은선그래프 / 막대그래프

5 예 1 ℃

6 예

교실의 온도

7 오후 6시　　**8** 4 ℃

9 오후 5시와 오후 6시 사이

10 예

입학생 수

연도(년)	2016	2017	2018	2019	2020
입학생 수(명)	220	230	170	200	230

11 예

입학생 수

12 2018년

13 13.3, 13.4 /

한강의 수온

14 예 13.5 ℃　　**15** 0.8 ℃

16 88대　　**17** 8대

18 100상자　　🖉**19** 240개

🖉**20** 8칸

2 세로 눈금 20회와 만나는 점의 가로 눈금을 읽으면 목요일입니다.

4 수량을 비교하기에 알맞은 그래프는 막대그래프이고, 시간에 따른 자료의 변화를 알아보기에 알맞은 그래프는 꺾은선그래프입니다.

5 조사하여 나타낸 온도가 1 ℃ 단위이고, 자료의 변화하는 양을 모두 나타내어야 하므로 세로 눈금 한 칸은 1 ℃로 나타내는 것이 좋습니다.

7 점이 가장 낮게 찍힌 때는 오후 6시입니다.

8 오후 3시: 13 ℃, 오후 5시: 9 ℃
⇨ 13−9=4(℃)

9 선분이 가장 많이 기울어진 때는 오후 5시와 오후 6시 사이입니다.

11 가장 적은 입학생 수가 170명이므로 0명과 150명 사이를 물결선을 사용하여 줄여서 나타낼 수 있습니다.

12 선분이 가장 많이 기울어진 때는 2017년과 2018년 사이이므로 입학생 수가 전년에 비해 가장 많이 변화한 해는 2018년입니다.

13 세로 눈금 한 칸: 0.1 ℃
• 표를 보고 오전 8시, 오후 2시, 오후 4시의 한강의 수온을 꺾은선그래프에 나타냅니다.
• 꺾은선그래프를 보고 오전 10시, 낮 12시의 한강의 수온을 표에 나타냅니다.

14 낮 12시의 수온: 13.4 ℃, 오후 2시의 수온: 13.6 ℃
⇨ 오후 1시의 한강의 수온은 13.4 ℃와 13.6 ℃의 중간인 13.5 ℃였을 것이라고 예상할 수 있습니다.

15 한강의 수온이 가장 높은 때는 오후 4시로 13.8 ℃이고, 가장 낮은 때는 오전 8시로 13 ℃입니다.
⇨ 13.8−13=0.8(℃)

16 최고 기온이 가장 높은 날은 8일입니다.
⇨ 8일의 선풍기 판매량: 88대

17 최고 기온을 나타낸 꺾은선그래프에서 선분이 가장 많이 기울어진 때는 6일과 7일 사이입니다.
⇨ 6일의 선풍기 판매량은 78대, 7일의 선풍기 판매량은 86대이므로 86−78=8(대) 늘었습니다.

18 2017년부터 2020년까지 감자 생산량을 나타내는 세로 눈금 수와 합계를 구하면 다음과 같습니다.

연도(년)	2017	2018	2019	2020	합계
세로 눈금 수(칸)	14	6	10	12	42

⇨ 세로 눈금 수의 합인 42칸이 4200상자를 나타내므로 세로 눈금 한 칸은 4200÷42=100(상자)입니다.

19 예 월별 장난감 판매량을 구하면 6월은 220개, 7월은 260개, 9월은 280개입니다.」❶
따라서 8월의 판매량은
1000−220−260−280=240(개)입니다.」❷

채점 기준	
❶ 6월, 7월, 9월의 판매량 각각 구하기	4점
❷ 8월의 판매량 구하기	1점

20 예 6월의 판매량은 220개이고, 7월의 판매량은 260개이므로 6월과 7월의 판매량의 차는
260−220=40(개)입니다.」❶
따라서 세로 눈금 한 칸의 크기를 5개로 하여 그래프를 다시 그린다면, 6월과 7월의 세로 눈금 수의 차는
40÷5=8(칸)입니다.」❷

채점 기준	
❶ 6월과 7월의 판매량의 차 구하기	2점
❷ 세로 눈금 한 칸의 크기를 5개로 하여 그래프를 다시 그릴 때, 6월과 7월의 세로 눈금 수의 차 구하기	3점

유형책 99~100쪽 　심화 단원 평가

✎ 서술형 문제는 풀이를 꼭 확인하세요.

1 오후 1시
2 오후 1시와 오후 2시 사이
3 예 19.4 °C　　**4** (가) 자료
5 (나) 자료　　　**6** (다) 자료
7 4회　　　　　**8** (가) 동물
9 290000원　　**10** 7.6 cm

1 세로 눈금 20과 만나는 점의 가로 눈금을 읽으면 오후 1시입니다.

2 선분이 가장 많이 기울어진 때는 오후 1시와 오후 2시 사이입니다.

3 오전 11시의 온도: 19.2 °C,
낮 12시의 온도: 19.6 °C
➡ 오전 11시 30분의 온도는 19.2 °C와 19.6 °C의 중간인 19.4 °C였을 것이라고 예상할 수 있습니다.

4 월요일부터 목요일까지 선분이 오른쪽 위로 기울어진 그래프는 (가) 자료의 조회 수를 나타낸 그래프입니다.

5 수요일의 (가) 자료의 조회 수는 36건, (나) 자료의 조회 수는 40건, (다) 자료의 조회 수는 32건이므로 조회 수가 가장 많은 자료는 (나) 자료입니다.

6 월요일과 수요일의 조회 수의 차를 각각 구해 보면
•(가) 자료: 36−30=6(건)
•(나) 자료: 42−40=2(건)
•(다) 자료: 42−32=10(건)
이므로 월요일과 수요일의 조회 수의 차가 가장 큰 자료는 (다) 자료입니다.

7 횟수의 차가 가장 큰 때는 정주와 진우의 윗몸 일으키기 횟수를 나타내는 점이 가장 많이 떨어져 있는 때이므로 수요일입니다.
➡ 수요일의 정주의 윗몸 일으키기 횟수는 12회이고, 진우의 윗몸 일으키기 횟수는 8회이므로 횟수의 차는 12−8=4(회)입니다.

8 •(가) 동물의 무게가 가장 무거운 날은 22일로 28 kg이고, 가장 가벼운 날은 1일로 16 kg이므로 무게의 차는 28−16=12(kg)입니다.
•(나) 동물의 무게가 가장 무거운 날은 22일로 25 kg이고, 가장 가벼운 날은 1일로 15 kg이므로 무게의 차는 25−15=10(kg)입니다.
따라서 12>10이므로 무게가 가장 무거운 날과 가장 가벼운 날의 무게의 차가 더 큰 동물은 (가) 동물입니다.

9 예 인형 판매량이 3월은 70개, 4월은 73개, 5월은 72개, 6월은 75개이므로 판매량의 합은
70+73+72+75=290(개)입니다.」❶
따라서 3월부터 6월까지 인형을 판매한 금액은 모두
290×1000=290000(원)입니다.」❷

채점 기준	
❶ 3월부터 6월까지 인형 판매량의 합 구하기	7점
❷ 3월부터 6월까지 인형을 판매한 금액 구하기	3점

10 예 5일의 꽃의 키는 8.2 cm이므로 2일의 꽃의 키는
8.2−1=7.2(cm)입니다.」❶
따라서 3일의 꽃의 키는 14.8−7.2=7.6(cm)입니다.」❷

채점 기준	
❶ 2일의 꽃의 키 구하기	6점
❷ 3일의 꽃의 키 구하기	4점

6. 다각형

유형책 102~107쪽 **실전유형 강화**

🖉 서술형 문제는 풀이를 꼭 확인하세요.

1 가, 나, 라 　　　🖉**2** 풀이 참조

3 지혜 　　　**4** ㉡, 구각형

5 삼각형, 사각형 　　　**6** 22개

7 540° 　　　**8** 900°

9 1080° 　　　**10** 정오각형

11 예 같고, 각의 크기도 모두 같아야 해.

12

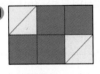

/ 18 cm

1 cm

13 1440° 　　　**14** 정십이각형

15 140° 　　　**16** (○)( )

🖉**17** 풀이 참조 　　　**18** 칠각형, 14개

19 13 　　　**20** 90°

21 18 cm 　　　**22** 23 cm

23 20° 　　　**24** 14 cm

25 직각삼각형, 정오각형에 ○표

26 예 　　　**27** 상미

28 예 사각형 　　　🖉**29** 풀이 참조

30 예

방법 1　　　방법 2

31 예

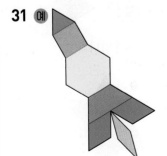

32 8개 　　　**33** 6개

---

1 선분으로만 둘러싸인 도형을 모두 찾으면 가, 나, 라입니다.

🖉**2** 예 둘 다 다각형이 아닙니다.」❶
희주가 그린 도형은 선분으로 완전히 둘러싸여 있지 않고, 설아가 그린 도형은 곡선이 있기 때문입니다.」❷

채점 기준
❶ 희주와 설아가 그린 도형이 다각형인지 아닌지 쓰기
❷ 이유 설명하기

3 • 현수: 다각형에서 변의 수와 꼭짓점의 수는 같습니다.
　• 혜선: 다각형은 선분으로만 둘러싸여 있습니다.

4 ㉠ 6개 ㉡ 9개 ㉢ 8개
　➡ 변의 수가 9개인 다각형은 구각형입니다.

5 변의 수가 3개인 삼각형 5개와 변의 수가 4개인 사각형 2개를 찾을 수 있습니다.

6 십일각형은 변과 꼭짓점이 각각 11개입니다.
　➡ 11+11=22(개)

7 오각형은 삼각형 3개로 나눌 수 있습니다.
　➡ (오각형의 모든 각의 크기의 합)
　　 =180°×3=540°

8 칠각형은 삼각형 5개로 나눌 수 있습니다.
　➡ (칠각형의 모든 각의 크기의 합)
　　 =180°×5=900°

　다른 풀이 칠각형은 사각형 2개와 삼각형 1개로 나눌 수 있습니다.
　➡ (칠각형의 모든 각의 크기의 합)
　　 =360°+360°+180°=900°

9 팔각형은 삼각형 6개로 나눌 수 있습니다.
　➡ (팔각형의 모든 각의 크기의 합)
　　 =180°×6=1080°

10 5개의 변의 길이가 모두 같고, 각의 크기가 모두 같은 다각형이므로 정오각형입니다.

12 6개의 변의 길이가 3 cm로 모두 같고, 각의 크기가 모두 같도록 정육각형을 그립니다.
　➡ (정육각형의 모든 변의 길이의 합)
　　 =3×6=18(cm)

13 정십각형에는 10개의 각이 있고, 그 크기가 모두 같습니다.
　➡ (정십각형의 모든 각의 크기의 합)
　　 =144°×10=1440°

14 정다각형은 변의 길이가 모두 같으므로
(변의 수)=96÷8=12(개)입니다.
➡ 변이 12개인 정다각형은 정십이각형입니다.

15 정구각형은 7개의 삼각형으로 나눌 수 있습니다.
(정구각형의 모든 각의 크기의 합)
=180°×7=1260°
➡ (정구각형의 한 각의 크기)=1260°÷9=140°

16
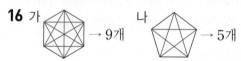
➡ 9>5이므로 대각선의 수가 더 많은 도형은 가입니다.

✐17 예 그을 수 없습니다.」❶
삼각형은 꼭짓점 3개가 서로 이웃하고 있으므로 대각선을 그을 수 없습니다.」❷

채점 기준
❶ 삼각형에 대각선을 그을 수 있는지 없는지 쓰기
❷ 이유 설명하기

18 7개의 선분으로만 둘러싸인 다각형은 칠각형입니다. 칠각형에 그을 수 있는 대각선은 모두 14개입니다.

다른 풀이 칠각형의 한 꼭짓점에서 그을 수 있는 대각선의 수는 7−3=4(개)이고, 꼭짓점은 7개이므로 칠각형에 대각선을 4×7=28(개) 그을 수 있습니다. 28개는 한 대각선이 두 번씩 세어진 것이므로 칠각형의 대각선의 수는 28÷2=14(개)입니다.

19 직사각형의 두 대각선은 길이가 같으므로
(선분 ㄴㄹ)=(선분 ㄱㄷ)=13 cm입니다.

20 정사각형의 두 대각선은 서로 수직으로 만나므로
(각 ㄴㅁㄷ)=90°입니다.

21 마름모는 한 대각선이 다른 대각선을 똑같이 둘로 나누므로 (선분 ㄱㄷ)=3×2=6(cm),
(선분 ㄴㄹ)=6×2=12(cm)입니다.
➡ (선분 ㄱㄷ)+(선분 ㄴㄹ)=6+12=18(cm)

22 평행사변형은 한 대각선이 다른 대각선을 똑같이 둘로 나누므로 (선분 ㄱㅁ)=24÷2=12(cm),
(선분 ㄹㅁ)=22÷2=11(cm)입니다.
➡ (선분 ㄱㅁ)+(선분 ㄹㅁ)=12+11=23(cm)

23 직사각형은 두 대각선의 길이가 같고, 한 대각선이 다른 대각선을 똑같이 둘로 나누므로
(선분 ㄴㅁ)=(선분 ㄷㅁ)입니다.
삼각형 ㅁㄴㄷ은 이등변삼각형이므로
(각 ㅁㄴㄷ)+(각 ㅁㄷㄴ)=180°−140°=40°,
(각 ㅁㄴㄷ)=40°÷2=20°입니다.

24 평행사변형은 한 대각선이 다른 대각선을 똑같이 둘로 나누므로 (선분 ㄷㅁ)=(선분 ㄱㅁ)=5 cm입니다.
(선분 ㄱㄷ)=5×2=10(cm)
➡ (선분 ㄴㄹ)=24−(선분 ㄱㄷ)
=24−10=14(cm)

25 정삼각형 1개, 정사각형 4개, 정육각형 1개를 사용하여 모양을 만들었습니다.

26 모양 조각을 서로 겹치거나 빈틈이 생기지 않도록 변끼리 이어 붙여서 직사각형을 채웁니다.

27 연우:

➡ 평행사변형을 만들 수 없는 사람은 상미입니다.

28  ➡ 사각형 또는 사다리꼴

✐29 예 채울 수 없습니다.」❶
정오각형을 3개 모으면 108°×3=324°이고,
4개 모으면 108°×4=432°이므로 360°를 만들 수 없기 때문입니다.」❷

채점 기준
❶ 평면을 채울 수 있는지 없는지 쓰기
❷ 이유 설명하기

31 가장 큰 모양 조각을 먼저 놓은 후 빈 곳에 나머지 모양 조각을 놓아 모양을 채웁니다.

32 한 변이 3 cm인 정삼각형 모양 조각으로 마름모의 한 변 6 cm에 2개씩 놓을 수 있습니다.
➡ 필요한 모양 조각은 모두 8개입니다.

33
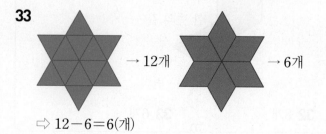
➡ 12−6=6(개)

34 ❶ 1080° ❷ 135° ❸ 45°

35 60°　　　　**36** 360°

37 ❶ 7 cm　❷ 49 cm

38 48 cm　　　　**39** 63 cm

40 ❶ 24 cm　❷ 13 cm　❸ 50 cm

41 48 cm　　　　**42** 8 cm

43 ❶ 5　❷ 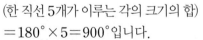　❸ 12개

44 16개　　　　**45** 12개

34 ❶ 정팔각형은 삼각형 6개로 나눌 수
　　있습니다.
　　⇨ (정팔각형의 모든 각의 크기의 합)
　　　　$=180° \times 6 = 1080°$
　❷ 정팔각형은 여덟 각의 크기가 모두 같으므로
　　ⓛ$=1080° \div 8 = 135°$입니다.
　❸ 한 직선이 이루는 각의 크기는 180°입니다.
　　ⓐ$=180° - 135° = 45°$

35 • 정육각형은 삼각형 4개로 나눌 수
　　있으므로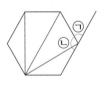
　　(정육각형의 모든 각의 크기의 합)
　　$=180° \times 4 = 720°$입니다.
　• 정육각형은 여섯 각의 크기가 모두 같으므로
　　ⓛ$=720° \div 6 = 120°$입니다.
　⇨ ⓐ$=180° - 120° = 60°$

36 • 한 직선이 이루는 각의 크기는 180°
　　이므로
　　(한 직선 5개가 이루는 각의 크기의 합)
　　$=180° \times 5 = 900°$입니다.
　• 정오각형은 삼각형 3개로 나눌 수 있으므로
　　(정오각형의 모든 각의 크기의 합)
　　$=180° \times 3 = 540°$입니다.
　⇨ ⓐ+ⓛ+ⓒ+ⓔ+ⓜ$=900° - 540° = 360°$

37 ❶ 정육각형은 6개의 변의 길이가 모두 같습니다.
　　⇨ (정육각형의 한 변의 길이)$=42 \div 6 = 7$(cm)
　❷ 정삼각형 모양 조각의 한 변의 길이는 정육각형 모
　　양 조각의 한 변의 길이와 같습니다. 모양 조각으
　　로 만든 오각형의 모든 변의 길이의 합은 정육각형
　　모양 조각의 한 변의 길이의 7배입니다.
　　⇨ $7 \times 7 = 49$(cm)

38 마름모는 네 변의 길이가 같으므로
　(마름모의 한 변의 길이)$=32 \div 4 = 8$(cm)입니다.
　모양 조각으로 만든 평행사변형의 모든 변의 길이의
　합은 마름모 모양 조각의 한 변의 길이의 6배입니다.
　⇨ $8 \times 6 = 48$(cm)

39 정사각형은 네 변의 길이가 같으므로
　(정사각형의 한 변의 길이)$=36 \div 4 = 9$(cm)입니다.
　모양 조각으로 만든 오각형의 모든 변의 길이의 합은
　정사각형 모양 조각의 한 변의 길이의 7배입니다.
　⇨ $9 \times 7 = 63$(cm)

40 ❶ 직사각형은 마주 보는 두 변의 길이가 같으므로
　　(선분 ㄱㄹ)=(선분 ㄴㄷ)=24 cm입니다.
　❷ 직사각형은 두 대각선의 길이가 같고, 한 대각선이
　　다른 대각선을 똑같이 둘로 나눕니다.
　　⇨ (선분 ㄱㅁ)=(선분 ㄹㅁ)=(선분 ㄴㄹ)$\div 2$
　　　　　　　$=26 \div 2 = 13$(cm)
　❸ (삼각형 ㄱㅁㄹ의 세 변의 길이의 합)
　　$=24 + 13 + 13 = 50$(cm)

41 • 직사각형은 마주 보는 두 변의 길이가 같으므로
　　(선분 ㄱㄴ)=(선분 ㄹㄷ)=18 cm입니다.
　• 직사각형은 두 대각선의 길이가 같고, 한 대각선이
　　다른 대각선을 똑같이 둘로 나눕니다.
　　(선분 ㄱㅁ)=(선분 ㄴㅁ)=(선분 ㄴㄹ)$\div 2$
　　　　　　　$=30 \div 2 = 15$(cm)
　⇨ (삼각형 ㄱㄴㅁ의 세 변의 길이의 합)
　　　$=18 + 15 + 15 = 48$(cm)

42 • 마름모는 네 변의 길이가 같으므로
　　(선분 ㄱㄴ)=10 cm입니다.
　• 마름모는 한 대각선이 다른 대각선을 똑같이 둘로
　　나누므로 (선분 ㄴㅁ)=(선분 ㄴㄹ)$\div 2$
　　　　　　　　　$=12 \div 2 = 6$(cm)입니다.
　⇨ 삼각형 ㄱㄴㅁ의 세 변의 길이의 합이 24 cm이므로
　　(선분 ㄱㅁ)$=24 - 6 - 10 = 8$(cm)입니다.

43 ❷ 만든 직사각형으로 주어진 직사각형의 가로에
　　$10 \div 5 = 2$(개), 세로에 $3 \div 1 = 3$(개)를 놓을 수
　　있습니다.
　❸ 만든 직사각형으로 오른쪽 직사각형을 채우는 데
　　만든 직사각형은 모두 $2 \times 3 = 6$(개) 필요합니다.
　　따라서 만든 직사각형은 모양 조각 2개로 이루어
　　져 있으므로 모양 조각은 모두 $2 \times 6 = 12$(개) 필
　　요합니다.

44

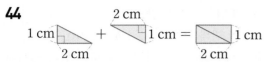

만든 직사각형으로 오른쪽 직사각형의 가로에
$8÷2=4$(개), 세로에 $2÷1=2$(개)를 놓을 수 있습
니다. 만든 직사각형으로 오른쪽 직사각형을 채우는
데 만든 직사각형은 모두 $4×2=8$(개) 필요합니다.
따라서 만든 직사각형은 모양 조각 2개로 이루어져 있
으므로 모양 조각은 모두 $2×8=16$(개) 필요합니다.

45

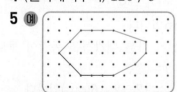

만든 평행사변형으로 큰 평행사변형의 가로에
$12÷6=2$(개), 세로에 $6÷2=3$(개)를 놓을 수 있습
니다. 만든 평행사변형으로 주어진 평행사변형을 채
우는 데 만든 평행사변형은 모두 $2×3=6$(개) 필요
합니다.
따라서 만든 평행사변형은 모양 조각 2개로 이루어져
있으므로 모양 조각은 모두 $2×6=12$(개) 필요합니다.

유형책 112~114쪽	응용 **단원 평가**

✎ 서술형 문제는 풀이를 꼭 확인하세요.

1 나, 라　　　　　　　　**2** 칠각형
3 선분 ㄴㄹ 또는 선분 ㄹㄴ
4 (왼쪽에서부터) 120 / 9
5 예

6 12개　　　　　　　**7** 정삼각형, 0개
8 정팔각형 / 16 cm
9

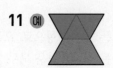 / 9개

10 2개 / 3개　　　　　**11** 예

12 ③, ⑤　　　　　　**13** 예

---

14 예

| 방법 1 | 방법 2 |

15 정이십각형　　　　**16** 18개, 9개
17 72°　　　　　　　　✎**18** 풀이 참조
✎**19** 24 cm　　　　　✎**20** 56 cm

6 십이각형은 변과 꼭짓점이 각각 12개입니다.

7 정다각형은 변이 3개인 경우부터 있고 변이 3개인 정
다각형을 정삼각형이라고 합니다.
정삼각형은 꼭짓점 3개가 서로 이웃하고 있으므로 대
각선을 그을 수 없습니다.

8 변이 8개인 정다각형의 이름은 정팔각형이고, 모든
변의 길이의 합은 $2×8=16$(cm)입니다.

9 서로 이웃하지 않는 두 꼭짓점을 모두 선분으로 이어
보면 육각형의 대각선은 9개입니다.

10

12 ③  ⑤

13 두 대각선이 서로 수직으로 만나는 사각형은 마름모,
정사각형입니다.

14 가장 큰 모양 조각을 먼저 놓은 후 빈 곳에 나머지 모
양 조각을 놓아 도형을 채웁니다.

15 정다각형은 변의 길이가 모두 같으므로 변의 수는
$180÷9=20$(개)입니다.
⇨ 변의 수가 20개인 정다각형은 정이십각형입니다.

16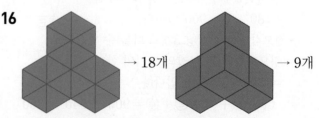

17 정오각형은 각의 크기가 모두 같으므로
(각 ㄴㄱㅁ)=(각 ㄱㄴㄷ)=(각 ㄷㄹㅁ)=108°입니다.
정오각형은 변의 길이가 모두 같으므로
삼각형 ㄱㄴㅁ은 이등변삼각형입니다.
(각 ㄱㄴㅁ)+(각 ㄱㅁㄴ)=180°−108°=72°,
(각 ㄱㄴㅁ)=72°÷2=36°
⇨ (각 ㄷㄴㅁ)=108°−36°=72°

18 다각형이 아닙니다. ❶

◉ 다각형은 선분으로만 둘러싸인 도형인데 주어진 도형은 선분으로 완전히 둘러싸여 있지 않기 때문입니다. ❷

채점 기준	
❶ 다각형인지 아닌지 쓰기	2점
❷ 이유 설명하기	3점

19 ◉ 정사각형은 두 대각선의 길이가 같고, 한 대각선이 다른 대각선을 똑같이 둘로 나누므로

(선분 ㄴㄹ)＝(선분 ㄱㄷ)
　　　　　　＝6×2＝12(cm)입니다. ❶

따라서 (선분 ㄱㄷ)＋(선분 ㄴㄹ)
　　　　　　＝12＋12＝24(cm)입니다. ❷

채점 기준	
❶ 선분 ㄱㄷ과 선분 ㄴㄹ의 길이 각각 구하기	4점
❷ 선분 ㄱㄷ과 선분 ㄴㄹ의 길이의 합은 몇 cm인지 구하기	1점

20 ◉ 정육각형은 6개의 변의 길이가 모두 같으므로 정육각형의 한 변은 42÷6＝7(cm)입니다. ❶

따라서 빨간색 선의 길이는 정육각형의 한 변의 길이의 8배이므로 7×8＝56(cm)입니다. ❷

채점 기준	
❶ 정육각형의 한 변의 길이 구하기	3점
❷ 빨간색 선의 길이는 몇 cm인지 구하기	2점

유형책 115~116쪽　심화 단원 평가

◉ 서술형 문제는 풀이를 꼭 확인하세요.

1 (정육각형) (　　　　　)
　 (　　　　　) (정사각형)

2 ㉢　　　　　　**3** 1260°

4 14개　　　　　**5** ③

6 ㉡, ㉣

7 ◉

8 32개　　　　**9** 8 cm

10 36 cm

---

1 • 6개의 변의 길이가 모두 같고, 각의 크기가 모두 같은 정다각형은 정육각형입니다.

　 • 4개의 변의 길이가 모두 같고, 각의 크기가 모두 같은 정다각형은 정사각형입니다.

---

2 ㉢ 변의 수와 각의 수는 같습니다.
　⇨ 다각형에 대해 잘못 설명한 것은 ㉢입니다.

3 정구각형은 9개의 각의 크기가 모두 같습니다.
　⇨ (정구각형의 모든 각의 크기의 합)
　　　＝140°×9＝1260°

4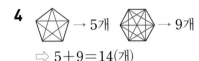
　⇨ 5＋9＝14(개)

5 두 대각선의 길이가 같은 사각형은 ① 직사각형, ③ 정사각형이고, 그중 두 대각선이 서로 수직으로 만나는 사각형은 ③ 정사각형입니다.

6 ㉡　　　㉣

7 가장 큰 모양 조각을 먼저 놓은 후 빈 곳에 나머지 모양 조각을 놓아 모양을 채웁니다.

8 2 cm + 2 cm = 2 cm 2 cm
　1 cm　1 cm　　　2 cm

만든 정삼각형으로 오른쪽 정삼각형을 채우는 데 만든 정삼각형은 모두 16개 필요합니다.

따라서 만든 정삼각형은 모양 조각 2개로 이루어져 있으므로 모양 조각은 모두 2×16＝32(개) 필요합니다.

9 ◉ 정사각형의 모든 변의 길이의 합은
　12×4＝48(cm)이므로 정육각형의 모든 변의 길이의 합은 48 cm입니다. ❶

따라서 정육각형은 6개의 변의 길이가 모두 같으므로 정육각형의 한 변은 48÷6＝8(cm)입니다. ❷

채점 기준	
❶ 정육각형의 모든 변의 길이의 합 구하기	4점
❷ 정육각형의 한 변은 몇 cm인지 구하기	6점

10 ◉ 직사각형은 두 대각선의 길이가 같고, 한 대각선이 다른 대각선을 똑같이 둘로 나누므로

(선분 ㄱㅁ)＝(선분 ㄹㅁ)＝(선분 ㄴㄹ)÷2
　　　　　　＝20÷2＝10(cm)입니다. ❶

따라서 삼각형 ㄱㅁㄹ의 세 변의 길이의 합은
16＋10＋10＝36(cm)입니다. ❷

채점 기준	
❶ 선분 ㄱㅁ과 선분 ㄹㅁ의 길이 각각 구하기	6점
❷ 삼각형 ㄱㅁㄹ의 세 변의 길이의 합은 몇 cm인지 구하기	4점

✛ 개념·플러스·유형·시리즈 개념과 유형이 하나로! 가장 효과적인 수학 공부 방법을 제시합니다.

대표전화 1544-0554
주소 경기도 과천시 과천대로2길 54
협의 없는 무단 복제는 법으로 금지되어 있습니다.

✛ 개념·플러스·유형·시리즈 개념과 유형이 하나로! 가장 효과적인 수학 공부 방법을 제시합니다.

비상교재
누리집에
방문해보세요

http://book.visang.com/

발간 이후에 발견되는 오류 비상교재 누리집 › 학습자료실 › 초등교재 › 정오표
본 교재의 정답 비상교재 누리집 › 학습자료실 › 초등교재 › 정답·해설

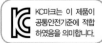

KC마크는 이 제품이
공통안전기준에 적합
하였음을 의미합니다.

초등학교   반   번   이름

품질혁신코드 VS01QI24_2

유형 강화 시스

파워 유형책

- 응용을 완성하는 **실전유형강화학습**
- 상위권으로 가는 **상위권유형강화학습**
- 어려운 시험까지 대비하는 **응용·심화 단**

개념과 유형이 하나로

초등 수학

4·2

visang

ABOVE IMAGINATION

우리는 남다른 상상과 혁신으로
교육 문화의 새로운 전형을 만들어
모든 이의 행복한 경험과 성장에 기여한다

개념＋유형

파워

유형책

초등 수학 ——

4·2

개념+유형 파워

"유형책에서는

실전·상위권 유형을 통해

응용 유형을 강화합니다"

1
분수의
덧셈과 뺄셈

실전유형 강화

개념책 6쪽

유형 1 진분수의 덧셈

• $\dfrac{4}{5} + \dfrac{2}{5}$ 의 계산

분자끼리 더하기

$$\dfrac{4}{5} + \dfrac{2}{5} = \dfrac{4+2}{5} = \dfrac{6}{5} = 1\dfrac{1}{5}$$

분모는 그대로 두기   가분수 → 대분수

1 빈칸에 알맞은 수를 써넣으시오.

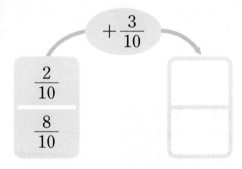

$+\dfrac{3}{10}$

$\dfrac{2}{10}$

$\dfrac{8}{10}$

2 계산 결과의 크기를 비교하여 ○ 안에 >, =, <를 알맞게 써넣으시오.

$$\dfrac{6}{13} + \dfrac{4}{13} \bigcirc \dfrac{5}{13} + \dfrac{8}{13}$$

3 현주는 우유를 어제는 $\dfrac{6}{11}$ L, 오늘은 $\dfrac{3}{11}$ L 마셨습니다. 현주가 어제와 오늘 마신 우유는 모두 몇 L입니까?

(   )

4 분수 카드 4장 중에서 2장을 뽑아 합이 1이 되는 덧셈식을 만들고, 계산해 보시오.

$$\dfrac{3}{6} \quad \dfrac{1}{6} \quad \dfrac{5}{6} \quad \dfrac{2}{6}$$

$$\square + \square = \square$$

5 상우와 서영이는 선물을 포장하는 데 각각 다음과 같이 색칠한 부분의 길이만큼 끈을 사용했습니다. 두 사람이 사용한 끈은 모두 몇 m 입니까?

1 m
상우

1 m
서영

(   )

6 다음 덧셈의 계산 결과는 진분수입니다. 1부터 9까지의 수 중에서 □ 안에 들어갈 수 있는 수를 모두 구해 보시오.

$$\dfrac{2}{7} + \dfrac{\square}{7}$$

(   )

개념책 7쪽

유형 2 **대분수의 덧셈**

• $1\frac{2}{4}+2\frac{3}{4}$의 계산

방법1 $1\frac{2}{4}+2\frac{3}{4}=(1+2)+\left(\frac{2}{4}+\frac{3}{4}\right)=4\frac{1}{4}$

└→ 자연수 부분끼리, 진분수 부분끼리 더하기

방법2 $1\frac{2}{4}+2\frac{3}{4}=\frac{6}{4}+\frac{11}{4}=\frac{17}{4}=4\frac{1}{4}$

대분수를 가분수로 바꾸기

7 빈칸에 두 분수의 합을 써넣으시오.

$2\frac{3}{9}$	$1\frac{4}{9}$

8 계산 결과가 3과 4 사이인 덧셈식을 모두 찾아 ○표 하시오.

$2\frac{2}{5}+1\frac{1}{5}$	$1\frac{4}{6}+\frac{7}{6}$
$1\frac{9}{16}+2\frac{11}{16}$	$\frac{15}{8}+1\frac{3}{8}$

9 계산 결과가 큰 것부터 차례대로 빈칸에 1, 2, 3을 써넣으시오.

$3\frac{4}{12}+1\frac{1}{12}$	$1\frac{5}{12}+2\frac{8}{12}$	$3\frac{2}{12}+\frac{5}{12}$

10 귤 농장에서 수지네 가족은 귤을 $8\frac{5}{6}$ kg 땄고, 민희네 가족은 수지네 가족보다 $1\frac{4}{6}$ kg 더 많이 땄습니다. 민희네 가족이 딴 귤은 몇 kg입니까?

(   )

11 학교에서 서점까지 가려고 합니다. 은행과 병원 중에서 어디를 거쳐 가는 길이 더 멉니까?

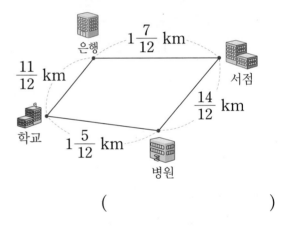

(   )

교과 역량 문제 해결, 추론

12 분모가 10인 두 가분수의 합이 $2\frac{4}{10}$인 덧셈식을 모두 써 보시오. (단, $\frac{10}{10}+\frac{14}{10}$와 $\frac{14}{10}+\frac{10}{10}$은 같은 덧셈식으로 생각합니다.)

(   )

실전유형 강화

개념책 11쪽

유형 3 **진분수의 뺄셈**

$\dfrac{3}{4} - \dfrac{1}{4}$의 계산

분자끼리 빼기

$$\dfrac{3}{4} - \dfrac{1}{4} = \dfrac{3-1}{4} = \dfrac{2}{4}$$

분모는 그대로 두기

13 바르게 계산한 것에 ○표 하시오.

$$\dfrac{4}{8} - \dfrac{2}{8} = \dfrac{2}{8} \qquad (\qquad)$$

$$\dfrac{8}{12} - \dfrac{5}{12} = \dfrac{4}{12} \qquad (\qquad)$$

14 계산 결과의 크기를 비교하여 ○ 안에 >, =, <를 알맞게 써넣으시오.

$$\dfrac{10}{11} - \dfrac{4}{11} \bigcirc \dfrac{9}{11} - \dfrac{5}{11}$$

15 놀이터에서 약국까지의 거리는 몇 km입니까?

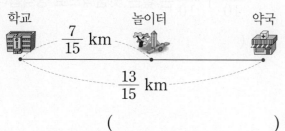

학교   놀이터   약국
$\dfrac{7}{15}$ km
$\dfrac{13}{15}$ km

(   )

16 길이가 1 m인 색 테이프를 똑같이 6조각으로 나누어 접은 후 그림과 같이 잘랐습니다. 긴 색 테이프는 짧은 색 테이프보다 몇 m 더 깁니까?

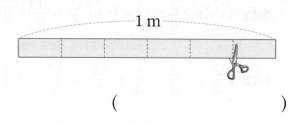

1 m

(   )

파워 pick

17 ☐ 안에 들어갈 수 있는 자연수 중에서 가장 작은 수를 구해 보시오.

$$\dfrac{11}{13} - \dfrac{\square}{13} < \dfrac{6}{13}$$

(   )

교과 역량 문제 해결, 추론

18 〈보기〉와 같이 계산 결과가 $\dfrac{2}{7}$가 되는 진분수의 뺄셈식을 2개 써 보시오.

〈보기〉

$$\dfrac{3}{7} - \dfrac{1}{7} = \dfrac{2}{7}$$

$$\square - \square = \square$$

$$\square - \square = \square$$

개념책 12쪽

유형 4 **받아내림이 없는 대분수의 뺄셈**

• $3\frac{4}{7} - 1\frac{1}{7}$의 계산

방법 1 $3\frac{4}{7} - 1\frac{1}{7} = (3-1) + \left(\frac{4}{7} - \frac{1}{7}\right) = 2\frac{3}{7}$

└ 자연수 부분끼리, 진분수 부분끼리 빼기

방법 2 $3\frac{4}{7} - 1\frac{1}{7} = \frac{25}{7} - \frac{8}{7} = \frac{17}{7} = 2\frac{3}{7}$

대분수를 가분수로 바꾸기

19 $7\frac{4}{10} - 2\frac{3}{10}$을 구하려고 합니다. 빈칸에 알맞은 수를 써넣으시오.

$7\frac{4}{10}$ $\xrightarrow{-2}$ [ ] $\xrightarrow{-\frac{3}{10}}$ [ ]

$7\frac{4}{10} - 2\frac{3}{10} =$ [ ]

20 빨간색 테이프는 $25\frac{3}{4}$ cm, 노란색 테이프는 $22\frac{2}{4}$ cm 있습니다. 어느 색 테이프가 몇 cm 더 깁니까?

(,   )

교과 역량 태도 및 실천

21 선우와 재영이가 보기 에서 분수를 각각 한 개씩 골랐습니다. 두 사람이 고른 분수의 차를 구해 보시오.

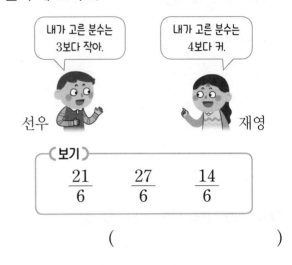

내가 고른 분수는 3보다 작아.

선우

내가 고른 분수는 4보다 커.

재영

보기

$\frac{21}{6}$ $\frac{27}{6}$ $\frac{14}{6}$

(   )

22 수 카드 5장 중에서 3장을 뽑아 한 번씩만 사용하여 분모가 12인 대분수를 만들려고 합니다. 만들 수 있는 가장 큰 대분수와 가장 작은 대분수의 차를 구해 보시오.

| 1 | 2 | 7 | 10 | 12 |

(   )

23 계산 결과가 0이 아닌 가장 작은 값이 될 때, ☐ 안에 알맞은 수를 써넣으시오.

$7\frac{8}{9} - \boxed{}\frac{\boxed{}}{9} = \frac{\boxed{}}{9}$

실전유형 강화

개념책 13쪽

유형 5 (자연수)−(분수)

• $5-2\frac{4}{9}$ 의 계산

방법 1 $5-2\dfrac{4}{9}=4\dfrac{9}{9}-2\dfrac{4}{9}=2\dfrac{5}{9}$

자연수에서 1만큼을 가분수로 바꾸기

방법 2 $5-2\dfrac{4}{9}=\dfrac{45}{9}-\dfrac{22}{9}=\dfrac{23}{9}=2\dfrac{5}{9}$

자연수와 대분수를 가분수로 바꾸기

24 설명하는 수를 구해 보시오.

$$4보다 \frac{3}{5}만큼 더 작은 수$$

(   )

교과 역량 의사소통, 태도 및 실천   서술형

25 정주의 질문에 대한 답을 써 보시오.

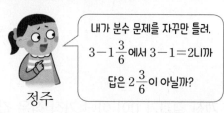

내가 분수 문제를 자꾸만 틀려.
$3-1\frac{3}{6}$ 에서 $3-1=2$ 니까
답은 $2\frac{3}{6}$ 이 아닐까?

정주

답 | _____

_____

26 ☐ 안에 알맞은 수를 구해 보시오.

$$\frac{11}{15}+\square=1$$

(   )

27 가장 큰 수와 가장 작은 수의 차를 구해 보시오.

$$7\frac{4}{10} \qquad 8 \qquad \frac{75}{10} \qquad 7\frac{1}{10}$$

(   )

28 쌀 한 가마니는 80 kg입니다. 쌀 한 가마니에서 쌀을 $2\frac{2}{7}$ kg씩 2번 덜어 내었다면, 남은 쌀은 몇 kg입니까?

(   )

29 계산 결과가 3에 가장 가까운 뺄셈식을 찾아 ○표 하시오.

$$6-2\frac{7}{8} \qquad 7-4\frac{2}{8} \qquad 8-4\frac{5}{8}$$

(   ) (   ) (   )

개념책 14쪽

| 유형 6 | 받아내림이 있는 대분수의 뺄셈 |

• $4\frac{1}{4} - 2\frac{3}{4}$ 의 계산

방법1 $4\frac{1}{4} - 2\frac{3}{4} = 3\frac{5}{4} - 2\frac{3}{4} = 1\frac{2}{4}$

자연수에서 1만큼을 가분수로 바꾸기

방법2 $4\frac{1}{4} - 2\frac{3}{4} = \frac{17}{4} - \frac{11}{4} = \frac{6}{4} = 1\frac{2}{4}$

대분수를 가분수로 바꾸기

30 빈칸에 알맞은 수를 써넣으시오.

$7\frac{3}{9}$ $\xrightarrow{-1\frac{5}{9}}$ □ $\xrightarrow{-2\frac{8}{9}}$ □

31 소금이 $5\frac{3}{6}$ kg, 설탕이 $2\frac{5}{6}$ kg 있습니다. 소금은 설탕보다 몇 kg 더 많습니까?

(   )

32 계산 결과가 큰 것부터 차례대로 기호를 써 보시오.

| ㉠ $7\frac{5}{11} - 3\frac{10}{11}$ | ㉡ $5\frac{6}{11} - \frac{31}{11}$ |
| ㉢ $9\frac{2}{11} - \frac{69}{11}$ | ㉣ $8\frac{3}{11} - 5\frac{9}{11}$ |

(   )

33 물탱크에 물이 $20\frac{3}{13}$ L 있었습니다. 어제는 $7\frac{7}{13}$ L, 오늘은 $9\frac{5}{13}$ L를 사용했다면 물 탱크에 남은 물은 몇 L입니까?

(   )

34 수직선에서 ㉠과 ㉡이 나타내는 두 분수의 차를 구해 보시오.

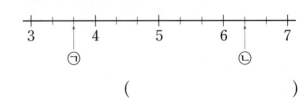

(   )

교과 역량 문제 해결, 추론

35 끈이 $4\frac{3}{5}$ m 있습니다. 상자 한 개를 묶는 데 끈이 $1\frac{2}{5}$ m 필요하다면 상자를 몇 개까지 묶을 수 있고, 남는 끈은 몇 m입니까?

(,   )

●비법 있는●

유형 7 **차가 가장 큰(작은) 뺄셈식 만들기**

- 차가 가장 큰 뺄셈식
  ⇨ 만들 수 있는 (가장 큰 수)−(가장 작은 수)
- 차가 가장 작은 뺄셈식
  ⇨ 만들 수 있는 (가장 작은 수)−(가장 큰 수)

┌파워 pick┐

36 수 카드 3장 중에서 2장을 뽑아 차가 가장 큰 뺄셈식을 만들고, 계산해 보시오.

2 5 7

$2\dfrac{\square}{8} - 1\dfrac{\square}{8}$

(   )

37 수 카드 3장 중에서 2장을 뽑아 차가 가장 작은 뺄셈식을 만들고, 계산해 보시오.

1 4 8

$10 - \square\dfrac{\square}{9}$

(   )

38 1부터 5까지의 수 중에서 4개를 골라 한 번씩만 사용하여 차가 가장 큰 뺄셈식을 만들고, 계산해 보시오.

$\square\dfrac{\square}{6} - \square\dfrac{\square}{6}$

(   )

●까다로운●

유형 8 **바르게 계산한 값 구하기**

❶ 어떤 수를 □라 하여 잘못 계산한 식 만들기
❷ 덧셈과 뺄셈의 관계를 이용하여 어떤 수 구하기
  ┗ • □+▲=● → ●−▲=□
    • □−▲=● → ●+▲=□
❸ 바르게 계산한 값 구하기

39 어떤 수에 $\dfrac{3}{4}$을 더해야 할 것을 잘못하여 뺐더니 $\dfrac{1}{4}$이 되었습니다. 바르게 계산하면 얼마입니까?

(   )

40 어떤 수에서 $4\dfrac{2}{3}$를 빼야 할 것을 잘못하여 더했더니 10이 되었습니다. 바르게 계산하면 얼마입니까?

(   )

41 어떤 수에서 $1\dfrac{5}{7}$를 뺀 후 그 수에서 다시 $2\dfrac{1}{7}$을 뺐더니 $3\dfrac{3}{7}$이 되었습니다. 어떤 수는 얼마입니까?

(   )

유형 9 길이를 겹치게 이었을 때, 전체 길이 구하기

전체 길이는 각각의 길이의 합에서 **겹쳐진 부분의 길이를 빼어** 구합니다.

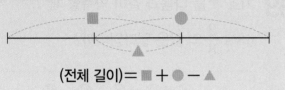

(전체 길이)＝ ■ ＋ ● － ▲

42 집에서 공원까지의 거리는 몇 km입니까?

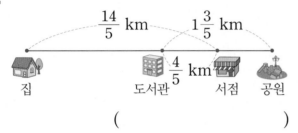

$\dfrac{14}{5}$ km $1\dfrac{3}{5}$ km $\dfrac{4}{5}$ km

집   도서관   서점   공원

(   )

43 길이가 15 cm인 색 테이프 3장을 그림과 같이 $2\dfrac{4}{7}$ cm씩 겹치게 이어 붙였습니다. 이어 붙인 색 테이프의 전체 길이는 몇 cm입니까?

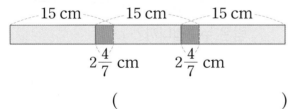

15 cm   15 cm   15 cm

$2\dfrac{4}{7}$ cm $2\dfrac{4}{7}$ cm

(   )

44 ㉠에서 ㉣까지의 거리가 $10\dfrac{5}{11}$ m일 때, ㉡에서 ㉢까지의 거리는 몇 m입니까?

$7\dfrac{3}{11}$ m $5\dfrac{9}{11}$ m

㉠   ㉡   ㉢   ㉣

(   )

유형 10 합, 차가 주어진 두 분수 구하기

예 분모가 5인 진분수 중에서

합이 $\dfrac{4}{5}$, 차가 $\dfrac{2}{5}$인 두 진분수 구하기

❶ 두 진분수의 분모: 5
❷ 두 진분수의 분자: 합이 4, 차가 2인 두 수
  ⇨ 1＋3＝4, 3－1＝2이므로 두 수는 1, 3
❸ 두 진분수: $\dfrac{1}{5}$, $\dfrac{3}{5}$

45 분모가 6인 진분수가 2개 있습니다. 합이 $\dfrac{5}{6}$, 차가 $\dfrac{1}{6}$인 두 진분수를 구해 보시오.

(,   )

46 분모가 8인 진분수가 2개 있습니다. 합이 $1\dfrac{2}{8}$, 차가 $\dfrac{4}{8}$인 두 진분수를 구해 보시오.

(,   )

47 분모가 10인 가분수가 2개 있습니다. 합이 $2\dfrac{3}{10}$, 차가 $\dfrac{1}{10}$인 두 가분수를 구해 보시오.

(,   )

상위권유형 강화

약속에 따라 ㉮와 ㉯에 수를 알맞게 넣어 계산해!

대표문제

48 기호 ★을 다음과 같이 약속할 때,

문제 풀이

$\dfrac{3}{4}$ ★ $\dfrac{1}{4}$ 의 값은 얼마입니까?

$$㉮ ★ ㉯ = ㉮ + ㉮ + ㉯$$

❶ 약속에 따라 ☐ 안에 알맞은 수 써넣기

$$\dfrac{3}{4} ★ \dfrac{1}{4} = \boxed{} + \boxed{} + \boxed{}$$

❷ $\dfrac{3}{4}$ ★ $\dfrac{1}{4}$ 의 값 구하기

(   )

49 기호 ♥를 다음과 같이 약속할 때,

6 ♥ $1\dfrac{2}{8}$ 의 값은 얼마입니까?

$$㉮ ♥ ㉯ = ㉮ - ㉯ - ㉯$$

(   )

50 기호 ◆를 '㉮◆㉯=㉮+㉯+㉯'로 약속할 때, $2\dfrac{3}{10}$ ◆ $1\dfrac{6}{10}$ 의 값을 바르게 구한 사람은 누구입니까?

| 진수: $4\dfrac{8}{10}$ | 유미: $5\dfrac{5}{10}$ |

(   )

유형 12 · 전체의 양 구하기 ·

전체의 $\dfrac{1}{\blacksquare}$ 만큼이 ㉠이면 (전체)=㉠×$\blacksquare$

대표문제

51 혜진이는 어제와 오늘 위인전을 읽었습니다. 어제는 전체의 $\dfrac{4}{7}$만큼 읽고, 오늘은 전체의 $\dfrac{2}{7}$만큼 읽었습니다. 남은 쪽수가 15쪽이라면 위인전의 전체 쪽수는 몇 쪽입니까?

문제 풀이

❶ 어제와 오늘 읽은 쪽수는 전체의 몇 분의 몇인지 구하기

(   )

❷ 남은 쪽수는 전체의 몇 분의 몇인지 구하기

(   )

❸ 전체 쪽수 구하기

(   )

52 동호는 가지고 있던 밀가루로 과자와 빵을 만들었습니다. 전체의 $\dfrac{3}{9}$으로 과자를 만들고, 전체의 $\dfrac{5}{9}$로 빵을 만들었습니다. 남은 밀가루가 50 g이라면 처음에 가지고 있던 밀가루는 몇 g입니까?

(   )

53 우진, 세미, 영주는 가지고 있던 물을 나누어 마셨습니다. 우진이는 전체의 $\dfrac{3}{13}$만큼, 세미는 전체의 $\dfrac{5}{13}$만큼, 영주는 전체의 $\dfrac{4}{13}$만큼 마셨습니다. 남은 물이 20 mL라면 처음에 가지고 있던 물은 몇 mL입니까?

(   )

(남은 양초의 길이)＝(처음 양초의 길이)－(탄 양초의 길이)

대표문제

54 길이가 16 cm인 양초가 있습니다. 이 양초는 10분에 $1\frac{2}{3}$ cm씩 일정한 빠르기로 탑니다. 양초에 불을 붙이고 20분 후 남은 양초의 길이는 몇 cm입니까?

문제 풀이

❶ 20분 동안 탄 양초의 길이 구하기

( )

❷ 양초에 불을 붙이고 20분 후 남은 양초의 길이 구하기

( )

55 길이가 $15\frac{1}{5}$ cm인 양초가 있습니다. 이 양초는 15분에 $2\frac{4}{5}$ cm씩 일정한 빠르기로 탑니다. 양초에 불을 붙이고 30분 후 남은 양초의 길이는 몇 cm입니까?

( )

56 길이가 $17\frac{2}{6}$ cm인 양초가 있습니다. 이 양초는 20분에 $3\frac{3}{6}$ cm씩 일정한 빠르기로 탑니다. 양초에 불을 붙이고 1시간 후 남은 양초의 길이는 몇 cm입니까?

( )

유형 14 ·규칙을 찾아 대분수의 합(차) 구하기·

대분수에서 자연수 부분과 진분수 부분의 분자의 규칙을 각각 찾아!

1 단원

대표문제

57 분수를 규칙에 따라 늘어놓을 때, 넷째와 여섯째에 놓이는 수의 합은 얼마입니까?

문제 풀이

$$2\frac{1}{11}, \ 4\frac{2}{11}, \ 6\frac{3}{11} \cdots\cdots$$

❶ 늘어놓은 대분수에서 규칙을 찾아 ☐ 안에 알맞은 수 써넣기

> • 자연수 부분은 2부터 차례대로 ☐ 씩 커집니다.
>
> • 진분수 부분의 분자는 1부터 차례대로 ☐ 씩 커집니다.

❷ 넷째와 여섯째에 놓이는 수를 각각 구하기

넷째 (   )

여섯째 (   )

❸ 넷째와 여섯째에 놓이는 수의 합 구하기

(   )

58 분수를 규칙에 따라 늘어놓을 때, 다섯째와 일곱째에 놓이는 수의 차는 얼마입니까?

$$1\frac{13}{22}, \ 2\frac{12}{22}, \ 3\frac{11}{22} \cdots\cdots$$

(   )

59 분수를 규칙에 따라 여섯째까지 늘어놓았습니다. 늘어놓은 6개의 분수의 합은 얼마입니까?

$$3\frac{1}{14}, \ 4\frac{3}{14}, \ 5\frac{5}{14} \cdots\cdots 8\frac{11}{14}$$

(   )

상위권유형 강화

· 대분수의 덧셈식 또는 뺄셈식에서 분자끼리의 합(차)이 가장 클 때의 값 구하기 ·

$⑦\dfrac{■}{●}-ⓛ\dfrac{▲}{●}=ⓒ\dfrac{★}{●}$ 에서 $⑦-ⓛ=ⓒ$이면 $■-▲=★$이야!

대표문제

60 대분수로 만들어진 뺄셈식에서 $■+▲$가 가장 클 때의 값은 얼마입니까?

문제 풀이

$$4\dfrac{■}{9}-3\dfrac{▲}{9}=1\dfrac{2}{9}$$

❶ 뺄셈식을 보고 ☐ 안에 알맞은 수 써넣기

> · 자연수 부분의 계산: $4-3=$ ☐
>
> · 진분수 부분의 분자끼리의 계산:
> $$■-▲=☐$$

❷ 알맞은 말에 ○표 하기

> $4\dfrac{■}{9}$ 와 $3\dfrac{▲}{9}$ 의 분자인 $■$와 $▲$는
> 각각 9보다 (커야 , 작아야) 합니다.

❸ 빈칸에 알맞은 수 써넣기

$■$	8	7	6	5
$▲$				

└→ $■-▲=2$가 되도록 $▲$의 값을 구합니다.

❹ $■+▲$가 가장 클 때의 값 구하기

(   )

61 대분수로 만들어진 뺄셈식에서 $■+▲$가 가장 클 때의 값은 얼마입니까?

$$5\dfrac{■}{15}-2\dfrac{▲}{15}=3\dfrac{4}{15}$$

(   )

62 대분수로 만들어진 덧셈식에서 $■-▲$가 가장 클 때의 값은 얼마입니까?

$$1\dfrac{■}{13}+6\dfrac{▲}{13}=7\dfrac{8}{13}$$

(   )

· 일을 끝내는 데 걸리는 날수 구하기 ·

두 사람이 하루에 각각 ▲/■, ●/■ 만큼 일하면, 하루에 함께 하는 일의 양은 ▲/■ + ●/■ 야!

대표문제

63 어떤 일을 하는 데 하루 동안 준하는 전체의 $\frac{2}{12}$ 만큼을, 현지는 전체의 $\frac{4}{12}$ 만큼을 합니다. 이 일을 준하와 현지가 함께 한다면 일을 끝내는 데 며칠이 걸립니까?

문제 풀이

❶ 준하와 현지가 함께 하루 동안 하는 일의 양은 전체의 몇 분의 몇인지 구하기

(   )

❷ 이 일을 준하와 현지가 함께 한다면 일을 끝내는 데 며칠이 걸리는지 구하기

(   )

64 어떤 일을 하는 데 하루 동안 은혜는 전체의 $\frac{1}{16}$ 만큼을, 영재는 전체의 $\frac{3}{16}$ 만큼을 합니다. 이 일을 은혜와 영재가 함께 한다면 일을 끝내는 데 며칠이 걸립니까?

(   )

65 어떤 일을 하는 데 하루 동안 선주는 전체의 $\frac{3}{24}$ 만큼을, 재희는 전체의 $\frac{4}{24}$ 만큼을, 예나는 전체의 $\frac{5}{24}$ 만큼을 합니다. 이 일을 선주, 재희, 예나가 함께 한다면 일을 끝내는 데 며칠이 걸립니까?

(   )

1 계산해 보시오.

$$\frac{5}{6} - \frac{2}{6}$$

2 두 수의 합을 구해 보시오.

| $\frac{6}{9}$ | $\frac{2}{9}$ |

( )

3 빈칸에 알맞은 수를 써넣으시오.

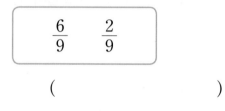

4 3보다 $\frac{2}{3}$만큼 더 작은 수는 얼마입니까?

( )

5 계산 결과의 크기를 비교하여 ◯ 안에 >, =, <를 알맞게 써넣으시오.

$$2\frac{5}{11} + 1\frac{10}{11} \bigcirc 5\frac{6}{11} - 1\frac{1}{11}$$

6 가장 큰 수와 가장 작은 수의 합을 구해 보시오.

| $\frac{7}{13}$ | $\frac{4}{13}$ | $\frac{11}{13}$ | $\frac{9}{13}$ |

( )

7 계산 결과가 1과 2 사이인 뺄셈식을 모두 찾아 ◯표 하시오.

$3\frac{3}{4} - \frac{5}{4}$	$4\frac{4}{6} - 3\frac{2}{6}$
$2\frac{1}{3} - 1\frac{2}{3}$	$5\frac{3}{5} - \frac{21}{5}$

8 냉장고에 우유 $\frac{3}{10}$ L와 주스 $\frac{5}{10}$ L가 들어 있습니다. 냉장고에 들어 있는 주스는 우유보다 몇 L 더 많습니까?

( )

9 계산 결과가 큰 것부터 차례대로 기호를 써 보시오.

$$\bigcirc\ 3\frac{3}{7}+2\frac{2}{7}\qquad \bigcirc\ 1\frac{6}{7}+4\frac{3}{7}$$
$$\bigcirc\!\!\!\!\bigcirc\ 7-2\frac{2}{7}\qquad @\ 6-\frac{5}{7}$$

(　　　　　　　　　　)

10 ☐ 안에 알맞은 분수를 써넣으시오.

$$3\frac{2}{5}-\boxed{}=1\frac{4}{5}$$

11 선물 상자를 포장하는 데 색 테이프를 은아는 $2\frac{9}{12}$ m 사용하고, 민호는 $1\frac{11}{12}$ m 사용했습니다. 색 테이프를 누가 몇 m 더 많이 사용했습니까?

(　　　　　,　　　　　)

12 다음 덧셈의 계산 결과는 진분수입니다. ☐ 안에 들어갈 수 있는 자연수를 모두 구해 보시오.

$$\frac{\boxed{}}{11}+\frac{7}{11}$$

(　　　　　　　　　　)

13 분모가 8인 두 가분수의 합이 $2\frac{5}{8}$인 덧셈식을 모두 써 보시오. (단, $\frac{8}{8}+\frac{13}{8}$과 $\frac{13}{8}+\frac{8}{8}$은 같은 덧셈식으로 생각합니다.)

(　　　　　　　　　　)

[잘 틀리는 문제]

14 1부터 8까지의 수 중에서 ☐ 안에 들어갈 수 있는 수는 모두 몇 개입니까?

$$6-2\frac{\boxed{}}{9}<3\frac{4}{9}$$

(　　　　　　　　　　)

15 수 카드 3장 중에서 2장을 뽑아 차가 가장 작은 뺄셈식을 만들고, 계산해 보시오.

2 6 9

$8\dfrac{\square}{14} - 6\dfrac{\square}{14}$

(   )

잘 틀리는 문제

16 길이가 3 cm인 색 테이프 3장을 그림과 같이 $\dfrac{1}{6}$ cm씩 겹치게 이어 붙였습니다. 이어 붙인 색 테이프의 전체 길이는 몇 cm 입니까?

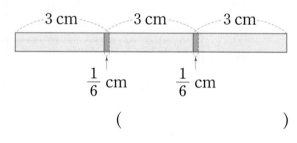

$\dfrac{1}{6}$ cm $\dfrac{1}{6}$ cm

(   )

17 기호 ★을 다음과 같이 약속할 때, $\dfrac{5}{7} ★ \dfrac{4}{7}$ 의 값은 얼마입니까?

⑦★⑭=⑦+⑦+⑭

(   )

18 한 개의 무게가 $\dfrac{3}{5}$ kg인 공 2개의 무게는 모두 몇 kg인지 풀이 과정을 쓰고 답을 구해 보시오.

풀이 |

답 |

19 보리가 $5\dfrac{1}{4}$ kg 있습니다. 보리를 한 통에 $2\dfrac{2}{4}$ kg씩 담으면 몇 통까지 담을 수 있고, 남는 보리는 몇 kg인지 풀이 과정을 쓰고 답을 구해 보시오.

풀이 |

답 | ,

20 길이가 20 cm인 양초가 있습니다. 이 양초는 10분에 $1\dfrac{5}{8}$ cm씩 일정한 빠르기로 탑니다. 양초에 불을 붙이고 20분 후 남은 양초의 길이는 몇 cm인지 풀이 과정을 쓰고 답을 구해 보시오.

풀이 |

답 |

1 빈칸에 알맞은 수를 써넣으시오.

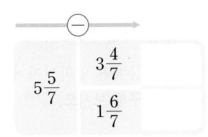

2 가장 큰 수와 가장 작은 수의 차를 구해 보시오.

$$2\frac{5}{9} \qquad 1\frac{2}{9} \qquad 3\frac{7}{9}$$

(   )

3 계산 결과가 가장 큰 것은 어느 것입니까?

(   )

① $1\frac{1}{3}+1\frac{2}{3}$ ② $6\frac{2}{3}-4\frac{1}{3}$

③ $3-\frac{1}{3}$ ④ $9-5\frac{2}{3}$

⑤ $4\frac{1}{3}-1\frac{2}{3}$

4 빈칸에 알맞은 수를 써넣으시오.

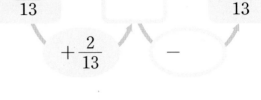

5 밀가루를 한 봉지 사서 빵을 만드는 데 전체의 $\frac{4}{10}$만큼 사용하고, 수제비를 만드는 데 전체의 $\frac{2}{10}$만큼 사용했습니다. 남은 밀가루는 전체의 몇 분의 몇입니까?

(   )

6 계산 결과가 0이 아닌 가장 작은 값이 될 때, □ 안에 알맞은 수를 써넣으시오.

$$9\frac{5}{6} - \boxed{}\frac{\boxed{}}{6} = \frac{\boxed{}}{6}$$

7 분모가 11인 진분수가 2개 있습니다. 합이 $1\dfrac{2}{11}$, 차가 $\dfrac{3}{11}$인 두 진분수를 구해 보시오.

(,   )

8 분수를 규칙에 따라 늘어놓을 때, 넷째와 여섯째에 놓이는 수의 합은 얼마입니까?

$$1\dfrac{11}{12},\ 3\dfrac{10}{12},\ 5\dfrac{9}{12}\cdots\cdots$$

(   )

서술형 문제

9 어떤 수에 $1\dfrac{1}{9}$을 더해야 할 것을 잘못하여 $3\dfrac{5}{9}$를 더했더니 $6\dfrac{4}{9}$가 되었습니다. 바르게 계산하면 얼마인지 풀이 과정을 쓰고 답을 구해 보시오.

풀이 |

답 |

10 해준이는 어제와 오늘 소설책을 읽었습니다. 어제는 전체의 $\dfrac{4}{10}$만큼 읽고, 오늘은 전체의 $\dfrac{5}{10}$만큼 읽었습니다. 남은 쪽수가 22쪽이라면 소설책의 전체 쪽수는 몇 쪽인지 풀이 과정을 쓰고 답을 구해 보시오.

풀이 |

답 |

2 삼각형

실전유형 강화

✔ 파워 pick 교과서에 자주 나오는 응용 문제
✔ 교과 역량 생각하는 힘을 키우는 문제

개념책 26쪽

유형 1 삼각형을 변의 길이에 따라 분류하기

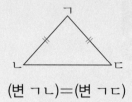

• 이등변삼각형: 두 변의 길이가 같은 삼각형

(변 ㄱㄴ)=(변 ㄱㄷ)

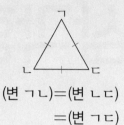

• 정삼각형: 세 변의 길이가 같은 삼각형

(변 ㄱㄴ)=(변 ㄴㄷ)
=(변 ㄱㄷ)

1 ☐ 안에 알맞은 수를 써넣으시오.

이등변삼각형

5 cm
☐ cm
7 cm

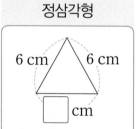

정삼각형

6 cm   6 cm
☐ cm

2 대화를 읽고 ☐ 안에 알맞은 삼각형의 이름을 써넣으시오.

• 세은: 내가 가지고 있는 빨대는 8 cm야.
• 현민: 내가 가지고 있는 빨대는 9 cm야.
• 경아: 나는 현민이와 똑같은 빨대를 가지고 있어.
• 세은: 우리가 가진 빨대를 세 변으로 하는 삼각형은

☐ (이)야.

3 (보기)에서 설명하는 도형의 이름을 써 보시오.

┌─ 보기 ─────────────
│ • 굽은 선은 없습니다.
│ • 변은 모두 3개입니다.
│ • 꼭짓점은 모두 3개입니다.
│ • 변의 길이는 모두 5 cm입니다.
└──────────────────

(   )

4 꼭짓점을 한 개만 옮겨서 이등변삼각형을 만들어 보시오.

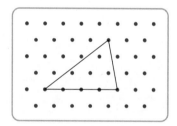

교과 역량 추론, 의사소통   서술형

5 그림과 같이 삼각형을 그렸습니다. 그린 삼각형이 정삼각형인 이유를 써 보시오.

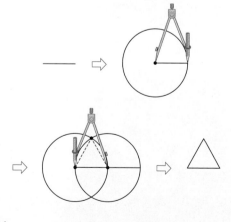

이유 |
_____
_____
_____

6 정삼각형입니다. 세 변의 길이의 합은 몇 cm 입니까?

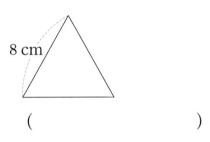

8 cm

( )

7 진호는 길이가 42 cm인 끈을 가지고 있습니다. 진호가 만들 수 있는 가장 큰 정삼각형의 한 변은 몇 cm입니까?

( )

8 정호는 4 cm 막대와 7 cm 막대를 2개씩 가지고 있습니다. 정호가 막대 3개를 사용하여 만들 수 있는 이등변삼각형은 모두 몇 개입니까?

( )

교과 역량 창의·융합

9 길이가 모두 같은 막대로 3개의 정삼각형을 만들었습니다. 막대 2개만 옮겨서 크기가 같은 정삼각형 4개를 만들어 보시오.

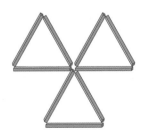

·까다로운·

유형 2 이등변삼각형에서 변의 길이 구하기

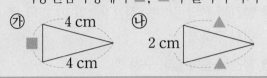

예 세 변의 길이의 합이 10 cm인 ㉮, ㉯ 이등변삼각형에서 ▦, ▲의 길이 구하기

㉮ 4 cm ▦ 4 cm   ㉯ 2 cm ▲ ▲

• ㉮: 4＋4＋▦＝10
  ⇨ ▦＝10－4－4＝2(cm)
• ㉯: 2＋▲＋▲＝10
  ⇨ ▲＋▲＝8, ▲＝4 cm

10 오른쪽 이등변삼각형의 세 변의 길이의 합은 20 cm입니다. ☐ 안에 알맞은 수를 써넣으시오.

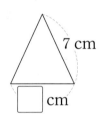

7 cm
☐ cm

11 오른쪽 이등변삼각형 ㄱㄴㄷ 의 세 변의 길이의 합은 32 cm입니다. 변 ㄱㄴ의 길이는 몇 cm입니까?

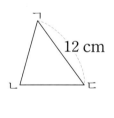

12 cm

( )

파워 pick

12 두 삼각형은 모두 이등변삼각형이고, 세 변의 길이의 합은 28 cm로 같습니다. ㉠과 ㉡의 길이의 합은 몇 cm입니까?

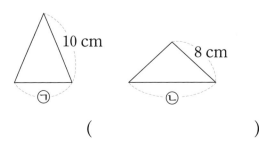

10 cm ㉠   8 cm ㉡

( )

실전유형 강화

까다로운

유형 3 정삼각형을 이어 붙여 만든 도형을 둘러싼 선의 길이 구하기

❶ 정삼각형의 한 변의 길이 구하기

❷ 빨간색 선의 길이는 정삼각형의 한 변의 몇 배 인지 구하기

❸ 빨간색 선의 길이 구하기

유형 4 이등변삼각형의 성질

이등변삼각형은 **두 각**의 크기가 **같습니다.**

길이가 같은 두 변에 있는 두 각

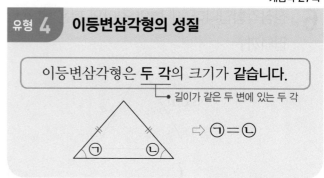

⇨ ㉠ = ㉡

13 세 변의 길이의 합이 36 cm인 정삼각형 6개를 겹치지 않게 이어 붙여 만든 도형입니다. 빨간색 선의 길이는 몇 cm입니까?

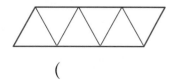

(   )

14 세 변의 길이의 합이 24 cm인 정삼각형 7개를 겹치지 않게 이어 붙여 만든 도형입니다. 빨간색 선의 길이는 몇 cm입니까?

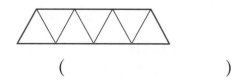

(   )

15 세 변의 길이의 합이 18 cm인 정삼각형 9개를 겹치지 않게 이어 붙여 만든 도형입니다. 빨간색 선의 길이는 몇 cm입니까?

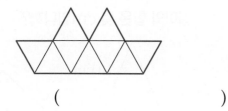

(   )

16 이등변삼각형입니다. ☐ 안에 알맞은 수를 써넣으시오.

(1)

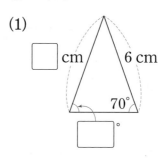

(2)

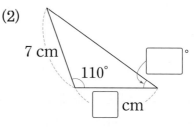

17 주어진 선분의 양 끝에 두 각의 크기가 각각 40°인 이등변삼각형을 그려 보시오.

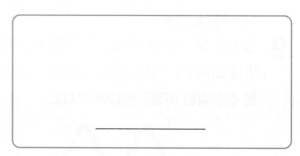

18 이등변삼각형에 대해 잘못 설명한 것을 찾아 기호를 써 보시오.

> ⊙ 세 변의 길이가 모두 다릅니다.
> ⓒ 두 각의 크기가 같습니다.
> ⓒ 세 각의 크기의 합은 180°입니다.

(   )

19 삼각형의 세 각 중에서 두 각의 크기를 나타낸 것입니다. 이등변삼각형을 찾아 기호를 써 보시오.

> ⊙ 40°, 80° ⓒ 60°, 50° ⓒ 15°, 150°

(   )

교과 역량 ┃ 추론, 의사소통 서술형

20 도형이 이등변삼각형이 아닌 이유를 써 보시오.

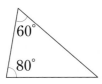

이유 | _____

_____

_____

교과 역량 ┃ 문제 해결, 추론

21 삼각형 모양의 종이를 그림과 같이 반으로 접었더니 완전히 겹쳐졌습니다. ☐ 안에 알맞은 수를 써넣으시오.

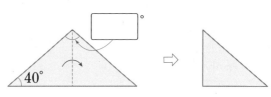

22 원의 중심 ㅇ과 원 위의 두 점 ㄱ, ㄴ을 이어 삼각형을 그렸습니다. 각 ㅇㄱㄴ의 크기를 구해 보시오.

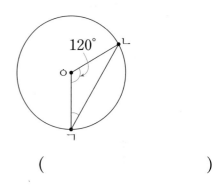

(   )

23 ☐ 안에 알맞은 수를 써넣으시오.

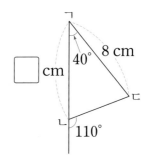

실전유형 강화

유형 5 이등변삼각형에서 각의 크기 구하기

예 삼각형 ㄱㄴㄷ과 삼각형 ㄱㄷㄹ이 이등변삼각형일 때, 각 ㄱㄹㄷ의 크기 구하기

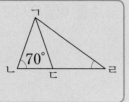

- (각 ㄱㄷㄴ)＝(각 ㄱㄴㄷ)＝70°
- (각 ㄱㄷㄹ)＝180°－70°＝110°
- (각 ㄷㄱㄹ)＋(각 ㄱㄹㄷ)＝180°－110°＝70°
- ⇨ (각 ㄱㄹㄷ)＝(각 ㄷㄱㄹ)＝70°÷2＝35°

24 삼각형 ㄱㄴㄷ과 삼각형 ㄱㄷㄹ은 이등변삼각형입니다. 각 ㄱㄹㄷ의 크기를 구해 보시오.

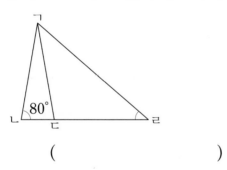

( )

25 삼각형 ㄱㄴㄷ과 삼각형 ㄱㄷㄹ은 이등변삼각형입니다. 각 ㄱㄹㄷ의 크기를 구해 보시오.

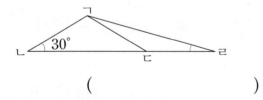

( )

26 삼각형 ㄱㄴㄷ과 삼각형 ㄱㄷㄹ은 이등변삼각형입니다. 각 ㄱㄹㄷ의 크기를 구해 보시오.

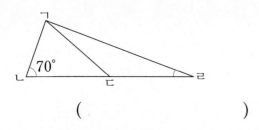

( )

유형 6 정삼각형의 성질

정삼각형은 **세 각**의 크기가 **같습니다.**

⇨ (정삼각형의 한 각)
＝180°÷3
＝60°

27 정삼각형입니다. ☐ 안에 알맞은 수를 써넣으시오.

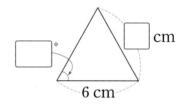

28 정삼각형에 대해 <u>잘못</u> 말한 사람은 누구입니까?

- 신예: 세 변의 길이가 같아.
- 현무: 세 각이 모두 예각이야.
- 지호: 두 각의 크기만 같아.

( )

29 세 삼각형의 같은 점과 <u>다른</u> 점을 각각 써 보시오.

같은 점	
다른 점	

30 각 ㄱㄴㄷ의 크기를 구해 보시오.

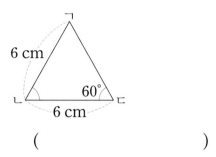

(   )

31 《보기》에서 설명하는 도형을 그려 보시오.

┌─《보기》─────────────
• 3개의 변으로 둘러싸인 도형입니다.
• 세 각의 크기가 모두 같습니다.
└──────────────────

서술형

32 정삼각형은 예각삼각형, 직각삼각형, 둔각삼각형 중 어떤 삼각형인지 쓰고, 그 이유를 써 보시오.

답| _____

_____

_____

33 철사를 사용하여 그림과 같은 삼각형을 만들었습니다. 사용한 철사는 모두 몇 cm입니까?

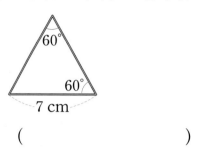

(   )

교과 역량 문제 해결, 추론

34 삼각형 ㄱㄴㄷ은 정삼각형입니다. ☐ 안에 알맞은 수를 써넣으시오.

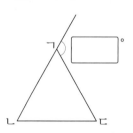

교과 역량 문제 해결, 추론

35 한 변의 길이가 8 cm인 정사각형과 정삼각형 모양의 색종이를 겹치지 않게 이어 붙여 만든 도형입니다. 각 ㄹㄴㄷ의 크기를 구해 보시오.

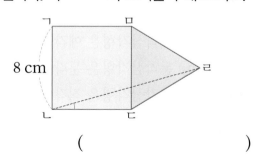

(   )

실전유형 강화

개념책 29쪽

유형 **7**　**삼각형을 각의 크기에 따라 분류하기**

- 예각삼각형: 세 각이 모두 예각인 삼각형

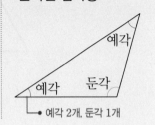

- 둔각삼각형: 한 각이 둔각인 삼각형

36 삼각형을 예각삼각형, 둔각삼각형, 직각삼각형으로 분류해 보시오.

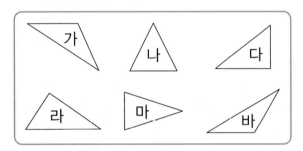

예각삼각형	둔각삼각형	직각삼각형

37 잘못 설명한 것을 찾아 기호를 써 보시오.

> ㉠ 예각삼각형은 예각이 2개입니다.
> ㉡ 둔각삼각형은 둔각이 1개입니다.
> ㉢ 직각삼각형은 직각이 1개입니다.

(　　　　　)

38 삼각형의 세 각의 크기를 나타낸 것입니다. 둔각삼각형을 찾아 기호를 써 보시오.

> ㉠ 50°, 70°, 60°
> ㉡ 80°, 90°, 10°
> ㉢ 30°, 50°, 100°

(　　　　　)

39 이등변삼각형이면서 둔각삼각형인 것을 찾아 보시오.

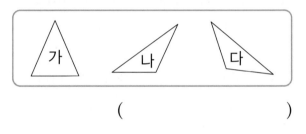

(　　　　　)

40 주어진 선분의 양 끝과 한 점을 이어 예각삼각형을 그리려고 합니다. 어느 점과 이어야 하는지 기호를 써 보시오.

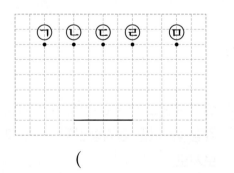

(　　　　　)

교과 역량　추론, 창의·융합

41 도형에 선분을 한 개 그어서 둔각삼각형을 2개 만들어 보시오.

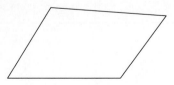

파워 pick

42 삼각형의 이름이 될 수 <u>없는</u> 것을 모두 찾아 기호를 써 보시오.

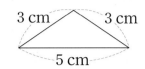

| ㉠ 이등변삼각형 | ㉡ 정삼각형 |
| ㉢ 둔각삼각형 | ㉣ 예각삼각형 |

( )

43 삼각형의 세 각 중에서 두 각의 크기를 나타낸 것입니다. 이 삼각형은 예각삼각형인지 둔각삼각형인지 써 보시오.

70°, 30°

( )

교과 역량 추론, 의사소통　　　　　　**서술형**

44 한 각이 90°인 삼각형이 둔각삼각형이 <u>아닌</u> 이유를 써 보시오.

이유 |

_____

_____

●까다로운●

유형 8 **크고 작은 삼각형의 수 구하기**

작은 도형 1개짜리, 2개짜리, 3개짜리……인 삼각형의 수를 각각 구하여 더합니다.

파워 pick

45 도형에서 찾을 수 있는 크고 작은 예각삼각형은 모두 몇 개입니까?

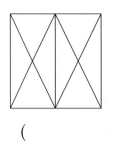

( )

46 도형에서 찾을 수 있는 크고 작은 둔각삼각형은 모두 몇 개입니까?

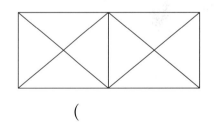

( )

47 오른쪽은 크기가 같은 정삼각형을 겹치지 않게 이어 붙여 만든 도형입니다. 도형에서 찾을 수 있는 크고 작은 정삼각형은 모두 몇 개입니까?

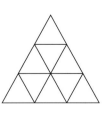

( )

유형 **9** · 정삼각형을 겹친 모양에서 변의 길이 구하기 ·

정삼각형의 세 변의 길이가 같음을 이용하여 사각형의 각 변의 길이를 구해!

대표문제

48 삼각형 ㄱㄴㄷ과 삼각형 ㄱㄹㅁ은 정삼각형입니다. 사각형 ㄹㄴㄷㅁ의 네 변의 길이의 합은 몇 cm입니까?

문제 풀이

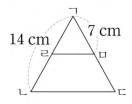

❶ 변 ㄹㅁ, 변 ㄴㄷ의 길이 각각 구하기

변 ㄹㅁ (   )

변 ㄴㄷ (   )

❷ 변 ㄹㄴ, 변 ㅁㄷ의 길이 각각 구하기

변 ㄹㄴ (   )

변 ㅁㄷ (   )

❸ 사각형 ㄹㄴㄷㅁ의 네 변의 길이의 합 구하기

(   )

49 삼각형 ㄱㄴㄷ과 삼각형 ㄹㄴㅁ은 정삼각형입니다. 사각형 ㄱㄹㅁㄷ의 네 변의 길이의 합은 몇 cm입니까?

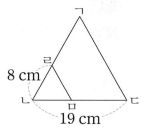

(   )

50 삼각형 ㄱㄴㄷ과 삼각형 ㄹㅁㄷ은 정삼각형입니다. 사각형 ㄱㄴㅁㄹ의 네 변의 길이의 합은 몇 cm입니까?

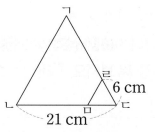

(   )

유형 10 · 삼각형을 겹친 모양에서 각의 크기 구하기 ·

정삼각형의 한 각의 크기와 이등변삼각형의 한 각의 크기로 (큰 각) − (작은 각)을 구해!

대표문제

51 삼각형 ㄱㄴㄷ은 정삼각형이고, 삼각형 ㄹㄴㄷ은 이등변삼각형입니다. 각 ㄱㄴㄹ의 크기를 구해 보시오.

문제 풀이

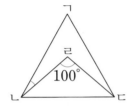

❶ 각 ㄹㄴㄷ의 크기 구하기

(   )

❷ 각 ㄱㄴㄹ의 크기 구하기

(   )

52 삼각형 ㄱㄴㄷ은 정삼각형이고, 삼각형 ㄹㄴㄷ은 이등변삼각형입니다. 각 ㄱㄷㄹ의 크기를 구해 보시오.

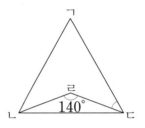

(   )

53 삼각형 ㄱㄴㄷ과 삼각형 ㄹㄴㄷ은 이등변삼각형입니다. 각 ㄱㄴㄹ의 크기를 구해 보시오.

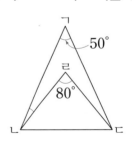

(   )

상위권유형 강화

길이가 주어진 변과 길이가 같은 변을 모두 찾고, 남은 변의 길이는 삼각형의 변의 성질로 구해!

대표문제

54 이등변삼각형 ㄱㄴㄷ과 정삼각형 ㄱㄷㄹ을 겹치지 않게 이어 붙여 만든 사각형입니다. 이 사각형의 네 변의 길이의 합은 50 cm입니다. 변 ㄷㄹ의 길이는 몇 cm입니까?

문제 풀이

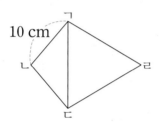

❶ 변 ㄴㄷ의 길이 구하기

( )

❷ 변 ㄷㄹ의 길이 구하기

( )

55 정삼각형 ㄱㄴㄷ과 이등변삼각형 ㄱㄷㄹ을 겹치지 않게 이어 붙여 만든 사각형입니다. 이 사각형의 네 변의 길이의 합은 30 cm입니다. 변 ㄷㄹ의 길이는 몇 cm입니까?

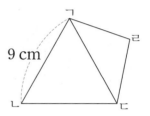

( )

56 정삼각형 ㄱㄴㄷ과 이등변삼각형 ㄱㄷㄹ을 겹치지 않게 이어 붙여 만든 사각형입니다. 이 사각형의 네 변의 길이의 합은 42 cm입니다. 변 ㄷㄹ의 길이는 몇 cm입니까?

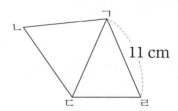

( )

유형 12 • 이등변삼각형이 될 수 있는 변의 길이 구하기 •

이등변삼각형의 한 변의 길이가 ■이면 세 변은 ■, ■, ▲ 또는 ■, ▲, ▲ 야!

대표문제

57 세 변의 길이의 합이 30 cm인 이등변삼각형이 있습니다. 이 삼각형의 한 변이 12 cm라고 할 때, 나머지 두 변의 길이가 될 수 있는 경우를 모두 구해 보시오.

문제 풀이

❶ 이등변삼각형의 나머지 두 변 중에서 한 변이 12 cm일 때, 다른 한 변의 길이 구하기

(   )

❷ 이등변삼각형에서 나머지 두 변의 길이가 같을 때, 길이가 같은 두 변의 길이 각각 구하기

(   )

❸ 나머지 두 변의 길이가 될 수 있는 것을 모두 구하기

(   )

58 세 변의 길이의 합이 48 cm인 이등변삼각형이 있습니다. 이 삼각형의 한 변이 20 cm라고 할 때, 나머지 두 변의 길이가 될 수 있는 경우를 모두 구해 보시오.

(   )

59 세 변의 길이의 합이 53 cm인 이등변삼각형이 있습니다. 이 삼각형의 한 변이 17 cm라고 할 때, 나머지 두 변의 길이가 될 수 있는 경우를 모두 구해 보시오.

(   )

상위권유형 강화

유형 **13** · 한 직선 위의 두 삼각형에서 각의 크기 구하기 ·

한 직선이 이루는 각의 크기는 180°야!

대표문제

60 한 직선 위에 삼각형 ㄱㄴㄷ과 삼각형 ㅁㄷㄹ 을 그렸습니다. 각 ㄱㄷㅁ의 크기를 구해 보 시오.

문제 풀이

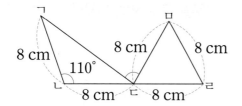

❶ 각 ㄱㄷㄴ의 크기 구하기

(   )

❷ 각 ㄱㄷㅁ의 크기 구하기

(   )

61 한 직선 위에 삼각형 ㄱㄴㄷ과 삼각형 ㅁㄷㄹ 을 그렸습니다. 각 ㄱㄷㅁ의 크기를 구해 보 시오.

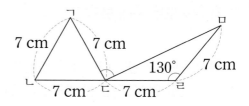

(   )

62 한 직선 위에 삼각형 ㄱㄴㄷ과 삼각형 ㅁㄷㄹ 을 그렸습니다. 각 ㄱㄷㅁ의 크기를 구해 보 시오.

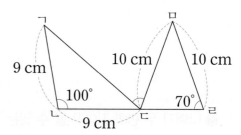

(   )

유형 14 • 색칠한 정삼각형의 모든 변의 길이의 합 구하기 •

한 변이 ■인 정삼각형의 각 변의 한가운데 점을 이어 만든 정삼각형의 한 변은 ■÷2야!

대표문제

63 정삼각형의 각 변의 한가운데 점을 이어 가면서 정삼각형을 만든 것입니다. 가장 큰 정삼각형의 한 변이 12 cm일 때, 색칠한 정삼각형의 모든 변의 길이의 합은 몇 cm입니까?

문제 풀이

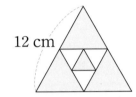

12 cm

❶ 두 번째로 큰 정삼각형의 세 변의 길이의 합 구하기

( )

❷ 가장 작은 정삼각형의 세 변의 길이의 합 구하기

( )

❸ 색칠한 정삼각형의 모든 변의 길이의 합

( )

64 정삼각형의 각 변의 한가운데 점을 이어 가면서 정삼각형을 만든 것입니다. 가장 큰 정삼각형의 한 변이 16 cm일 때, 색칠한 정삼각형의 모든 변의 길이의 합은 몇 cm입니까?

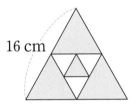

16 cm

( )

65 정삼각형의 각 변의 한가운데 점을 이어 가면서 정삼각형을 만든 것입니다. 가장 큰 정삼각형의 한 변이 20 cm일 때, 색칠한 정삼각형의 모든 변의 길이의 합은 몇 cm입니까?

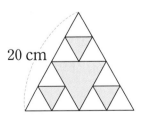

20 cm

( )

1 정삼각형을 찾아 ◯표 하시오.

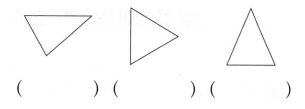

(   ) (   ) (   )

2 이등변삼각형입니다. ☐ 안에 알맞은 수를 써넣으시오.

3 정삼각형입니다. ☐ 안에 알맞은 수를 써넣으시오.

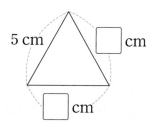

4 주어진 선분의 양 끝과 한 점을 이어 둔각삼각형을 만들려고 합니다. 어느 점과 이어야 하는지 기호를 써 보시오.

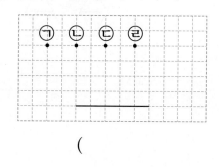

(   )

5 주어진 선분을 한 변으로 하는 정삼각형을 그려 보시오.

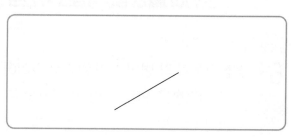

6 이등변삼각형이면서 예각삼각형인 것을 찾아보시오.

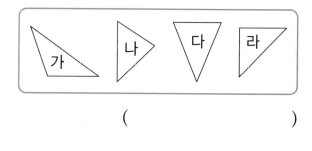

(   )

7 삼각형의 이름이 될 수 있는 것에 모두 ◯표 하시오.

이등변삼각형
정삼각형
직각삼각형

8 설명이 옳은 것을 찾아 기호를 써 보시오.

> ㉠ 예각삼각형은 한 각만 예각입니다.
> ㉡ 이등변삼각형은 둔각삼각형입니다.
> ㉢ 정삼각형은 이등변삼각형입니다.
> ㉣ 예각삼각형은 이등변삼각형입니다.

(　　　　　　)

9 ☐ 안에 알맞은 수를 써넣으시오.

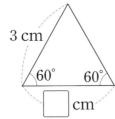

10 이등변삼각형입니다. 세 변의 길이의 합은 몇 cm입니까?

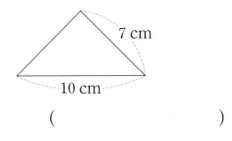

(　　　　　　)

11 오른쪽 삼각형의 이름이 될 수 <u>없는</u> 것을 모두 고르시오. (　　)

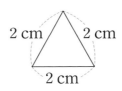

① 이등변삼각형　　② 정삼각형
③ 예각삼각형　　　④ 직각삼각형
⑤ 둔각삼각형

12 ☐ 안에 알맞은 수를 써넣으시오.

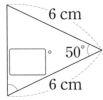

13 삼각형 ㄱㄴㄷ은 이등변삼각형입니다.
☐ 안에 알맞은 수를 써넣으시오.

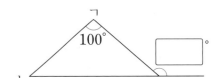

🔺 잘 틀리는 문제

14 이등변삼각형입니다. 한 각이 20°일 때, ㉠과 ㉡의 각도의 차를 구해 보시오.

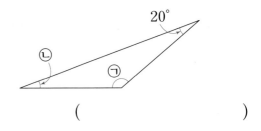

(　　　　　　)

잘 틀리는 문제

15 도형에 선분을 2개 그어서 둔각삼각형 2개 와 예각삼각형 1개를 만들어 보시오.

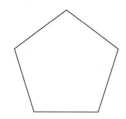

16 세 변의 길이의 합이 27 cm인 정삼각형 7개를 겹치지 않게 이어 붙여 만든 도형입 니다. 빨간색 선의 길이는 몇 cm입니까?

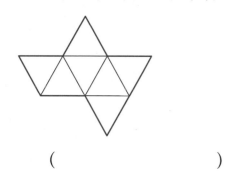

( )

17 삼각형 ㄱㄴㄷ은 정삼각형이고, 삼각형 ㄹㄴㄷ은 이등변삼각형입니다. 각 ㄱㄴㄹ 의 크기를 구해 보시오.

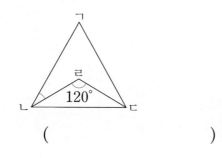

( )

서술형 문제

18 오른쪽 도형이 정삼각형이 아닌 이유를 써 보시오.

이유 |

19 직사각형 모양의 종이띠를 점선을 따라 잘랐을 때 만들어지는 예각삼각형과 둔각 삼각형 중 어느 삼각형이 몇 개 더 많은지 풀이 과정을 쓰고 답을 구해 보시오.

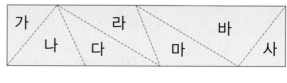

풀이 |

답 | ,

20 삼각형 ㄱㄴㄷ과 삼각형 ㄱㄹㅁ은 정삼각 형입니다. 사각형 ㄹㄴㄷㅁ의 네 변의 길 이의 합은 몇 cm인지 풀이 과정을 쓰고 답을 구해 보시오.

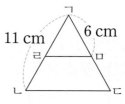

풀이 |

답 |

1 삼각형의 세 변의 길이를 나타낸 것입니다. 이등변삼각형을 모두 찾아 기호를 써 보시오.

> ㉠ 6 cm, 6 cm, 7 cm
> ㉡ 8 cm, 8 cm, 8 cm
> ㉢ 5 cm, 6 cm, 8 cm
> ㉣ 7 cm, 9 cm, 4 cm

(   )

2 ☐ 안에 알맞은 삼각형의 이름을 각각 써 보시오.

> 삼각형을 변의 길이에 따라 분류하면
> ☐ 이고, 각의 크기
> 에 따라 분류하면 ☐
> 입니다.

3 ☐ 안에 알맞은 수를 써넣으시오.

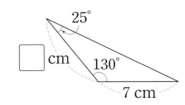

4 두 각의 크기가 75°, 30°인 삼각형의 이름이 될 수 있는 것을 모두 고르시오.

(   )

① 이등변삼각형   ② 정삼각형
③ 예각삼각형   ④ 직각삼각형
⑤ 둔각삼각형

5 정삼각형 ㉮와 이등변삼각형 ㉯의 세 변의 길이의 합은 같습니다. ☐ 안에 알맞은 수를 써넣으시오.

㉮

㉯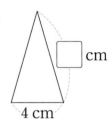

6 삼각형 ㄱㄴㄷ과 삼각형 ㄱㄷㄹ은 이등변삼각형입니다. 각 ㄱㄹㄷ의 크기를 구해 보시오.

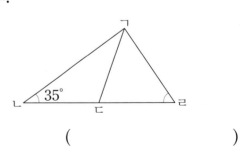

(   )

7 세 변의 길이의 합이 25 cm인 이등변삼각형이 있습니다. 이 삼각형의 한 변이 7 cm라고 할 때, 나머지 두 변의 길이가 될 수 있는 경우를 모두 구해 보시오.

(   )

8 한 직선 위에 삼각형 ㄱㄴㄷ과 삼각형 ㅁㄷㄹ을 그렸습니다. 각 ㄱㄷㅁ의 크기를 구해 보시오.

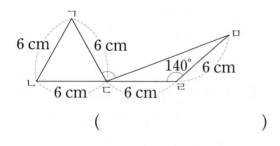

(   )

서술형 문제

9 이등변삼각형 ㄱㄴㄷ과 정삼각형 ㄱㄷㄹ을 겹치지 않게 이어 붙여 만든 사각형입니다. 이 사각형의 네 변의 길이의 합이 48 cm일 때 변 ㄱㄴ의 길이는 몇 cm인지 풀이 과정을 쓰고 답을 구해 보시오.

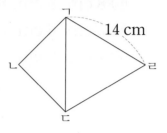

풀이 |

답 |

10 크기가 같은 정삼각형을 겹치지 않게 이어 붙여 만든 도형입니다. 도형에서 찾을 수 있는 크고 작은 정삼각형은 모두 몇 개인지 풀이 과정을 쓰고 답을 구해 보시오.

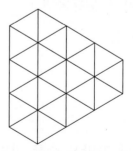

풀이 |

답 |

3 소수의 덧셈과 뺄셈

실전유형 강화

✓ 파워 pick 교과서에 자주 나오는 응용 문제
✓ 교과 역량 생각하는 힘을 키우는 문제

개념책 42쪽

유형 1 소수 두 자리 수

• 소수 두 자리 수

$\dfrac{1}{100}$ ⇨ 쓰기 0.01 읽기 영 점 영일

$\dfrac{87}{100}$ ⇨ 쓰기 0.87 읽기 영 점 팔칠

• 1.34의 자릿값

	일의 자리	소수 첫째 자리	소수 둘째 자리
숫자	1	3	4
나타내는 값	1	0.3	0.04

1 설명하는 소수를 쓰고, 읽어 보시오.

> 1이 5개, 0.1이 1개, 0.01이 4개인 수

쓰기 (   )

읽기 (   )

2 관계있는 것끼리 선으로 이어 보시오.

$\dfrac{16}{100}$ ·

$1\dfrac{6}{100}$ ·

· 일 점 영육

· 0.16

· 영 점 육

3 소수 둘째 자리 숫자가 2인 수를 모두 찾아 기호를 써 보시오.

> ㉠ 2.11   ㉡ 0.23
> ㉢ 3.22   ㉣ 12.12

(   )

교과 역량 정보 처리

4 지수는 선물을 포장하는 데 리본을 사용하였습니다. 지수가 사용한 리본은 몇 m인지 소수로 나타내어 보시오.

0   1 m

(   )

5 4장의 카드를 한 번씩만 사용하여 일의 자리 숫자가 0인 소수 두 자리 수를 모두 만들어 보시오.

| 0 | 9 | 7 | . |

(   )

파워 pick

6 다른 수를 설명한 한 사람을 찾아 이름을 써 보시오.

> • 은주: 1이 8개, $\dfrac{1}{10}$이 8개, $\dfrac{1}{100}$이 4개인 수야.
> • 영민: 0.01이 884개인 수야.
> • 규현: 1이 8개, 0.1이 84개인 수야.

(   )

유형 2 소수 세 자리 수

• 소수 세 자리 수

$\dfrac{1}{1000}$ ⇨ 쓰기 0.001 읽기 영 점 영영일

$\dfrac{315}{1000}$ ⇨ 쓰기 0.315 읽기 영 점 삼일오

• 1.425의 자릿값

	일의 자리	소수 첫째 자리	소수 둘째 자리	소수 셋째 자리
숫자	1	4	2	5
나타내는 값	1	0.4	0.02	0.005

7 소수를 바르게 읽지 <u>않은</u> 사람의 이름을 쓰고, 바르게 읽어 보시오.

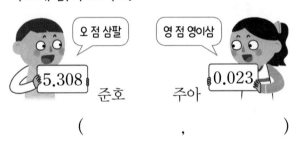

오 점 삼팔 5.308 준호

영 점 영이삼 0.023 주아

(,   )

8 설명하는 수를 소수로 나타내어 보시오.

10이 2개, 1이 6개, $\dfrac{1}{10}$ 이 1개,

$\dfrac{1}{100}$ 이 8개, $\dfrac{1}{1000}$ 이 3개인 수

(   )

9 2.509를 바르게 설명한 것을 찾아 기호를 써 보시오.

㉠ 0.001이 509개인 수입니다.
㉡ 소수 셋째 자리 숫자는 9입니다.
㉢ 5는 5를 나타냅니다.

(   )

10 9가 나타내는 수가 가장 큰 수를 찾아 기호를 써 보시오.

㉠ 0.793   ㉡ 8.903   ㉢ 9.204

(   )

서술형

11 승우네 집에서 학교까지의 거리는 1000 m 입니다. 승우는 집에서 학교를 향해 출발하여 378 m를 갔습니다. 남은 거리는 전체의 얼마인지 소수로 나타내는 풀이 과정을 쓰고 답을 구해 보시오.

풀이 |

_____

_____

_____

답 | _____

교과 역량 문제 해결, 추론

12 0부터 9까지의 수 중에서 ☐ 안에 알맞은 수를 써넣어 설명하는 수를 구해 보시오.

• 소수 세 자리 수입니다.
• 7보다 크고 8보다 작습니다.
• 소수 첫째 자리 숫자는 1입니다.
• 소수 둘째 자리 숫자는 0입니다.
• 소수 셋째 자리 숫자는 9입니다.

이 소수는 ☐.☐☐☐ 입니다.

실전유형 강화

개념책 44쪽

유형 3   소수의 크기 비교

- 소수는 필요한 경우 오른쪽 끝자리에 0을 붙여 나타낼 수 있습니다.

$$0.5 = 0.50$$

- 자연수 부분이 같으면 소수 첫째 자리부터 차례대로 같은 자리 수끼리 비교합니다.

$$3.52 > 2.67 \qquad 6.174 < 6.179$$
$$3>2 \qquad\qquad\qquad 4<9$$

13 생략할 수 있는 0이 있는 소수는 어느 것입니까? (   )

① 0.02   ② 10.047

③ 2.808   ④ 0.660

⑤ 1.005

14 두 소수의 크기를 비교하여 ◯ 안에 >, =, <를 알맞게 써넣으시오.

(1) 1.937 ◯ 1.973

(2) 2.7 ◯ 2.70

15 영호는 우유를 1.6 L 마셨고, 수진이는 우유를 1.49 L 마셨습니다. 영호와 수진이 중에서 우유를 더 많이 마신 사람은 누구입니까?

(   )

16 무게가 무거운 것부터 차례대로 기호를 써 보시오.

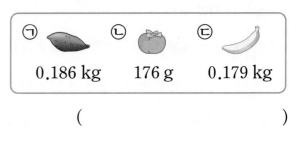

㉠	㉡	㉢
0.186 kg	176 g	0.179 kg

(   )

17 1.475보다 크고 1.48보다 작은 소수 세 자리 수를 모두 써 보시오.

(   )

교과 역량   문제 해결, 창의·융합

18 세 동물이 1분 동안 달린 거리를 km로 나타낸 수입니다. 달리기가 빠른 동물부터 차례대로 써 보시오.

- 캥거루: 9.91의 $\frac{1}{10}$인 수
- 사자: 0.1이 8개, 0.01이 12개인 수
- 치타: 일 점 구팔

(   )

비법 있는

유형 **4** 두 수의 크기 비교에서
□ 안에 들어갈 수 있는 수 구하기

㉠.㉡□㉢ > ㉠.㉡㉣㉤
□ 바로 아랫자리 수끼리 크기를 비교합니다.

· ㉢ > ㉤일 때, □=㉣이거나 □>㉣입니다.
· ㉢ < ㉤일 때, □>㉣입니다.

파워 pick

19 0부터 9까지의 수 중에서 □ 안에 들어갈 수 있는 수를 모두 구해 보시오.

0.4□9 > 0.478

( )

20 0부터 9까지의 수 중에서 □ 안에 들어갈 수 있는 수는 모두 몇 개입니까?

2.1□7 < 2.165

( )

21 0부터 9까지의 수 중에서 □ 안에 들어갈 수 있는 수를 모두 구해 보시오.

8.57 < 8.□6 < 8.91

( )

유형 **5** 소수 사이의 관계

소수를 10배 하면 소수점을 기준으로 수가 왼쪽으로 한 자리씩 이동합니다.

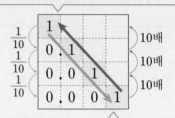

소수의 $\frac{1}{10}$ 을 하면 소수점을 기준으로 수가 오른쪽으로 한 자리씩 이동합니다.

22 9.3을 100배 한 수와 9.3의 $\frac{1}{100}$ 인 수를 각각 구해 보시오.

100배 한 수 ( )

$\frac{1}{100}$ 인 수 ( )

23 나타내는 수가 다른 것을 찾아 기호를 써 보시오.

㉠ 305.1의 $\frac{1}{10}$ ㉡ 3051의 $\frac{1}{100}$
㉢ 3.051의 10배   ㉣ 3.051의 100배

( )

24 다음이 나타내는 수의 $\frac{1}{100}$ 은 얼마입니까?

10이 6개, 1이 7개, 0.1이 2개인 수

( )

실전유형 강화

개념책 49쪽

파워 pick

25 ⓐ과 ⓑ에 알맞은 수의 합은 얼마입니까?

> • 60은 0.06의 ⓐ배입니다.
> • 37.94의 $\frac{1}{ⓑ}$은 3.794입니다.

( )

26 ⓐ이 나타내는 수는 ⓑ이 나타내는 수의 몇 배입니까?

> 2.787
> ↑ ↑
> ⓐ ⓑ

( )

27 마법 주머니가 있습니다. 빨강 주머니에 들어 갔다 나오면 길이가 들어가기 전 길이의 10배 가 되고, 파랑 주머니에 들어갔다 나오면 길 이가 들어가기 전 길이의 $\frac{1}{10}$이 됩니다. 유나 는 8.2 cm인 장난감 버스를 빨강 주머니에 2번, 파랑 주머니에 1번 들어갔다 나오게 했 습니다. 지금 유나의 장난감 버스는 몇 cm입 니까?

( )

유형 6 **소수 한 자리 수의 덧셈**

소수점끼리 맞추어 세로로 쓰고, 같은 자리 수끼리 더합니다.

```
    1
  0 . 5
+ 0 . 8
-------
  1 . 3
```

28 빈칸에 알맞은 수를 써넣으시오.

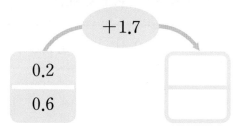

29 계산 결과의 크기를 비교하여 ◯ 안에 >, =, <를 알맞게 써넣으시오.

$$1.8+4.8 \bigcirc 3.5+2.7$$

30 계산 결과가 1보다 큰 것을 모두 고르시오.

( )

① $0.5+0.2$ ② $0.8+0.3$
③ $0.2+0.3$ ④ $0.1+0.8$
⑤ $0.7+0.8$

31 3장의 카드를 한 번씩만 사용하여 서로 다른 두 소수를 만들었습니다. 만든 두 소수의 합은 얼마입니까?

$\boxed{3}$ $\boxed{6}$ $\boxed{.}$

( )

교과 역량) 문제 해결, 정보 처리

32 인영이와 유미가 생각하는 소수의 합은 얼마입니까?

내가 생각하는 소수는 0.1이 57개 있어.

내가 생각하는 소수는 일의 자리 숫자가 3이고, 소수 첫째 자리 숫자가 9인 소수 한 자리 수야.

인영   유미

( )

서술형

33 민석이는 물을 어제는 1.3 L 마셨고, 오늘은 어제보다 0.5 L 더 많이 마셨습니다. 민석이가 어제와 오늘 마신 물은 모두 몇 L인지 풀이 과정을 쓰고 답을 구해 보시오.

풀이 |

_____

_____

답 | _____

유형 7   **소수 두 자리 수의 덧셈**

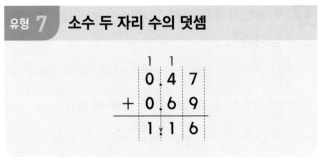

$$\begin{array}{r} \overset{1}{} \overset{1}{} \\ 0.47 \\ +\ 0.69 \\ \hline 1.16 \end{array}$$

34 빈칸에 두 수의 합을 써넣으시오.

0.51	0.25

35 계산 결과가 큰 것부터 차례대로 기호를 써 보시오.

┌─────────────────────────────┐
│ ㉠ 0.62＋0.17   ㉡ 1.25＋0.3 │
│ ㉢ 1.18＋0.28   ㉣ 0.4＋0.98 │
└─────────────────────────────┘

( )

36 선희는 아버지와 함께 농장에서 딸기를 땄습니다. 딸기를 선희는 0.75 kg 땄고, 아버지는 선희보다 0.48 kg 더 많이 땄습니다. 아버지가 딴 딸기는 몇 kg입니까?

( )

실전유형 강화

37 이등변삼각형의 세 변의 길이의 합은 몇 cm 입니까?

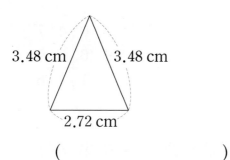

3.48 cm   3.48 cm

2.72 cm

(   )

38 준영이는 1.93 km를 걸어갔다가 같은 길로 다시 출발 지점으로 돌아온 다음 0.7 km를 더 걸었습니다. 준영이가 걸은 거리는 모두 몇 km입니까?

(   )

교과 역량) 문제 해결, 정보 처리

39 은서와 혁수가 설명하는 두 수를 (보기)에서 찾아 두 수의 합을 구해 보시오.

• 은서: 7.56보다 크고 7.71보다 작아.
• 혁수: 7.69보다 크고 7.8보다 작아.

(보기)
7.55   7.69   7.79   7.83

(   )

개념책 51쪽

유형 **8**   **소수 한 자리 수의 뺄셈**

소수점끼리 맞추어 세로로 쓰고, 같은 자리 수끼리 뺍니다.

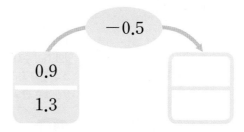

40 빈칸에 알맞은 수를 써넣으시오.

-0.5

| 0.9 |
| 1.3 |

41 계산 결과가 같은 것끼리 선으로 이어 보시오.

$4.4-1.8$ •   • $2-1.4$

$0.8-0.2$ •   • $6.8-2.2$

$7.1-2.5$ •   • $3.4-0.8$

42 병에 사과 주스가 1.5 L 들어 있었습니다. 대영이가 마시고 남은 사과 주스는 0.6 L입니다. 대영이가 마신 사과 주스는 몇 L입니까?

(   )

43 ☐ 안에 알맞은 수를 써넣으시오.

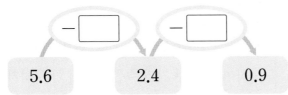

교과 역량 문제 해결

서술형

44 재원이는 집에서 출발하여 미술관에 가려고 합니다. 집에서 공원을 지나 미술관까지 가는 거리는 집에서 미술관까지 바로 가는 거리보다 몇 km 더 먼지 풀이 과정을 쓰고 답을 구해 보시오.

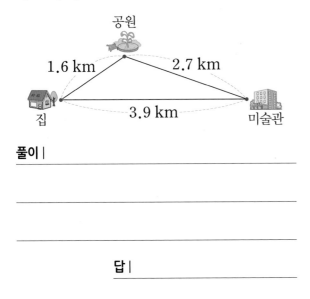

풀이 |

_____

_____

_____

답 | _____

45 다음에서 설명하는 두 수의 차는 얼마입니까?

> • 15의 $\frac{1}{10}$ 인 수
>
> • 1.47을 10배 한 수

(   )

유형 **9** **소수 두 자리 수의 뺄셈**

$$
\begin{array}{r}
\overset{1}{\cancel{2}}.\overset{10}{\cancel{1}}\overset{10}{} \\
-\ 1.94 \\
\hline
0.16
\end{array}
$$

46 설명하는 수를 구해 보시오.

> 2.45보다 1.7만큼 더 작은 수

(   )

47 바르게 계산한 것에 ○표 하시오.

$$
\begin{array}{r}
3.42 \\
-\ 1.8 \\
\hline
3.24
\end{array}
\qquad
\begin{array}{r}
3.42 \\
-\ 1.8 \\
\hline
1.62
\end{array}
$$

(   )   (   )

48 100 m를 서진이는 17.68초에 달렸고, 미연이는 16.47초에 달렸습니다. 100 m를 누가 몇 초 더 빨리 달렸는지 구해 보시오.

(,   )

실전유형 강화

49 수직선에서 ㉠과 ㉡이 나타내는 수의 차는 얼마입니까?

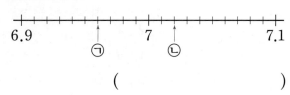

( )

교과 역량 문제 해결

50 0부터 9까지의 수 중에서 □ 안에 들어갈 수 있는 수를 모두 구해 보시오.

$$5.42-1.84<3.\boxed{}6$$

( )

51 길이가 1.04 m인 색 테이프 2장을 그림과 같이 0.14 m 겹쳐서 한 줄로 길게 이어 붙였습니다. 이어 붙인 색 테이프의 전체 길이는 몇 m입니까?

1.04 m ⌒ 1.04 m

0.14 m

( )

까다로운

유형 10 **카드로 만든 두 소수의 합(차) 구하기**

예 카드 $\boxed{.}$, $\boxed{6}$, $\boxed{1}$, $\boxed{2}$를 한 번씩만 사용하여 소수 두 자리 수를 만들어 합 구하기

┌ 만들 수 있는 **가장 큰 소수**: 6.21
│   큰 수부터 차례대로
└ 만들 수 있는 **가장 작은 소수**: 1.26
                           작은 수부터 차례대로

⇨ 만든 두 소수의 합: 6.21+1.26=7.47

52 4장의 카드를 한 번씩만 사용하여 소수 두 자리 수를 만들려고 합니다. 만들 수 있는 가장 큰 수와 가장 작은 수의 차는 얼마입니까?

$\boxed{9}$ $\boxed{6}$ $\boxed{2}$ $\boxed{.}$

( )

53 4개의 구슬을 한 번씩만 사용하여 1보다 작은 소수 두 자리 수를 만들려고 합니다. 만들 수 있는 가장 큰 수와 가장 작은 수의 합은 얼마입니까?

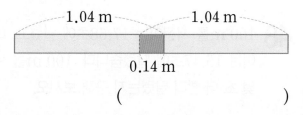

( )

54 수 카드 $\boxed{1}$, $\boxed{2}$, $\boxed{3}$, $\boxed{4}$, $\boxed{5}$를 한 번씩만 사용하여 다음 뺄셈식을 만들려고 합니다. 차가 가장 클 때의 뺄셈식을 만들고, 계산해 보시오.

$$\boxed{}.\boxed{}\boxed{}-\boxed{}.\boxed{}=\boxed{}$$

유형11 덧셈식 또는 뺄셈식 완성하기

$$
\begin{array}{r}
4.\,\text{㉠}\,4 \\
+\ 2.3\,\text{㉡} \\
\hline
6.8\,1
\end{array}
\qquad
\begin{array}{r}
\text{㉠}.5\,7 \\
-\ 2.\text{㉡}\,1 \\
\hline
5.9\,6
\end{array}
$$

4+㉡의 값 1이 4보다 작으므로 받아올림이 있습니다.

5−㉡의 값 9가 5보다 크므로 받아내림이 있습니다.

55 ☐ 안에 알맞은 수를 써넣으시오.

$$
\begin{array}{r}
\boxed{}.\,3\ 9 \\
+\ \ 2.\boxed{}\ \boxed{} \\
\hline
9.\,1\ 7
\end{array}
$$

56 ☐ 안에 알맞은 수를 써넣으시오.

$$
\begin{array}{r}
7.\boxed{} \\
-\ \boxed{}.\,6\ 6 \\
\hline
4.\,4\ \boxed{}
\end{array}
$$

57 소수 두 자리 수의 덧셈식에 물감이 묻어 일부분이 보이지 않습니다. ㉠, ㉡, ㉢에 알맞은 수의 합은 얼마입니까?

$$
\begin{array}{r}
\text{㉠}.\,8\ \text{㉢} \\
+\ 2.\,\text{㉡}\ 4 \\
\hline
6.\,1\ 1
\end{array}
$$

( )

유형12 바르게 계산한 값 구하기

❶ 어떤 수를 ☐라 하여 잘못 계산한 식 만들기
❷ 덧셈과 뺄셈의 관계를 이용하여 어떤 수 구하기

$$\boxed{\ } + ▲ = ● \rightarrow ● - ▲ = \boxed{\ }$$
$$● - \boxed{\ } = ▲ \rightarrow ● - ▲ = \boxed{\ }$$

❸ 바르게 계산한 값 구하기

58 어떤 수에 0.7을 더해야 할 것을 잘못하여 뺐더니 3.9가 되었습니다. 바르게 계산하면 얼마입니까?

( )

59 어떤 수에서 9.48을 빼야 할 것을 잘못하여 더했더니 25.56이 되었습니다. 바르게 계산하면 얼마입니까?

( )

60 어떤 수에 3.7을 더해야 할 것을 잘못하여 뺐더니 2.49가 되었습니다. 바르게 계산한 결과와 잘못 계산한 결과의 차는 얼마입니까?

( )

상위권유형 강화

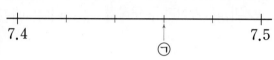

▲와 ■ 사이를 10등분 하면 작은 눈금 한 칸의 크기는 (■−▲)의 $\frac{1}{10}$이야!

대표문제

61 수직선에서 ㉠이 나타내는 수는 얼마입니까?

문제 풀이

```
7.4 ─┼──┼──┼──┼──┼──↑──┼──┼──┼──┼─ 7.5
                      ㉠
```

❶ 7.4와 7.5 사이를 10등분 할 때, 작은 눈금 한 칸의 크기 구하기

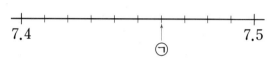

```
7.4 ─┼──┼──┼──┼──┼──↑──┼──┼──┼──┼─ 7.5
                      ㉠
```

(   )

❷ 위 ❶의 수직선에서 ㉠은 7.4에서 작은 눈금 몇 칸을 뛰어 센 수인지 구하기

(   )

❸ ㉠이 나타내는 수 구하기

(   )

62 수직선에서 ㉠이 나타내는 수는 얼마입니까?

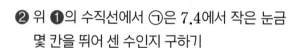

```
6.2 ─┼──────┼──────↑──────┼──────┼─ 6.3
                   ㉠
```

(   )

63 수직선에서 ㉠이 나타내는 수는 얼마입니까?

```
4.35 ─┼──────┼──────┼──────↑──────┼─ 4.36
                           ㉠
```

(   )

유형 14 ·어떤 수 구하기·

어떤 수를 10배 한 수가 ■이면 어떤 수는 ■의 $\frac{1}{10}$ 이야!

대표문제

64 어떤 수를 10배 한 수는 1이 5개, 0.1이 32개, 0.01이 17개인 수와 같습니다. 어떤 수는 얼마입니까?

문제 풀이

❶ 1이 5개, 0.1이 32개, 0.01이 17개인 수 구하기

(   )

❷ ☐ 안에 알맞은 분수 써넣기

> (어떤 수)
> =(어떤 수를 10배 한 수의 ☐)

❸ 어떤 수 구하기

(   )

65 어떤 수를 10배 한 수는 1이 2개, 0.1이 15개, 0.01이 24개인 수와 같습니다. 어떤 수는 얼마입니까?

(   )

66 어떤 수의 $\frac{1}{10}$ 인 수는 1이 3개, 0.1이 18개, 0.01이 34개인 수와 같습니다. 어떤 수의 10배는 얼마입니까?

(   )

상위권유형 강화

· □ 안에 들어갈 수 있는 수 구하기 ·

'㉮ > ㉯ + □'를 '㉮ = ㉯ + □'라고 생각해!

대표문제

67 0부터 9까지의 수 중에서 □ 안에 들어갈 수 있는 수를 모두 구해 보시오.

문제 풀이

$$4.6 + 5.9 > 2.13 + 8.\square 7$$

❶ 4.6 + 5.9의 값 구하기

(   )

❷ 4.6 + 5.9 = 2.13 + 8.□7이라 할 때, □ 안에 알맞은 수 구하기

(   )

❸ □ 안에 들어갈 수 있는 수 구하기

(   )

68 0부터 9까지의 수 중에서 □ 안에 들어갈 수 있는 수를 모두 구해 보시오.

$$9.1 - 1.9 < 5.75 + 1.\square 5$$

(   )

69 식에 잉크가 묻어 일부분이 보이지 않습니다. 0부터 9까지의 수 중에서 보이지 않는 부분에 들어갈 수 있는 수를 모두 구해 보시오.

$$9.\blacksquare 2 + 3.06 < 15.44 - 2.96$$

(   )

유형 16

• □가 있는 소수의 크기 비교하기 •

□ 안에 0 또는 9를 넣어 바로 아랫자리 수를 비교해!

대표문제

70

문제 풀이

□ 안에는 0부터 9까지의 어느 수를 넣어도 됩니다. 큰 수부터 차례대로 기호를 써 보시오.

> ㉠ 30.4□
> ㉡ 29.□5
> ㉢ 2□.04

❶ 세 소수의 크기를 비교하여 가장 큰 소수를 찾아 □ 안에 알맞은 기호 써넣기

❷ □ 안에 0 또는 9를 넣어 나머지 두 수의 크기를 비교하여 □ 안에 알맞은 기호 써넣기

❸ 큰 수부터 차례대로 기호 쓰기

( )

71 □ 안에는 0부터 9까지의 어느 수를 넣어도 됩니다. 큰 수부터 차례대로 기호를 써 보시오.

> ㉠ 59.3□
> ㉡ 6□.95
> ㉢ 60.□4

( )

72 □ 안에는 0부터 9까지의 어느 수를 넣어도 됩니다. 큰 수부터 차례대로 기호를 써 보시오.

> ㉠ 7□.185
> ㉡ 70.0□4
> ㉢ 79.52□

( )

상위권유형 강화

• 빈 상자의 무게 구하기 •

(빈 상자의 무게)=(물건이 담긴 상자의 무게)−(물건의 무게)

대표문제

73 무게가 똑같은 책 10권이 들어 있는 상자의 무게를 재어 보니 9.8 kg이었습니다. 이 상자에서 책 1권을 뺀 다음 다시 무게를 재었더니 8.96 kg이 되었습니다. 빈 상자의 무게는 몇 kg입니까?

문제 풀이

❶ 책 1권의 무게는 몇 kg인지 구하기

( )

❷ 책 10권의 무게는 몇 kg인지 구하기

( )

❸ 빈 상자의 무게는 몇 kg인지 구하기

( )

74 무게가 똑같은 사과 10개가 들어 있는 상자의 무게를 재어 보니 4.05 kg이었습니다. 이 상자에서 사과 1개를 뺀 다음 다시 무게를 재었더니 3.68 kg이 되었습니다. 빈 상자의 무게는 몇 kg입니까?

( )

75 무게가 똑같은 음료수 15병이 들어 있는 상자의 무게를 재어 보니 2.4 kg이었습니다. 이 상자에서 음료수 5병을 뺀 다음 다시 무게를 재었더니 1.65 kg이 되었습니다. 빈 상자의 무게는 몇 kg입니까?

( )

유형 18 ・조건을 만족하는 소수 구하기・

■보다 크고 ▲보다 작은 소수 세 자리 수는 ■.㉠㉡㉢이야!

대표문제

76 〔조건〕을 모두 만족하는 소수 세 자리 수를 구해 보시오.

문제 풀이

〔조건〕
• 6보다 크고 7보다 작은 소수입니다.
• 일의 자리 숫자와 소수 첫째 자리 숫자의 합은 8입니다.
• 소수 둘째 자리 숫자는 3으로 나누어떨어지는 수 중 가장 큰 수입니다.
• 이 소수를 100배 하면 소수 첫째 자리 숫자는 5가 됩니다.

❶ 일의 자리와 소수 첫째 자리 숫자 각각 구하기

일의 자리 숫자	소수 첫째 자리 숫자

❷ 소수 둘째 자리 숫자 구하기

( )

❸ 〔조건〕을 모두 만족하는 소수 세 자리 수 구하기

( )

77 〔조건〕을 모두 만족하는 소수 세 자리 수를 구해 보시오.

〔조건〕
• 3보다 크고 4보다 작습니다.
• 일의 자리 숫자와 소수 첫째 자리 숫자의 합은 7입니다.
• 소수 둘째 자리 숫자는 4로 나누어떨어지는 수 중 가장 큰 수입니다.
• 이 소수를 100배 하면 소수 첫째 자리 숫자는 6이 됩니다.

( )

78 〔조건〕을 모두 만족하는 소수 세 자리 수를 구해 보시오.

〔조건〕
• 8보다 크고 9보다 작습니다.
• 일의 자리 숫자와 소수 첫째 자리 숫자의 차는 5입니다.
• 이 소수를 10배 하면 소수 첫째 자리 숫자는 1이 됩니다.
• 소수 셋째 자리 숫자는 3으로 나누어떨어지는 수 중 가장 큰 수입니다.

( )

1 ㉠이 나타내는 소수를 쓰고, 읽어 보시오.

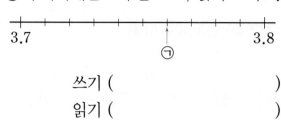

쓰기 (   )

읽기 (   )

2 2.3과 다른 수를 찾아 기호를 써 보시오.

> ㉠ 2.30   ㉡ 2.03   ㉢ 2.300

(   )

3 빈칸에 알맞은 수를 써넣으시오.

$\frac{1}{10}$ 10배

5.28

4 계산해 보시오.

0.8＋0.3

5 잘못 계산한 곳을 찾아 바르게 계산해 보시오.

$$\begin{array}{r} 5.3\ 5 \\ -\quad 3.4 \\ \hline 5.0\ 1 \end{array}$$ ⇨

6 4.605에 대해 잘못 설명한 것을 찾아 기호를 써 보시오.

> ㉠ 사 점 육영오라고 읽습니다.
> ㉡ 소수 첫째 자리 숫사는 6입니다.
> ㉢ 5가 나타내는 수는 0.005입니다.
> ㉣ 4.65와 같은 수입니다.

(   )

7 6이 나타내는 수가 가장 큰 것은 어느 것입니까? (   )

① 6.14   ② 2.065   ③ 7.236
④ 60.52   ⑤ 18.691

8 가장 큰 소수의 소수 둘째 자리 숫자를 써 보시오.

| 0.412 | 0.53 | 0.524 | 0.391 |

( )

9 계산 결과의 크기를 비교하여 ○ 안에 >, =, <를 알맞게 써넣으시오.

$$6.7+5.5 \bigcirc 12.4-1.1$$

10 미술 작품을 만드는 데 찰흙을 경민이는 1.3 kg 사용했고, 세미는 0.8 kg 사용했습니다. 경민이와 세미가 사용한 찰흙은 모두 몇 kg입니까?

( )

11 지율이와 승아가 생각하는 소수의 차는 얼마입니까?

- 지율: 내가 생각하는 소수는 0.1이 48 개 있어.
- 승아: 내가 생각하는 소수는 일의 자리 숫자가 4이고, 소수 첫째 자리 숫자가 7이고, 소수 둘째 자리 숫자가 3인 소수 두 자리 수야.

( )

잘 틀리는 문제

12 산 입구에서 약수터까지는 1.3 km, 정상까지는 1910 m, 산장까지는 1.295 km입니다. 약수터, 정상, 산장 중에서 산 입구에서 가장 가까운 곳은 어디입니까?

( )

13 ☐ 안에 알맞은 수를 모두 더하면 얼마입니까?

- 24는 2.4의 ☐배입니다.
- 5.2는 0.052의 ☐배입니다.
- 3.169는 31.69의 $\dfrac{1}{\square}$입니다.

( )

14 0부터 9까지의 수 중에서 ☐ 안에 들어갈 수 있는 수를 모두 구해 보시오.

$$2.742 < 2.\square 36$$

( )

15 ㉠, ㉡, ㉢에 알맞은 수를 각각 구해 보시오.

$$
\begin{array}{r}
㉠.7\ 2 \\
-\ 2.㉡\ ㉢ \\
\hline
3.1\ 8
\end{array}
$$

㉠ (   )

㉡ (   )

㉢ (   )

16 4장의 카드를 한 번씩만 사용하여 소수 두 자리 수를 만들려고 합니다. 만들 수 있는 가장 큰 수와 가장 작은 수의 합은 얼마입니까?

| 9 | 4 | 5 | . |

(   )

잘 틀리는 문제

17 0부터 9까지의 수 중에서 □ 안에 들어갈 수 있는 수를 모두 구해 보시오.

$$4.06-0.96 < 6.\square6-3.56$$

(   )

서술형 문제

18 0.01이 30개인 수보다 0.9만큼 더 큰 수를 구하려고 합니다. 풀이 과정을 쓰고 답을 구해 보시오.

풀이 |

답 |

19 어떤 수의 10배는 203입니다. 어떤 수의 $\frac{1}{100}$은 얼마인지 풀이 과정을 쓰고 답을 구해 보시오.

풀이 |

답 |

20 □ 안에는 0부터 9까지의 어느 수를 넣어도 될 때, 큰 수부터 차례대로 기호를 쓰려고 합니다. 풀이 과정을 쓰고 답을 구해 보시오.

| ㉠ 3.□55 ㉡ 4.0□3 ㉢ 4.□94 |

풀이 |

답 |

점수   확인

(정답 54쪽)

1 관계있는 것끼리 선으로 이어 보시오.

$\dfrac{56}{100}$ ·   · 영 점 육육

0.01이
66개인 수 ·   · 영 점 육오

0.65 ·   · 영 점 오육

2 1이 16개, $\dfrac{1}{10}$이 8개, $\dfrac{1}{100}$이 3개인 수를 소수로 나타내어 보시오.

(   )

3 다른 수를 설명한 한 사람을 찾아 이름을 써 보시오.

- 은영: 2.48의 $\dfrac{1}{10}$
- 혜진: 0.248의 10배
- 현정: 24.8의 $\dfrac{1}{100}$

(   )

4 계산 결과가 가장 작은 것을 찾아 기호를 써 보시오.

㉠ 0.9+2.8   ㉡ 5.4−1.6
㉢ 1.9+2.3   ㉣ 7.1−3.6

(   )

5 몸무게가 가장 무거운 학생과 가장 가벼운 학생의 몸무게의 차는 몇 kg입니까?

- 태환: 21.9 kg
- 지영: 23.84 kg
- 성훈: 30.2 kg

(   )

6 ㉠이 나타내는 수는 ㉡이 나타내는 수의 몇 배입니까?

16.456
㉠ ㉡

(   )

7 0부터 9까지의 수 중에서 ☐ 안에 들어갈 수 있는 수를 모두 구해 보시오.

$$2.83 + 4.74 > 7.\boxed{}8$$

(   )

8 (조건)을 모두 만족하는 소수 세 자리 수를 구해 보시오.

조건
• 5보다 크고 6보다 작습니다.
• 일의 자리 숫자와 소수 둘째 자리 숫자의 합은 5입니다.
• 소수 셋째 자리 숫자는 2로 나누어떨어지는 수 중 가장 큰 수입니다.
• 이 소수를 10배 하면 일의 자리 숫자는 3이 됩니다.

(   )

서술형 문제

9 어떤 수에 3.57을 더해야 할 것을 잘못하여 5.73을 더했더니 9.21이 되었습니다. 바르게 계산하면 얼마인지 풀이 과정을 쓰고 답을 구해 보시오.

풀이 |

답 |

10 주스가 가득 들어 있는 병의 무게를 재어 보니 2.15 kg이었습니다. 이 병에서 주스를 $\frac{1}{3}$만큼 마신 후 다시 병의 무게를 재었더니 1.65 kg이 되었습니다. 빈 병의 무게는 몇 kg인지 풀이 과정을 쓰고 답을 구해 보시오.

풀이 |

답 |

4 사각형

실전유형 강화

개념책 64쪽

유형 1 수직

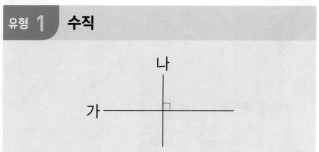

• 직선 가와 직선 나는 서로 수직입니다.
• 직선 가에 대한 수선: 직선 나
  직선 나에 대한 수선: 직선 가

1 직선 가가 직선 나에 대한 수선인 것을 찾아 ○표 하시오.

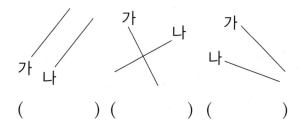

(   ) (   ) (   )

2 두 직선이 만나서 이루는 각이 직각인 곳을 모두 찾아 ⌐ 로 표시해 보시오.

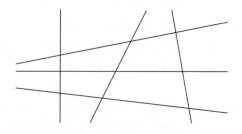

3 서로 수직인 변이 있는 도형을 찾아보시오.

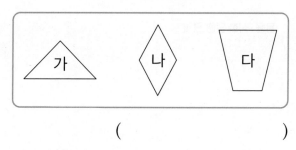

(   )

4 오른쪽 도형에서 변 ㄷㄹ에 수직인 변은 모두 몇 개입니까?

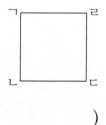

(   )

교과 역량 문제 해결, 추론

5 직선 가에 대한 수선 중 점 ㄱ을 지나는 수선과 점 ㄴ을 지나는 수선을 각각 그어 보시오.

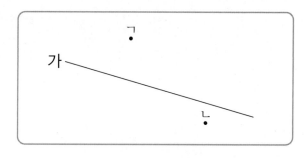

6 지희와 선재 중 바르게 말한 사람은 누구입니까?

• 지희: 한 직선에 수직인 직선은 셀 수 없이 많이 그을 수 있어.
• 선재: 한 직선에 수직인 직선은 1개만 그을 수 있어.

(   )

7 삼각자를 이용하여 삼각형에서 점 ㄱ을 지나고 변 ㄴㄷ에 수직인 직선을 그어 보시오.

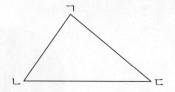

유형 2 수직과 수선을 이용하여 각도 구하기

예 직선 가와 직선 나가 서로 수직일 때, ㉠의 각도 구하기

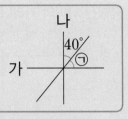

직선 가와 직선 나가 만나서 이루는 각이 직각(90°)입니다. ⇨ ㉠=90°−40°=50°

8 직선 가와 직선 나가 서로 수직입니다. ☐ 안에 알맞은 수를 써넣으시오.

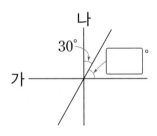

9 직선 가와 직선 나가 서로 수직입니다. ㉠의 각도를 구해 보시오.

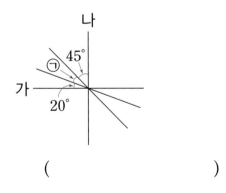

( )

10 오른쪽 그림에서 직선 나는 직선 가에 대한 수선입니다. ㉠의 각도를 구해 보시오.

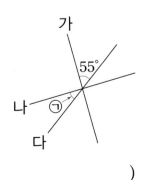

( )

유형 3 평행

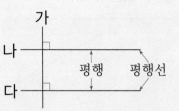

• 직선 가에 수직인 직선 나와 직선 다를 그었을 때, 직선 나와 직선 다는 서로 만나지 않습니다.
• 직선 나와 직선 다는 서로 평행합니다.
• 직선 나와 직선 다는 평행선입니다.

11 서로 평행한 두 직선을 모두 찾아보시오.

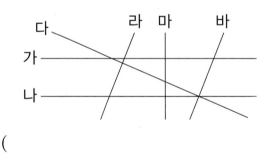

( )

12 도형에서 서로 평행한 변은 모두 몇 쌍입니까?

(1)

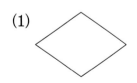

( )

(2)

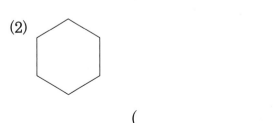

( )

실전유형 강화

13 점 ㄱ을 지나고 직선 가와 평행한 직선은 몇 개 그을 수 있습니까?

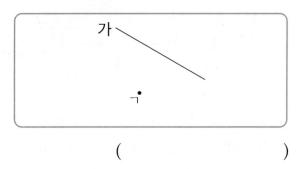

( )

14 알파벳에서 평행선이 한 쌍인 것을 찾아 기호를 써 보시오.

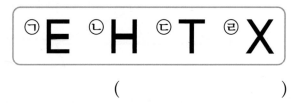

( )

교과 역량 문제 해결

15 평행선이 3쌍인 도형을 그려 보시오.

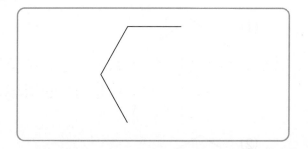

유형 4 **평행선 사이의 거리**

평행선 사이의 거리: 평행선 사이의 선분 중에서 평행선에 **수직인 선분의 길이**

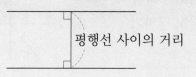

16 평행선 사이의 거리는 몇 cm입니까?

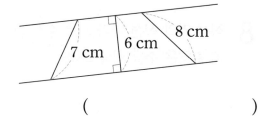

( )

17 평행선 사이의 거리는 몇 cm인지 재어 보시오.

( )

18 평행선 사이의 거리가 4 cm가 되도록 주어진 직선과 평행한 직선을 그어 보시오.

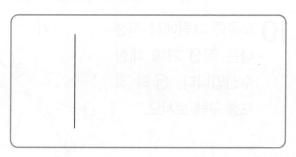

19 평행한 두 직선을 찾아 거리는 몇 cm인지 재어 보시오.

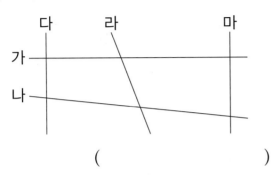

( )

교과 역량 문제 해결, 정보 처리

20 도형에서 평행선을 찾아 평행선 사이의 거리는 몇 cm인지 재어 보시오.

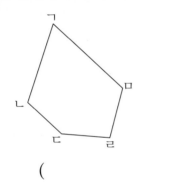

( )

파워 pick

21 도형에서 변 ㄱㅇ과 변 ㄴㄷ은 서로 평행합니다. 변 ㄱㅇ과 변 ㄴㄷ 사이의 거리는 몇 cm입니까?

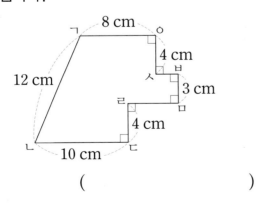

( )

●까다로운●

유형 **5** **도형에서 평행선 사이의 거리 구하기**

예 변 ㄱㄹ과 변 ㄴㄷ이 서로 평행할 때, 평행선 사이의 거리 구하기

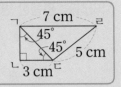

삼각형 ㄱㄴㄷ은 두 각의 크기가 같으므로 이등변삼각형입니다.

⇨ (평행선 사이의 거리)=(변 ㄱㄴ)=(변 ㄴㄷ)=3 cm

22 도형에서 변 ㄱㄹ과 변 ㄴㄷ은 서로 평행합니다. 평행선 사이의 거리는 몇 cm입니까?

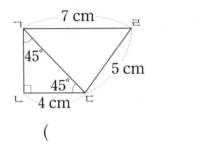

( )

23 도형에서 변 ㄱㄹ과 변 ㄴㄷ은 서로 평행합니다. 평행선 사이의 거리는 몇 cm입니까?

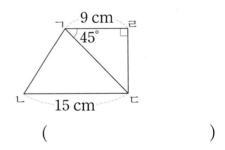

( )

24 도형에서 변 ㄱㄴ과 변 ㄹㄷ은 서로 평행합니다. 평행선 사이의 거리는 몇 cm입니까?

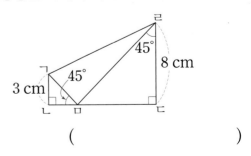

( )

실전유형 강화

개념책 70쪽

사다리꼴: 평행한 변이 한 쌍이라도 있는 사각형

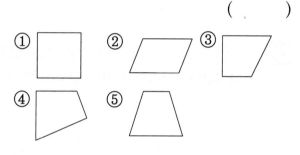

25 사다리꼴이 <u>아닌</u> 것은 어느 것입니까?

(   )

①   ②   ③

④   ⑤

26 서로 <u>다른</u> 사다리꼴을 2개 그려 보시오.

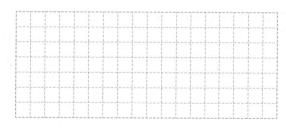

27 오른쪽 도형은 사다리꼴입니다. 그 이유를 써 보시오.

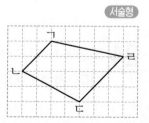

서술형

이유 |

_____

_____

28 사각형의 어느 부분을 잘라 내면 사다리꼴을 만들 수 있는지 선을 그어 보시오.

29 5개의 점 중 한 점을 나머지 꼭짓점으로 하여 사다리꼴을 완성하려고 합니다. 사다리꼴을 완성할 수 있는 점을 모두 찾아보시오.

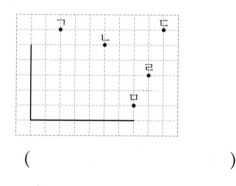

(   )

교과 역량 창의·융합

30 (보기)에서 사다리꼴을 모두 찾아 그려 보시오.

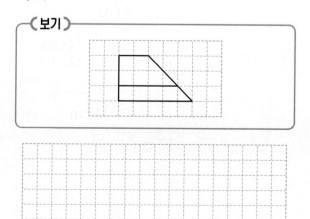

개념책 71쪽

유형 **7** **평행사변형**

● **평행사변형**: 마주 보는 두 쌍의
변이 서로 **평행**한 사각형

● **평행사변형의 성질**
• 마주 보는 두 변의 길이가 같습니다.
• 마주 보는 두 각의 크기가 같습니다.
• 이웃한 두 각의 크기의 합이 180°입니다.

31 직사각형 모양의 종이띠를 선을 따라 잘랐을
때 잘라 낸 도형 중에서 평행사변형은 모두
몇 개입니까?

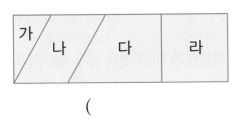

( )

32 평행사변형을 완성해 보시오.

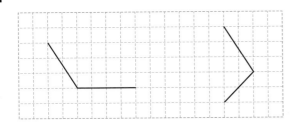

33 평행사변형을 보고 ☐ 안에 알맞은 수를 써
넣으시오.

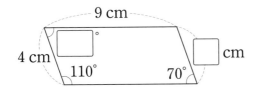

34 점 종이에서 한 꼭짓점만 옮겨서 평행사변형
을 만들어 보시오.

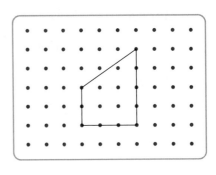

⌐파워 pick⌐

35 평행사변형에서 ㉠의 각도를 구해 보시오.

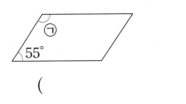

( )

⌐서술형⌐

36 그림과 같이 크기가 서로 <u>다른</u> 직사각형 모양
의 종이 2장을 겹쳤습니다. 겹쳐진 부분의 사
각형의 이름을 쓰고, 그렇게 생각한 이유를
써 보시오.

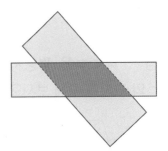

답 |

개념책 72쪽

37 사다리꼴 ㄱㄴㄷㄹ 안에 변 ㄱㄴ과 평행한 선분 ㄹㅁ을 그었습니다. 선분 ㅁㄷ의 길이는 몇 cm입니까?

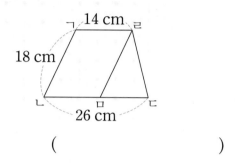

( )

유형 8 **마름모**

- 마름모: 네 변의 길이가 모두 **같은** 사각형

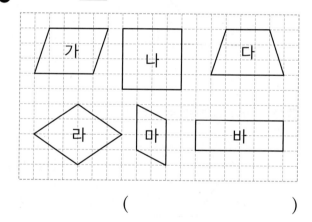

- 마름모의 성질
  - 네 변의 길이가 모두 같습니다.
  - 마주 보는 두 쌍의 변이 서로 평행합니다.
  - 마주 보는 두 각의 크기가 같습니다.
  - 이웃한 두 각의 크기의 합이 180°입니다.
  - 마주 보는 꼭짓점끼리 이은 선분은 서로 수직이고, 서로를 똑같이 둘로 나눕니다.

파워 *pick*

38 평행사변형의 네 변의 길이의 합은 30 cm입니다. ☐ 안에 알맞은 수를 써넣으시오.

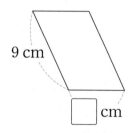

---

40 마름모가 <u>아닌</u> 것은 모두 몇 개입니까?

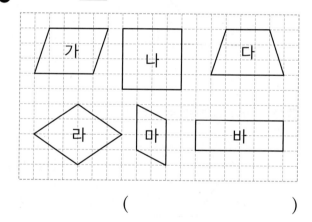

( )

---

39 사각형 ㄱㄴㄷㄹ은 평행사변형입니다. 각 ㄴㄱㄷ의 크기를 구해 보시오.

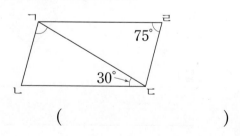

( )

---

41 마름모를 보고 ☐ 안에 알맞은 수를 써넣으시오.

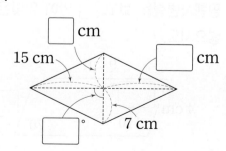

42 마름모 ㄱㄴㄷㄹ에서 변 ㄴㄷ을 길게 늘였습니다. ㉠의 각도를 구해 보시오.

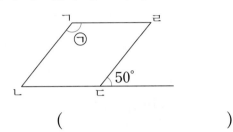

(   )

43 점 종이에서 한 꼭짓점만 옮겨서 마름모를 만들어 보시오.

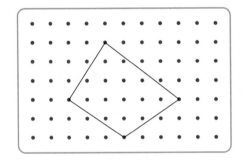

44 〔보기〕에서 설명하는 도형을 그려 보시오.

〔보기〕
- 4개의 선분으로 둘러싸여 있습니다.
- 마주 보는 두 쌍의 변이 서로 평행합니다.
- 네 변의 길이가 모두 같습니다.

45 마름모의 네 변의 길이의 합은 몇 cm입니까?

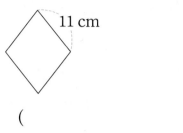

(   )

교과 역량 문제 해결

46 정삼각형 ㉮의 세 변의 길이의 합과 마름모 ㉯의 네 변의 길이의 합이 같습니다. 마름모의 한 변은 몇 cm입니까?

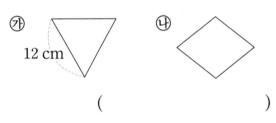

(   )

서술형

47 오른쪽 마름모에서 ㉠의 각도는 ㉡의 각도보다 60° 더 큽니다. ㉠의 각도는 얼마인지 풀이 과정을 쓰고 답을 구해 보시오.

풀이 |

답 |

실전유형 강화

개념책 73쪽

유형 9 여러 가지 사각형

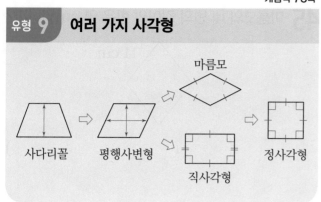

48 직사각형을 보고 □ 안에 알맞은 수를 써넣으시오.

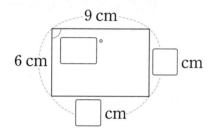

49 정사각형에 대한 설명으로 옳은 것을 모두 찾아 기호를 써 보시오.

> ㉠ 네 변의 길이가 모두 같습니다.
> ㉡ 마주 보는 한 쌍의 변만 서로 평행합니다.
> ㉢ 네 각이 모두 직각입니다.
> ㉣ 마주 보는 두 각의 크기가 다릅니다.

(   )

50 두 사각형의 공통점을 써 보시오.

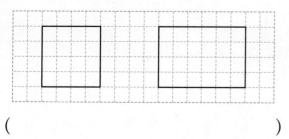

(   )

51 직사각형 모양의 종이띠를 선을 따라 잘랐을 때 여러 가지 사각형을 찾아보시오.

가	나	다	라	마	바

사다리꼴	
평행사변형	
마름모	
직사각형	
정사각형	라

교과 역량 추론

52 〈보기〉에 있는 사각형을 보고 물음에 답하시오.

> 〈보기〉
> ㉠ 사다리꼴 ㉡ 평행사변형 ㉢ 마름모
> ㉣ 직사각형 ㉤ 정사각형

(1) 평행한 변이 두 쌍인 사각형을 모두 찾아 기호를 써 보시오.

(   )

(2) 네 변의 길이가 모두 같은 사각형을 모두 찾아 기호를 써 보시오.

(   )

(3) 네 각의 크기가 모두 같은 사각형을 모두 찾아 기호를 써 보시오.

(   )

●까다로운●

유형 **10** 크고 작은 사각형의 수 구하기

가장 작은 도형 1개짜리, 2개짜리, 3개짜리……인 사각형의 수를 각각 구하여 더합니다.

53 도형에서 찾을 수 있는 크고 작은 평행사변형은 모두 몇 개입니까?

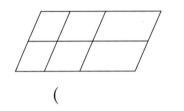

( )

54 도형에서 찾을 수 있는 크고 작은 평행사변형은 모두 몇 개입니까?

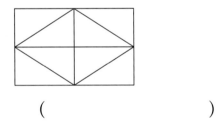

( )

55 오른쪽은 크기가 같은 정삼각형을 겹치지 않게 이어 붙여 만든 도형입니다. 도형에서 찾을 수 있는 크고 작은 마름모는 모두 몇 개입니까?

( )

●까다로운●

유형 **11** 평행사변형과 이등변삼각형을 이어 붙여 만든 사다리꼴의 네 변의 길이의 합 구하기

❶ 이등변삼각형의 다른 한 변의 길이 구하기
  └→ 두 변의 길이가 같음을 이용합니다.
❷ 평행사변형의 다른 한 변의 길이 구하기
  └→ 마주 보는 두 변의 길이가 같음을 이용합니다.
❸ 사다리꼴의 네 변의 길이의 합 구하기

파워 pick

56 평행사변형과 세 변의 길이의 합이 36 cm인 이등변삼각형을 겹치지 않게 이어 붙여 만든 사다리꼴입니다. 사다리꼴의 네 변의 길이의 합은 몇 cm입니까?

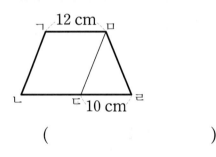

( )

57 평행사변형과 세 변의 길이의 합이 51 cm인 이등변삼각형을 겹치지 않게 이어 붙여 만든 사다리꼴입니다. 사다리꼴의 네 변의 길이의 합은 몇 cm입니까?

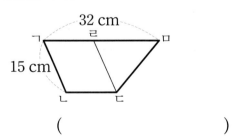

( )

상위권유형 강화

• 평행선과 직선이 만날 때, 생기는 각도 구하기 •

한 직선이 이루는 각의 크기는 180°야!

대표문제

58 직선 ㄱㄴ과 직선 ㄷㄹ은 서로 평행합니다. 각 ㄱㅈㅊ의 크기를 구해 보시오.

문제 풀이

❶ 각 ㅈㅋㅊ의 크기 구하기

(   )

❷ 각 ㅋㅈㅊ의 크기 구하기

(   )

❸ 각 ㄱㅈㅊ의 크기 구하기

(   )

59 직선 가와 직선 나는 서로 평행합니다. ㉠의 각도를 구해 보시오.

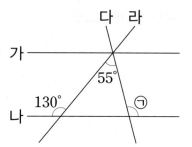

(   )

60 직선 가와 직선 나는 서로 평행합니다. ㉠의 각도를 구해 보시오.

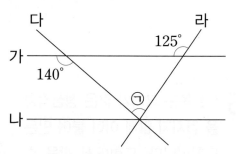

(   )

유형 13 · 평행선 사이의 꺾어진 두 선분 사이의 각도 구하기 ·

평행선 사이에 수직인 선분을 그어 만든 사각형의 네 각의 크기의 합 360°를 이용해!

대표문제

61 직선 가와 직선 나는 서로 평행합니다.
각 ㄱㄴㄷ의 크기를 구해 보시오.

문제 풀이

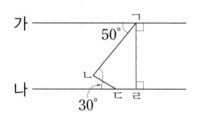

❶ 점 ㄱ에서 직선 나에 수직인 선분을 그어 만
나는 점을 점 ㄹ이라 할 때, 각 ㄴㄱㄹ과
각 ㄴㄷㄹ의 크기 각각 구하기

각 ㄴㄱㄹ ( )
각 ㄴㄷㄹ ( )

❷ 각 ㄱㄴㄷ의 크기 구하기

( )

62 직선 가와 직선 나는 서로 평행합니다.
각 ㄱㄴㄷ의 크기를 구해 보시오.

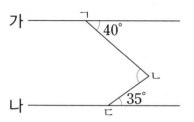

( )

63 직선 가와 직선 나는 서로 평행합니다.
각 ㄱㄴㄷ의 크기를 구해 보시오.

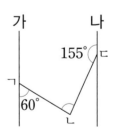

( )

마름모와 정삼각형(정사각형)을 이어 붙여 선분을 그었을 때, 이등변삼각형이 만들어져!

대표문제

64 마름모 ㄱㄴㄷㄹ과 정삼각형 ㄹㄷㅁ을 겹치지 않게 이어 붙인 후 선분 ㄱㅁ을 그은 것입니다. 각 ㄹㄱㅁ의 크기를 구해 보시오.

문제 풀이

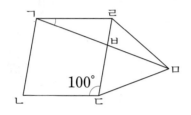

❶ 각 ㄱㄹㄷ의 크기 구하기

(   )

❷ 각 ㄱㄹㅁ의 크기 구하기

(   )

❸ 각 ㄹㄱㅁ의 크기 구하기

(   )

65 마름모 ㄱㄴㄷㄹ과 정삼각형 ㄱㄹㅁ을 겹치지 않게 이어 붙인 후 선분 ㄷㅁ을 그은 것입니다. 각 ㄹㄷㅁ의 크기를 구해 보시오.

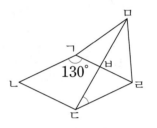

(   )

66 마름모 ㄱㄴㄷㄹ과 정사각형 ㄹㄷㅁㅂ을 겹치지 않게 이어 붙인 후 선분 ㄱㅂ을 그은 것입니다. 각 ㄹㄱㅂ의 크기를 구해 보시오.

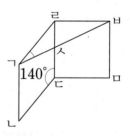

(   )

유형 15 • 종이를 접었을 때, 생기는 각도 구하기 •

종이를 접었을 때, (접힌 부분의 각도)=(접히기 전 부분의 각도)야!

대표문제

67 그림과 같이 평행사변형 모양의 종이를 접었습니다. 각 ㄴㅂㄹ의 크기를 구해 보시오.

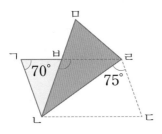

❶ 각 ㄱㄹㄷ의 크기 구하기

( )

❷ 각 ㄴㄷㄹ의 크기 구하기

( )

❸ 각 ㄹㄴㅁ의 크기 구하기

( )

❹ 각 ㄴㅂㄹ의 크기 구하기

( )

68 그림과 같이 평행사변형 모양의 종이를 접었습니다. 각 ㄴㅂㄹ의 크기를 구해 보시오.

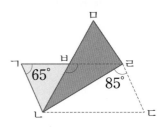

( )

69 그림과 같이 평행사변형 모양의 종이를 접었습니다. 각 ㄱㅂㄷ의 크기를 구해 보시오.

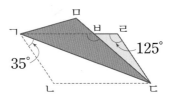

( )

(1~2) 그림을 보고 물음에 답하시오.

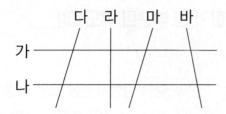

1 직선 라에 수직인 직선을 모두 찾아보시오.

( )

2 평행선은 모두 몇 쌍입니까?

( )

3 직선 가와 직선 나는 서로 평행합니다. 평행선 사이의 거리를 나타내는 선분은 어느 것입니까? ( )

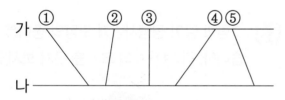

4 직선 가에 수직인 직선을 그어 보시오.

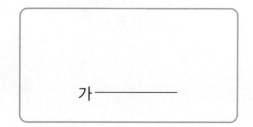

(5~6) 도형을 보고 물음에 답하시오.

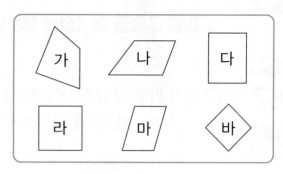

5 사다리꼴이 <u>아닌</u> 것을 찾아보시오.

( )

6 평행사변형을 모두 찾아보시오.

( )

7 마름모를 보고 ☐ 안에 알맞은 수를 써넣으시오.

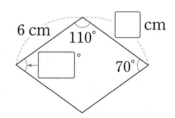

8 서로 수직인 변이 있는 도형을 모두 찾아보시오.

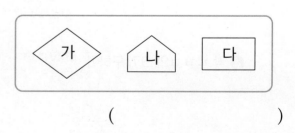

( )

9 평행선이 두 쌍인 사각형을 그려 보시오.

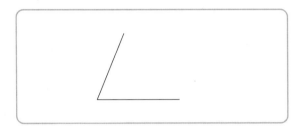

10 마름모에 대한 설명으로 옳은 것을 모두 찾아 기호를 써 보시오.

> ㉠ 네 변의 길이가 모두 같습니다.
> ㉡ 네 각의 크기가 모두 같습니다.
> ㉢ 마주 보는 두 쌍의 변이 서로 평행합니다.
> ㉣ 마주 보는 꼭짓점끼리 이은 선분은 서로 수직입니다.

(　　　　　　　　)

🔴 틀리는문제

11 틀린 것을 찾아 기호를 써 보시오.

> ㉠ 직사각형은 정사각형이라고 할 수 있습니다.
> ㉡ 마름모는 사다리꼴이라고 할 수 있습니다.
> ㉢ 정사각형은 직사각형이라고 할 수 있습니다.

(　　　　　　　　)

12 마름모에서 ㉠의 각도를 구해 보시오.

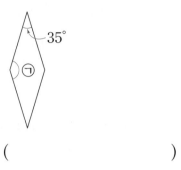

(　　　　　　　　)

13 사각형의 이름이 될 수 없는 것을 찾아 써 보시오.

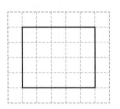

| 사다리꼴 | 평행사변형 |
| 마름모 | 직사각형 |

(　　　　　　　　)

14 평행선 사이의 거리가 2 cm가 되도록 주어진 직선과 평행한 직선을 2개 그어 보시오.

4. 사각형　**81**

15 도형에서 변 ㄱㄹ과 변 ㄴㄷ은 서로 평행합니다. 평행선 사이의 거리는 몇 cm입니까?

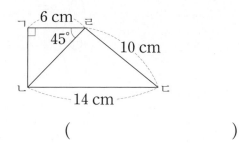

(   )

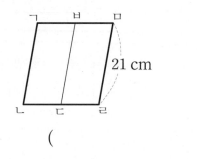

16 네 변의 길이의 합이 62 cm인 똑같은 평행사변형 2개를 겹치지 않게 이어 붙여 만든 도형입니다. 도형을 둘러싼 굵은 선의 길이는 몇 cm입니까?

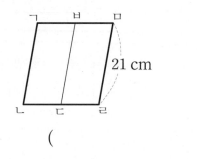

(   )

17 직선 가와 직선 나는 서로 평행합니다. 각 ㄱㄴㄷ의 크기를 구해 보시오.

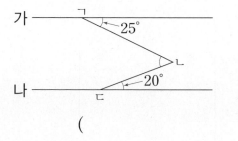

(   )

서술형 문제

18 오른쪽 도형은 평행사변형입니까? 그렇게 생각한 이유를 써 보시오.

답 |

19 평행선이 가장 많은 도형을 찾으려고 합니다. 풀이 과정을 쓰고 답을 구해 보시오.

풀이 |

답 |

20 오른쪽은 크기가 같은 정삼각형을 겹치지 않게 이어 붙여 만든 도형입니다. 도형에서 찾을 수 있는 크고 작은 마름모는 모두 몇 개인지 풀이 과정을 쓰고 답을 구해 보시오.

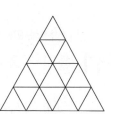

풀이 |

답 |

1 평행사변형을 보고 ☐ 안에 알맞은 수를 써넣으시오.

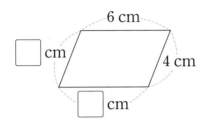

2 수선과 평행선이 모두 있는 도형을 찾아보시오.

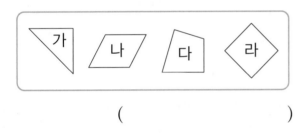

(   )

3 한 변이 8 cm인 정삼각형의 세 변의 길이의 합과 마름모의 네 변의 길이의 합이 같습니다. 이 마름모의 한 변은 몇 cm입니까?

(   )

4 도형에서 변 ㄱㄴ과 변 ㄹㄷ은 서로 평행합니다. 변 ㄱㄴ과 변 ㄹㄷ 사이의 거리는 몇 cm입니까?

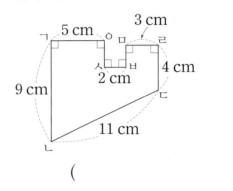

(   )

5 오른쪽 마름모 ㄱㄴㄷㄹ에서 각 ㄱㄴㄹ의 크기를 구해 보시오.

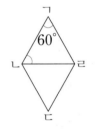

(   )

6 직선 ㄱㄴ은 직선 ㄷㄹ에 대한 수선입니다. 각 ㄱㄹㄷ을 크기가 같은 각 5개로 나누었을 때, 각 ㅅㄹㄴ의 크기를 구해 보시오.

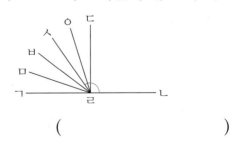

(   )

7 사다리꼴 ㄱㄴㄷㄹ 안에 변 ㄹㄷ과 평행한 선분 ㄱㅁ을 그었습니다. 삼각형 ㄱㄴㅁ이 정삼각형일 때, 변 ㄱㄴ의 길이는 몇 cm입니까?

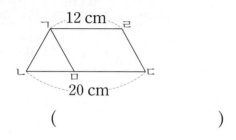

(   )

8 마름모 ㄱㄴㄷㄹ과 정삼각형 ㄹㄷㅁ을 겹치지 않게 이어 붙인 후 선분 ㄱㅁ을 그은 것입니다. 각 ㄹㄱㅁ의 크기를 구해 보시오.

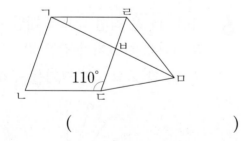

(   )

9 직선 가와 직선 나는 서로 평행하고, 직선 나와 직선 라는 서로 수직입니다. ㉠의 각도는 얼마인지 풀이 과정을 쓰고 답을 구해 보시오.

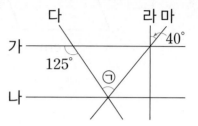

풀이 |

답 |

10 그림과 같이 마름모 모양의 종이를 접었습니다. 각 ㄴㅂㅁ의 크기는 얼마인지 풀이 과정을 쓰고 답을 구해 보시오.

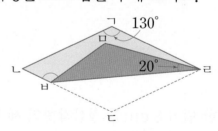

풀이 |

답 |

5 꺾은선그래프

실전유형 강화

개념책 86쪽

유형 1 꺾은선그래프

꺾은선그래프: 연속적으로 변화하는 양을 점으로 표시하고, 그 점들을 선분으로 이어 그린 그래프

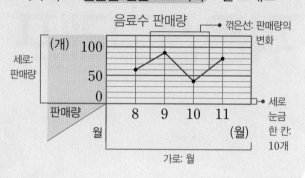

(1~2) 어느 지역의 월별 강수량을 조사하여 두 그래프로 나타내었습니다. 물음에 답하시오.

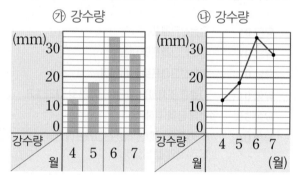

1 ⑦와 ⑧ 그래프 중에서 월별 강수량의 변화를 한눈에 알아보기 쉬운 그래프는 어느 것입니까?

( )

교과 역량 의사소통, 정보 처리   서술형

2 막대그래프와 꺾은선그래프의 같은 점과 다른 점을 각각 써 보시오.

같은 점 |

다른 점 |

(3~4) 어느 날 거실의 온도를 한 시간마다 조사하여 나타낸 꺾은선그래프입니다. 물음에 답하시오.

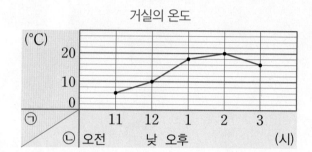

3 위 꺾은선그래프에서 ⑦과 ⑧에 알맞은 말을 각각 써 보시오.

⑦ ( )
⑧ ( )

4 거실의 온도가 20 °C인 때는 몇 시입니까?

( )

5 조사 내용을 나타내기에 알맞은 그래프를 찾아 기호를 써 보시오.

> ⑦ 우리 반 학생들이 좋아하는 운동
> ⑧ 선인장 키의 변화
> ⑨ 연도별 다문화 가구 수의 변화
> ⑩ 우리 가족의 윗몸 일으키기 횟수

막대그래프	꺾은선그래프

개념책 87쪽

유형 2 꺾은선그래프의 내용

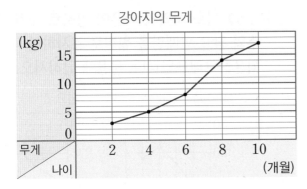

복숭아 수확량

(6~7) 강아지의 무게를 태어난 지 2개월부터 10개월까지 2달마다 조사하여 나타낸 꺾은선 그래프입니다. 물음에 답하시오.

강아지의 무게

6 강아지의 무게가 가장 가벼운 때는 몇 개월입니까?

( )

7 강아지의 무게가 가장 많이 변화한 때는 몇 개월과 몇 개월 사이입니까?

( )

(8~10) 나무의 키를 2달마다 1일에 조사하여 두 꺾은선그래프로 나타내었습니다. 물음에 답하시오.

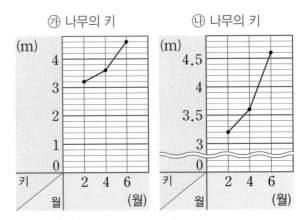

㉮ 나무의 키   ㉯ 나무의 키

8 ㉮와 ㉯ 그래프 중에서 나무의 키가 변화하는 모습이 더 잘 나타난 그래프는 어느 것입니까?

( )

9 ㉮와 ㉯ 그래프에 대한 설명으로 옳지 <u>않은</u> 것을 찾아 기호를 써 보시오.

> ㉠ 2월 1일의 나무의 키는 3.2 m입니다.
>
> ㉡ 나무의 키가 가장 많이 자란 때는 4월 1일과 6월 1일 사이입니다.
>
> ㉢ 4월 1일부터 6월 1일까지 나무의 키는 0.8 m 자랐습니다.

( )

파워 pick

10 5월 1일의 나무의 키는 몇 m였을지 예상해 보시오.

( )

실전유형 강화

11 어느 날 다혜의 체온을 2시간마다 조사하여 나타낸 꺾은선그래프입니다. 체온이 가장 높은 때와 가장 낮은 때의 체온의 차는 몇 °C입니까?

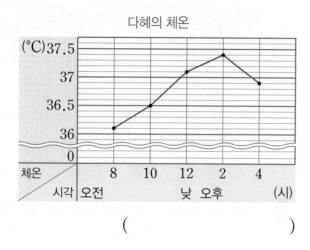

(   )

12 어느 영화관의 요일별 관람객 수를 조사하여 나타낸 꺾은선그래프입니다. 월요일부터 금요일까지 관람객 수의 합이 1056명일 때, 목요일의 관람객 수는 몇 명입니까?

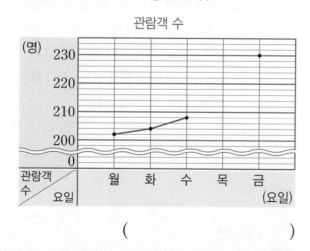

(   )

교과 역량 추론

13 어느 과수원의 연도별 포도 생산량을 조사하여 나타낸 꺾은선그래프입니다. 2021년의 포도 생산량은 몇 상자일지 예상해 보시오.

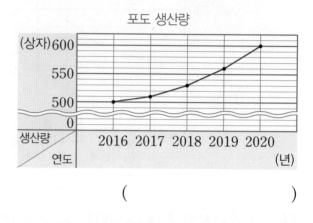

(   )

(14~15) 어느 지역의 기온이 영하로 내려간 날수와 담요 판매량을 월별로 조사하여 나타낸 꺾은선그래프입니다. 물음에 답하시오.

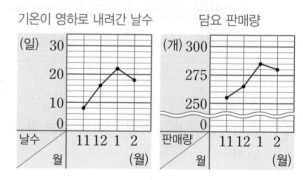

14 기온이 영하로 내려간 날수가 가장 많은 달의 담요 판매량은 몇 개입니까?

(   )

파워 pick

15 기온이 영하로 내려간 날수의 변화가 가장 컸을 때, 담요 판매량은 몇 개 늘었습니까?

(   )

(16~18) 다미, 신우, 민재의 공 던지기 기록을 조사하여 나타낸 꺾은선그래프입니다. 물음에 답하시오.

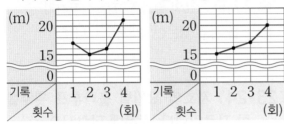

다미의 공 던지기 기록   신우의 공 던지기 기록

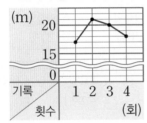

민재의 공 던지기 기록

16 1회부터 4회까지 기록이 점점 높아지고 있는 사람은 누구입니까?

(   )

17 3회의 공 던지기 기록이 가장 높은 사람은 누구입니까?

(   )

18 2회와 4회의 공 던지기 기록의 차가 가장 큰 사람은 누구입니까?

(   )

유형 **3** **꺾은선그래프로 나타내기**

● 꺾은선그래프로 나타내는 방법
❶ 가로와 세로에 나타낼 것을 정하기
❷ 세로 눈금 한 칸의 크기와 전체 눈금의 수 정하기
❸ 필요에 따라 물결선 넣기
❹ 가로와 세로 눈금이 만나는 자리에 점을 찍고, 점들을 선분으로 잇기
❺ 알맞은 제목 쓰기

(19~20) 하람이의 몸무게를 매월 1일에 조사하여 나타낸 표를 보고 꺾은선그래프로 나타내려고 합니다. 물음에 답하시오.

하람이의 몸무게

월(월)	3	4	5	6	7
몸무게(kg)	35.2	35.4	36	36.1	36.9

19 세로 눈금 한 칸은 몇 kg으로 나타내는 것이 좋겠습니까?

(   )

20 표를 보고 꺾은선그래프로 나타내어 보시오.

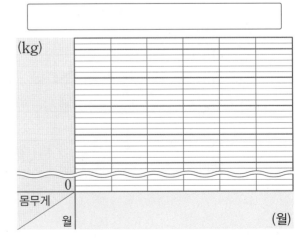

실전유형 강화

21 정수네 집의 월별 수도 사용량을 조사하여 나타낸 표입니다. 표를 보고 꺾은선그래프로 나타내어 보시오.

수도 사용량

월(월)	6	7	8	9	10
사용량(t)	30	44	40	28	22

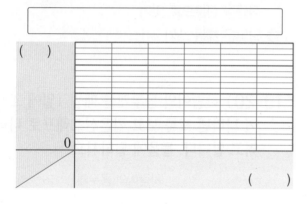

개념책 89쪽

유형 4 자료를 조사하여 꺾은선그래프로 나타내기

❶ 조사할 내용을 정하여 자료 조사하기
❷ 조사한 자료의 결과를 표로 정리하기
❸ 표를 보고 꺾은선그래프로 나타내기

(23~24) 지호의 요일별 훌라후프 횟수를 조사한 자료입니다. 물음에 답하시오.

월요일	화요일	수요일
20회	27회	33회

목요일	금요일
25회	31회

23 조사한 자료를 보고 표로 나타내어 보시오.

요일(요일)					
횟수(회)					

22 명진이가 사용하고 있는 연필의 길이를 일주일마다 조사하여 나타낸 표와 꺾은선그래프입니다. 표와 꺾은선그래프를 완성해 보시오.

연필의 길이

날짜(일)	1	8	15	22	29
길이(cm)	19	17			5

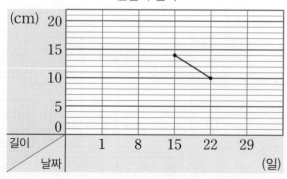

24 위 **23**의 표를 보고 꺾은선그래프로 나타내어 보시오.

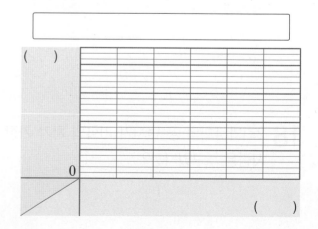

유형 5 전체 금액 구하기

(전체 금액)
=(전체 **자료의 값의 합**)×(자료 **1개의 금액**)

25 어느 가게의 날짜별 아이스크림 판매량을 조사하여 나타낸 꺾은선그래프입니다. 아이스크림 1개가 1000원일 때, 9일부터 12일까지 아이스크림을 판매한 금액은 모두 얼마입니까?

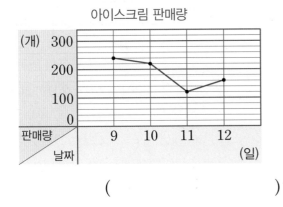

아이스크림 판매량

( )

26 어느 약국의 요일별 마스크 판매량을 조사하여 나타낸 꺾은선그래프입니다. 마스크 1개가 500원일 때, 월요일부터 금요일까지 마스크를 판매한 금액은 모두 얼마입니까?

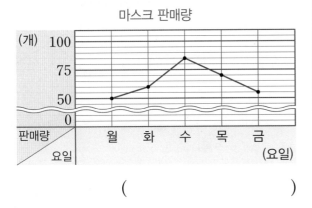

마스크 판매량

( )

유형 6 두 자료를 나타낸 꺾은선그래프에서 두 자료의 값 비교하기

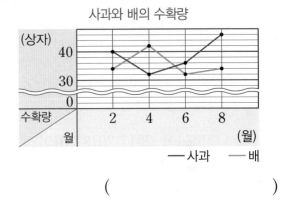

두 자료의 값의 차가 가장 큽니다.
두 자료의 값의 차가 가장 작습니다.
두 자료의 값이 같습니다.

27 사과와 배의 수확량을 월별로 조사하여 나타낸 꺾은선그래프입니다. 사과와 배의 수확량의 차가 가장 클 때의 수확량의 차는 몇 상자입니까?

사과와 배의 수확량

—사과 —배

( )

28 은혜와 진규의 키를 매년 3월에 조사하여 나타낸 꺾은선그래프입니다. 은혜와 진규의 키가 같아진 때는 몇 학년이고, 그때의 키는 몇 cm입니까?

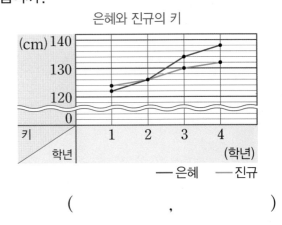

은혜와 진규의 키

—은혜 —진규

(,)

상위권유형 강화

유형 7 • 세로 눈금 한 칸의 크기 구하기 •

(세로 눈금 한 칸의 크기)=(전체 자료의 값의 합)÷(세로 눈금 수의 합)

대표문제

29 어느 지역의 연도별 적설량을 조사하여 나타낸 꺾은선그래프입니다. 2017년부터 2020년까지 적설량의 합이 74 mm일 때, 세로 눈금 한 칸의 크기는 몇 mm입니까?

문제 풀이

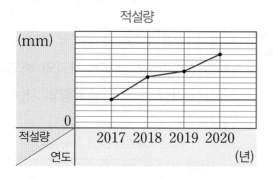

적설량

❶ 2017년부터 2020년까지 적설량을 나타내는 세로 눈금 수와 합계 구하기

연도(년)	2017	2018	2019	2020	합계
세로 눈금 수(칸)	5				

❷ 세로 눈금 한 칸의 크기 구하기

( )

30 어느 과수원의 연도별 귤 생산량을 조사하여 나타낸 꺾은선그래프입니다. 2017년부터 2020년까지 귤 생산량의 합이 3500상자일 때, 세로 눈금 한 칸의 크기는 몇 상자입니까?

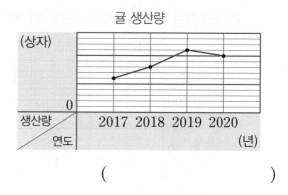

귤 생산량

( )

31 어느 가게의 요일별 초콜릿 판매량을 조사하여 나타낸 꺾은선그래프입니다. 월요일부터 금요일까지 초콜릿 판매량의 합이 840 kg일 때, 세로 눈금 한 칸의 크기는 몇 kg입니까?

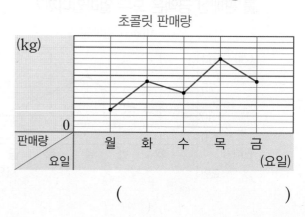

초콜릿 판매량

( )

유형 8 • 일부분이 찢어진 꺾은선그래프에서 자료의 값 구하기 •

찢어진 그래프에서 알 수 있는 자료의 값을 먼저 구해!

대표문제

32 양초에 불을 붙인 다음 1분마다 양초의 길이를 재어 나타낸 꺾은선그래프의 일부분입니다. 1분 후와 2분 후의 양초의 길이의 합은 60 mm이고, 4분 후의 양초의 길이는 1분 후보다 10 mm 줄었습니다. 2분 후의 양초의 길이는 몇 mm였습니까?

문제 풀이

양초의 길이

❶ 1분 후의 양초의 길이 구하기

( )

❷ 2분 후의 양초의 길이 구하기

( )

33 식물의 키를 매일 같은 시각에 조사하여 나타낸 꺾은선그래프의 일부분입니다. 수요일과 목요일의 식물의 키의 합은 32 cm이고, 월요일의 식물의 키는 목요일보다 1 cm 더 작습니다. 수요일의 식물의 키는 몇 cm였습니까?

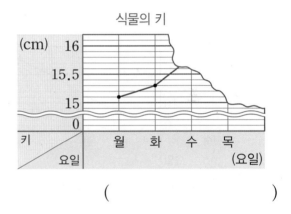

식물의 키

( )

34 어느 가게의 월별 주스 판매량을 조사하여 나타낸 꺾은선그래프의 일부분입니다. 9월의 판매량은 10월보다 40잔 더 많고, 12월의 판매량은 10월보다 10잔 더 많습니다. 9월의 주스 판매량은 몇 잔입니까?

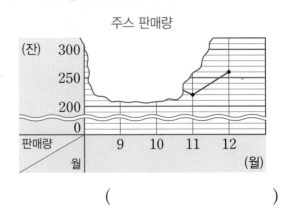

주스 판매량

( )

상위권유형 강화

• 세로 눈금 한 칸의 크기를 다르게 하여 그릴 때, 세로 눈금 수의 차 구하기 •

(세로 눈금 수의 차)＝(자료의 값의 차)÷(세로 눈금 한 칸의 크기)

대표문제

35 명진이의 요일별 팔 굽혀 펴기 횟수를 조사하여 나타낸 꺾은선그래프입니다. 이 그래프의 세로 눈금 한 칸의 크기를 1회로 하여 그래프를 다시 그린다면, 수요일과 목요일의 세로 눈금 수의 차는 몇 칸입니까?

문제 풀이

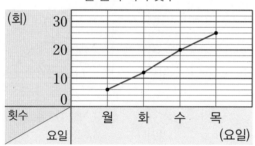

❶ 수요일과 목요일의 횟수의 차 구하기

(   )

❷ 세로 눈금 한 칸의 크기를 1회로 하여 그래프를 다시 그릴 때, 수요일과 목요일의 세로 눈금 수의 차 구하기

(   )

36 어느 식물원의 날짜별 방문객 수를 조사하여 나타낸 꺾은선그래프입니다. 이 그래프의 세로 눈금 한 칸의 크기를 5명으로 하여 그래프를 다시 그린다면, 2일과 3일의 세로 눈금 수의 차는 몇 칸입니까?

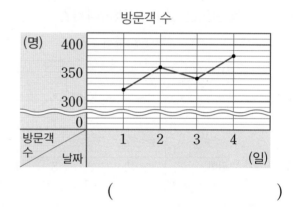

(   )

37 어느 지역의 연도별 출생아 수를 조사하여 나타낸 꺾은선그래프입니다. 이 그래프의 세로 눈금 한 칸의 크기를 4명으로 하여 그래프를 다시 그린다면, 2018년과 2019년의 세로 눈금 수의 차는 몇 칸입니까?

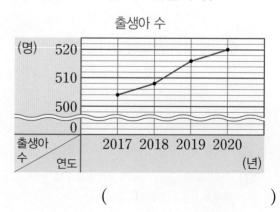

(   )

유형 10 • 세로 눈금 한 칸의 크기가 다른 두 꺾은선그래프에서 자료의 값의 차 비교하기 •

두 그래프에서 각각의 자료의 값의 차를 구하여 비교해!

대표문제

38 민지와 준희의 날짜별 턱걸이 횟수를 조사하여 나타낸 꺾은선그래프입니다. 턱걸이 횟수가 가장 많은 날과 가장 적은 날의 횟수의 차가 더 큰 사람은 누구입니까?

문제 풀이

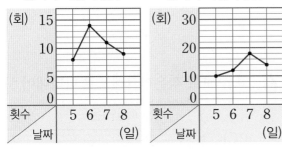

❶ 민지의 턱걸이 횟수가 가장 많은 날과 가장 적은 날의 횟수의 차 구하기

( )

❷ 준희의 턱걸이 횟수가 가장 많은 날과 가장 적은 날의 횟수의 차 구하기

( )

❸ 위 ❶, ❷에서 구한 턱걸이 횟수의 차가 더 큰 사람 구하기

( )

39 동진이의 월별 수학 시험 점수와 국어 시험 점수를 조사하여 나타낸 꺾은선그래프입니다. 점수가 가장 높은 달과 가장 낮은 달의 점수의 차가 더 큰 과목은 무엇입니까?

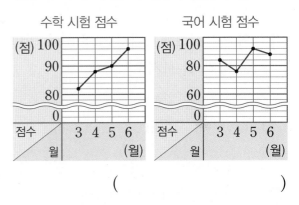

( )

40 ㈎와 ㈏ 회사의 월별 접시 생산량을 조사하여 나타낸 꺾은선그래프입니다. 접시 생산량이 가장 많은 달과 가장 적은 달의 생산량의 차가 더 작은 회사는 어느 회사입니까?

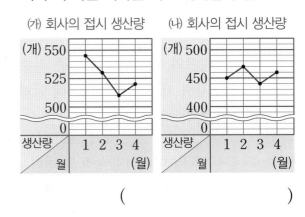

( )

(1~3) 진호의 요일별 줄넘기 횟수를 조사하여 나타낸 꺾은선그래프입니다. 물음에 답하시오.

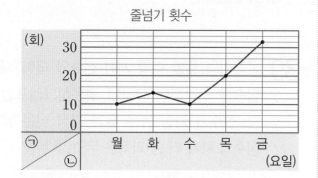

줄넘기 횟수

1 위 꺾은선그래프에서 ㉠과 ㉡에 알맞은 말을 각각 써 보시오.

㉠ (   )
㉡ (   )

2 줄넘기 횟수가 20회인 요일은 무슨 요일입니까?

(   )

3 줄넘기 횟수가 가장 많은 요일은 무슨 요일입니까?

(   )

4 막대그래프와 꺾은선그래프 중 진수와 명희가 조사한 자료를 나타내기에 알맞은 그래프를 각각 써 보시오.

> • 진수: 월별 미세먼지 농도의 변화
> • 명희: 우리 반 학생들이 좋아하는 분식

진수 (   )
명희 (   )

(5~9) 어느 날 교실의 온도를 한 시간마다 조사하여 나타낸 표입니다. 물음에 답하시오.

교실의 온도

시각(시)	오후 3	오후 4	오후 5	오후 6
온도(°C)	13	11	9	6

5 표를 보고 꺾은선그래프로 나타낼 때, 세로 눈금 한 칸은 몇 °C로 나타내는 것이 좋겠습니까?

(   )

6 표를 보고 꺾은선그래프로 나타내어 보시오.

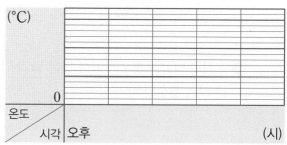

교실의 온도

7 교실의 온도가 가장 낮은 때는 몇 시입니까?

(   )

8 오후 3시부터 오후 5시까지 교실의 온도는 몇 °C 낮아졌습니까?

(   )

9 교실의 온도가 가장 많이 변화한 때는 몇 시와 몇 시 사이입니까?

(   )

(10~12) 연아네 학교의 연도별 입학생 수를 조사한 자료입니다. 물음에 답하시오.

> 2016년: 220명   2017년: 230명
> 2018년: 170명   2019년: 200명
> 2020년: 230명

10 조사한 자료를 보고 표로 나타내어 보시오.

연도(년)				
입학생 수(명)				

11 위 **10**의 표를 보고 꺾은선그래프로 나타내어 보시오.

12 입학생 수가 전년에 비해 가장 많이 변화한 해는 몇 년입니까?

(   )

(13~15) 어느 날 한강의 수온을 2시간마다 조사하여 나타낸 표와 꺾은선그래프입니다. 물음에 답하시오.

한강의 수온

시각(시)	오전 8	오전 10	낮 12	오후 2	오후 4
수온(°C)	13			13.6	13.8

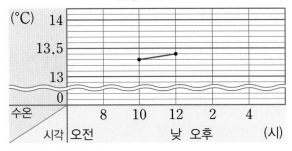

한강의 수온

13 표와 꺾은선그래프를 완성해 보시오.

14 오후 1시의 한강의 수온은 몇 °C였을지 예상해 보시오.

(   )

잘 틀리는 문제

15 한강의 수온이 가장 높은 때와 가장 낮은 때의 수온의 차는 몇 °C입니까?

(   )

(16~17) 어느 지역의 7월의 날짜별 최고 기온과 선풍기 판매량을 조사하여 나타낸 꺾은선그래프입니다. 물음에 답하시오.

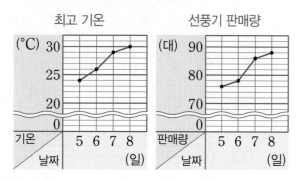

16 최고 기온이 가장 높은 날의 선풍기 판매량은 몇 대입니까?

( )

17 최고 기온의 변화가 가장 컸을 때, 선풍기 판매량은 몇 대 늘었습니까?

( )

18 어느 농장의 연도별 감자 생산량을 조사하여 나타낸 꺾은선그래프입니다. 2017년부터 2020년까지 감자 생산량의 합이 4200상자일 때, 세로 눈금 한 칸의 크기는 몇 상자입니까?

감자 생산량

( )

서술형 문제

(19~20) 어느 가게의 월별 장난감 판매량을 조사하여 나타낸 꺾은선그래프입니다. 물음에 답하시오.

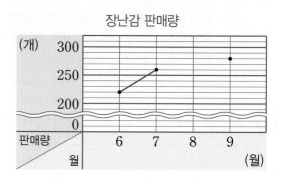

19 6월부터 9월까지 장난감 판매량의 합이 1000개일 때, 8월의 판매량은 몇 개인지 풀이 과정을 쓰고 답을 구해 보시오.

풀이|

답|

20 위 그래프의 세로 눈금 한 칸의 크기를 5개로 하여 그래프를 다시 그린다면, 6월과 7월의 세로 눈금 수의 차는 몇 칸인지 풀이 과정을 쓰고 답을 구해 보시오.

풀이|

답|

점수   확인

정답 66쪽

5
단

(1~3) 어느 날 공원의 온도를 한 시간마다 조사하여 나타낸 꺾은선그래프입니다. 물음에 답하시오.

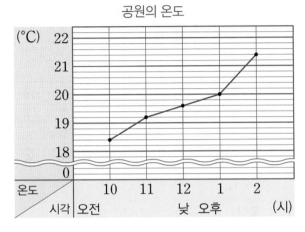

공원의 온도

1 공원의 온도가 20 °C인 때는 몇 시입니까?

(   )

2 공원의 온도가 가장 많이 변화한 때는 몇 시와 몇 시 사이입니까?

(   )

3 오전 11시 30분의 공원의 온도는 몇 °C였을지 예상해 보시오.

(   )

(4~6) 학교 누리집에 올린 세 자료의 조회 수를 요일별로 조사하여 나타낸 꺾은선그래프입니다. 물음에 답하시오.

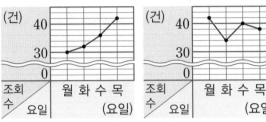

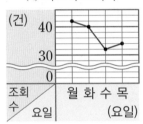

4 월요일부터 목요일까지 조회 수가 점점 늘어나고 있는 자료는 어느 것입니까?

(   )

5 수요일의 조회 수가 가장 많은 자료는 어느 것입니까?

(   )

6 월요일과 수요일의 조회 수의 차가 가장 큰 자료는 어느 것입니까?

(   )

7 정주와 진우의 요일별 윗몸 일으키기 횟수를 조사하여 나타낸 꺾은선그래프입니다. 정주와 진우의 윗몸 일으키기 횟수의 차가 가장 큰 때의 횟수의 차는 몇 회입니까?

윗몸 일으키기 횟수

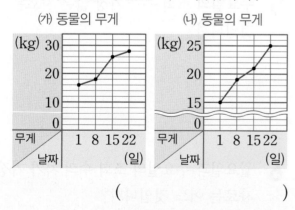

— 정주 — 진우

( )

8 ㈎와 ㈏ 동물의 무게를 일주일마다 조사하여 나타낸 꺾은선그래프입니다. 무게가 가장 무거운 날과 가장 가벼운 날의 무게의 차가 더 큰 동물은 어느 것입니까?

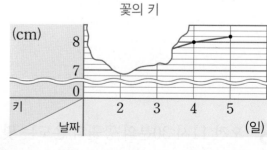

( )

서술형 문제

9 어느 가게의 월별 인형 판매량을 조사하여 나타낸 꺾은선그래프입니다. 인형 1개가 1000원일 때, 3월부터 6월까지 인형을 판매한 금액은 모두 얼마인지 풀이 과정을 쓰고 답을 구해 보시오.

인형 판매량

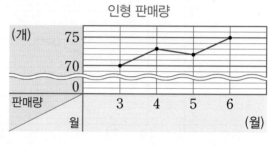

풀이 |

답 |

10 꽃의 키를 조사하여 나타낸 꺾은선그래프의 일부분입니다. 2일과 3일의 키의 합은 14.8 cm이고, 5일의 키는 2일의 키보다 1 cm 더 큽니다. 3일의 키는 몇 cm인지 풀이 과정을 쓰고 답을 구해 보시오.

꽃의 키

풀이 |

답 |

6 다각형

실전유형 강화

개념책 100쪽

유형 1   다각형

다각형: 선분으로만 둘러싸인 도형

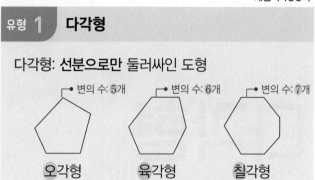

변의 수: 5개   오각형
변의 수: 6개   육각형
변의 수: 7개   칠각형

1 다각형을 모두 찾아보시오.

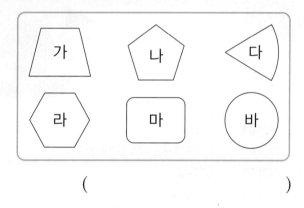

가   나   다
라   마   바

(   )

교과 역량 추론, 의사소통   서술형

2 희주와 설아가 그린 도형이 다각형인지 아닌지 쓰고, 그 이유를 설명해 보시오.

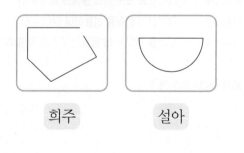

희주   설아

답|

_____

_____

교과 역량 추론, 의사소통

3 다각형에 대해 바르게 설명한 사람을 찾아 이름을 써 보시오.

> • 지혜: 칠각형은 변이 7개야.
> • 현수: 다각형에서 변의 수는 꼭짓점의 수보다 많아.
> • 혜선: 다각형은 선분과 곡선으로 둘러싸여 있어.

(   )

4 변의 수가 가장 많은 다각형을 찾아 기호를 쓰고, 그 다각형의 이름을 써 보시오.

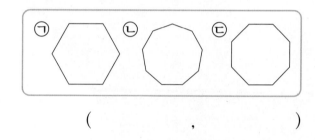

ㄱ   ㄴ   ㄷ

(,   )

5 칠교판 조각에서 찾을 수 있는 다각형의 이름을 모두 써 보시오.

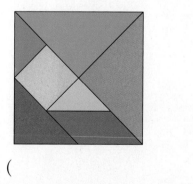

(   )

6 십일각형의 변의 수와 꼭짓점 수의 합은 모두 몇 개입니까?

(   )

●비법 있는●

유형 2 **다각형의 모든 각의 크기의 합 구하기**

다각형을 삼각형(사각형)으로 나눕니다.

⇨ (다각형의 모든 각의 크기의 합)

$= 180° \times$ (삼각형의 수) → 삼각형으로 나눈 경우

$= 360° \times$ (사각형의 수) → 사각형으로 나눈 경우

7 오각형의 모든 각의 크기의 합을 구해 보시오.

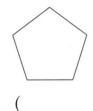

( )

8 칠각형의 모든 각의 크기의 합을 구해 보시오.

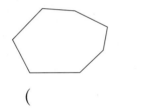

( )

9 팔각형의 모든 각의 크기의 합을 구해 보시오.

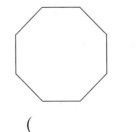

( )

유형 3 **정다각형**

정다각형: **변의 길이가 모두 같고, 각의 크기가 모두 같은 다각형**

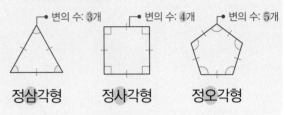

정삼각형   정사각형   정오각형

10 정다각형의 이름을 써 보시오.

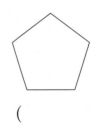

( )

11 오른쪽 도형을 설명하는 대화를 완성해 보시오.

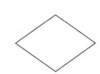

- 은주: 이 도형은 변의 길이가 모두 같으니까 정다각형이야.
- 연희: 아니야. 정다각형은 변의 길이가

  모두 _____

  _____

  _____

  그래서 이 도형은 정다각형이 아니야.

실전유형 강화

교과 역량 문제 해결

12 정삼각형 모양으로 이루어진 종이에 정육각형을 완성하고, 완성한 정육각형의 모든 변의 길이의 합은 몇 cm인지 구해 보시오.

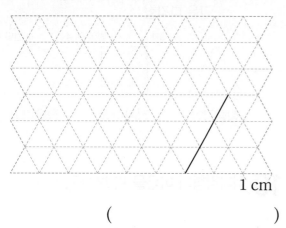

1 cm

( )

유형 4 대각선

대각선: 다각형에서 **서로 이웃하지 않는 두 꼭짓점**을 이은 선분 → 선분 ㄱㄷ, 선분 ㄴㄹ

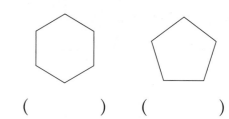

---

13 정십각형의 한 각의 크기는 144°입니다. 정십각형의 모든 각의 크기의 합을 구해 보시오.

( )

---

16 대각선의 수가 더 많은 도형에 ◯표 하시오.

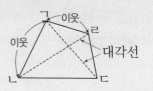

( ) ( )

파워 pick

14 길이가 96 cm인 철사를 겹치지 않게 모두 사용하여 한 변의 길이가 8 cm인 정다각형을 한 개 만들었습니다. 만든 도형의 이름을 써 보시오.

( )

교과 역량 의사소통 서술형

17 삼각형에 대각선을 그을 수 있는지 없는지 쓰고, 그 이유를 설명해 보시오.

답|

---

15 오른쪽 정구각형의 한 각의 크기는 몇 도입니까?

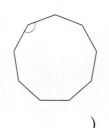

( )

---

18 7개의 선분으로만 둘러싸인 다각형의 이름을 쓰고, 이 다각형에서 그을 수 있는 대각선은 모두 몇 개인지 구해 보시오.

(,)

개념책 102쪽

유형 5 **사각형의 대각선의 성질**

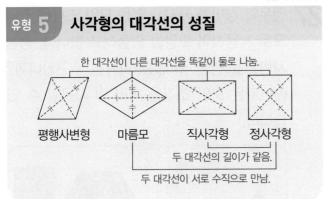

한 대각선이 다른 대각선을 똑같이 둘로 나눔.

평행사변형 마름모 직사각형 정사각형

두 대각선의 길이가 같음.

두 대각선이 서로 수직으로 만남.

19 직사각형 ㄱㄴㄷㄹ에서 ☐ 안에 알맞은 수를 써넣으시오.

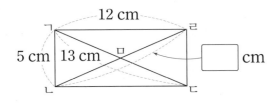

20 오른쪽 정사각형 ㄱㄴㄷㄹ에서 각 ㄴㅁㄷ의 크기는 몇 도입니까?

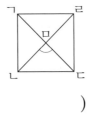

( )

21 사각형 ㄱㄴㄷㄹ은 마름모입니다. 선분 ㄱㄷ과 선분 ㄴㄹ의 길이의 합은 몇 cm입니까?

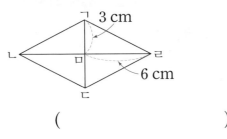

( )

22 사각형 ㄱㄴㄷㄹ은 평행사변형입니다. 선분 ㄱㅁ과 선분 ㄹㅁ의 길이의 합은 몇 cm입니까?

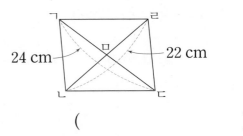

( )

23 직사각형 ㄱㄴㄷㄹ에서 각 ㅁㄴㄷ의 크기는 몇 도입니까?

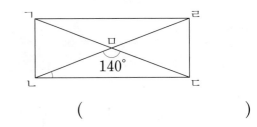

( )

24 평행사변형 ㄱㄴㄷㄹ에서 두 대각선의 길이의 합이 24 cm일 때, 선분 ㄴㄹ의 길이는 몇 cm입니까?

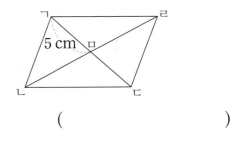

( )

실전유형 강화

개념책 103쪽

유형 6 **모양 만들기와 채우기**

● 모양 조각으로 모양 만들기

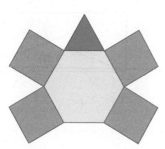

● 모양 조각으로 모양 채우기

한 가지 모양
조각으로 채우기

여러 가지 모양
조각으로 채우기

---

25 모양을 만드는 데 사용한 다각형이 <u>아닌</u> 것을
모두 찾아 ○표 하시오.

> 정삼각형   직각삼각형   정사각형
> 정오각형   정육각형

26 과 ▨ 모양 조각을 모두 사용하여
직사각형을 채워 보시오. (단, 같은 모양 조각
을 여러 번 사용할 수 있습니다.)

---

27 연우와 상미가 가지고 있는 모양 조각을 각각
모두 사용하여 모양을 만들려고 합니다. 평행
사변형을 만들 수 <u>없는</u> 사람은 누구입니까?
(단, 같은 모양 조각을 여러 번 사용할 수 있
습니다.)

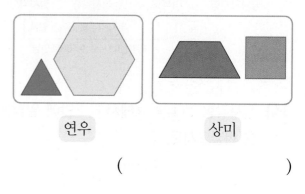

연우   상미

(   )

28 ▲ 모양 조각 3개를 사용하여 변끼리 이
어 붙여 만들 수 있는 다각형의 이름을 써 보
시오.

(   )

교과 역량 의사소통   서술형

29 오른쪽 정오각형을 겹치지
않게 놓을 때, 평면을 빈틈없
이 채울 수 있는지 없는지 쓰
고, 그 이유를 설명해 보시오.

답 |

(30~31) 모양 조각을 보고 물음에 답하시오.

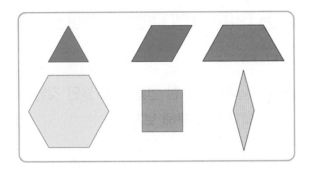

30 2가지 모양 조각을 사용하여 서로 <u>다른</u> 방법으로 사다리꼴을 만들어 보시오. (단, 같은 모양 조각을 여러 번 사용할 수 있습니다.)

교과 역량 추론, 창의·융합

31 6가지 모양 조각을 모두 사용하여 주어진 모양을 채워 보시오. (단, 같은 모양 조각을 여러 번 사용할 수 있습니다.)

32 왼쪽 정삼각형 모양 조각을 여러 번 사용하여 한 변이 6 cm인 마름모 모양을 채우려고 합니다. 필요한 모양 조각은 모두 몇 개입니까?

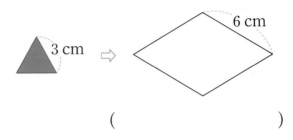

( )

33 한 가지 모양 조각을 여러 번 사용하여 주어진 모양을 채우려고 합니다. 가와 나 모양 조각을 각각 사용하여 모양을 채울 때, 필요한 모양 조각 수의 차는 몇 개입니까?

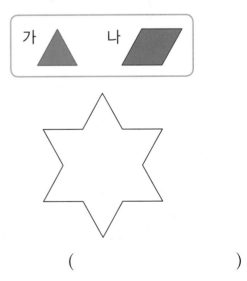

( )

상위권유형 강화

유형 7

• 정다각형의 한 변을 길게 늘였을 때, 생기는 각도 구하기 •

정다각형의 한 변을 길게 늘였을 때, 생기는 각도는 180° − (정다각형의 한 각의 크기)야!

대표문제

34 정팔각형의 한 변을 길게 늘인 것입니다. ㉠의 각도를 구해 보시오.

문제 풀이

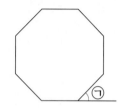

❶ 정팔각형의 모든 각의 크기의 합 구하기

(   )

❷ 정팔각형의 한 각의 크기 구하기

(   )

❸ ㉠의 각도 구하기

(   )

35 정육각형의 한 변을 길게 늘인 것입니다. ㉠의 각도를 구해 보시오.

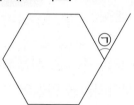

(   )

36 정다각형의 각 변을 길게 늘인 것입니다. ㉠, ㉡, ㉢, ㉣, ㉤의 각도의 합을 구해 보시오.

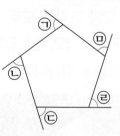

(   )

유형 8 · 다각형의 모든 변의 길이의 합 구하기 ·

사용한 모양 조각의 한 변의 길이가 ■이면 만든 다각형의 변의 길이의 합은 ■의 몇 배야!

대표문제

37 정육각형과 정삼각형 모양 조각을 사용하여 오각형을 만들었습니다. 정육각형 모양 조각의 모든 변의 길이의 합이 42 cm일 때, 모양 조각으로 만든 오각형의 모든 변의 길이의 합은 몇 cm입니까?

문제 풀이

❶ 정육각형 모양 조각의 한 변은 몇 cm인지 구하기

( )

❷ 모양 조각으로 만든 오각형의 모든 변의 길이의 합은 몇 cm인지 구하기

( )

38 정삼각형과 마름모 모양 조각을 사용하여 평행사변형을 만들었습니다. 마름모 모양 조각의 네 변의 길이의 합이 32 cm일 때, 모양 조각으로 만든 평행사변형의 모든 변의 길이의 합은 몇 cm입니까?

( )

39 정삼각형과 정사각형 모양 조각을 사용하여 오각형을 만들었습니다. 정사각형 모양 조각 한 개의 네 변의 길이의 합이 36 cm일 때, 모양 조각으로 만든 오각형의 모든 변의 길이의 합은 몇 cm입니까?

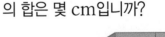

( )

상위권유형 강화

직사각형과 마름모에서 대각선의 길이가 ■이면 다른 대각선에 의해 나뉘어진 한 부분은 ■ ÷ 2야!

대표문제

40 사각형 ㄱㄴㄷㄹ은 직사각형입니다. 삼각형 ㄱㅁㄹ의 세 변의 길이의 합은 몇 cm입니까?

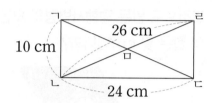

❶ 선분 ㄱㄹ의 길이 구하기

(   )

❷ 선분 ㄱㅁ의 길이 구하기

(   )

❸ 삼각형 ㄱㅁㄹ의 세 변의 길이의 합 구하기

(   )

41 사각형 ㄱㄴㄷㄹ은 직사각형입니다. 삼각형 ㄱㄴㅁ의 세 변의 길이의 합은 몇 cm입니까?

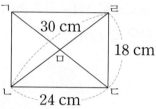

(   )

42 사각형 ㄱㄴㄷㄹ은 마름모입니다. 삼각형 ㄱㄴㅁ의 세 변의 길이의 합이 24 cm일 때, 선분 ㄱㅁ의 길이는 몇 cm입니까?

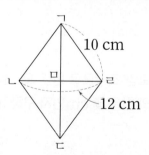

(   )

유형 10 · 도형을 채우는 데 필요한 모양 조각의 수 구하기 ·

모양 조각을 가장 적게 사용하여 채우려는 도형과 같은 가장 작은 도형을 만들어 봐!

대표문제

43 왼쪽 모양 조각으로 오른쪽 직사각형을 채우려고 합니다. 필요한 모양 조각은 모두 몇 개입니까?

문제 풀이

2 cm, 1 cm, 3 cm ⇨ 3 cm, 10 cm

❶ 모양 조각 2개를 이어 붙여 오른쪽 직사각형을 만들 때, ☐ 안에 알맞은 수 써넣기

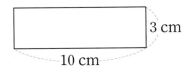

❷ 위 ❶에서 만든 직사각형으로 다음 직사각형 채우기

3 cm, 10 cm

❸ 왼쪽 모양 조각으로 오른쪽 직사각형을 채우는 데 필요한 모양 조각의 수 구하기

(   )

44 왼쪽 모양 조각으로 오른쪽 직사각형을 채우려고 합니다. 필요한 모양 조각은 모두 몇 개입니까?

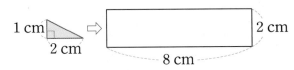

1 cm, 2 cm ⇨ 2 cm, 8 cm

(   )

45 오른쪽 모양 조각으로 다음 평행사변형을 채우려고 합니다. 필요한 모양 조각은 모두 몇 개입니까?

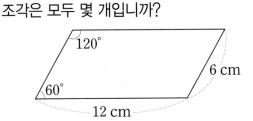

2 cm, 120°, 60°, 2 cm, 4 cm

120°, 6 cm, 60°, 12 cm

(   )

1 정오각형을 모두 찾아보시오.

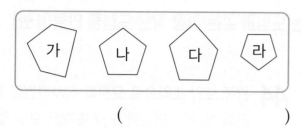

( )

2 도형의 이름을 써 보시오.

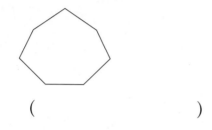

( )

3 사각형 ㄱㄴㄷㄹ에서 대각선을 찾아 써 보시오.

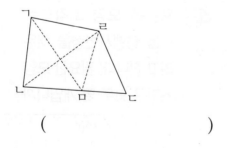

( )

4 도형은 정육각형입니다. ☐ 안에 알맞은 수를 써넣으시오.

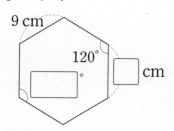

5 점 종이에 그려진 선분을 이용하여 팔각형을 완성해 보시오.

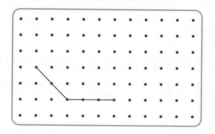

6 십이각형의 꼭짓점은 몇 개입니까?

( )

7 정다각형 중에서 변의 수가 가장 적은 도형의 이름을 쓰고, 대각선의 수를 구해 보시오.

(,)

8 한 변의 길이가 2 cm인 정다각형입니다. 정다각형의 이름을 쓰고, 모든 변의 길이의 합은 몇 cm인지 구해 보시오.

이름 ( )

모든 변의 길이의 합 ( )

잘 틀리는 문제

9 다각형에 대각선을 모두 그어 보고, 대각선의 수를 써 보시오.

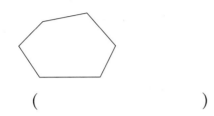

(   )

(10~11) 모양 조각을 보고 물음에 답하시오.

가   나   다

10 가 모양 조각을 여러 번 사용하여 나와 다 모양을 각각 만들려고 합니다. 나와 다 모양을 만들 때, 가 모양 조각은 각각 몇 개 필요합니까?

나 모양 (   )

다 모양 (   )

11 가와 다 모양 조각을 모두 사용하여 주어진 모양을 채워 보시오. (단, 같은 모양 조각을 여러 번 사용할 수 있습니다.)

12 두 대각선이 서로 수직으로 만나는 사각형을 모두 고르시오. (   )

① 사다리꼴   ② 평행사변형

③ 마름모   ④ 직사각형

⑤ 정사각형

(13~14) 모양 조각을 보고 물음에 답하시오.

13 한 가지 모양 조각 2개를 사용하여 두 대각선이 서로 수직으로 만나는 사각형을 만들어 보시오.

14 3가지 모양 조각을 사용하여 서로 다른 방법으로 평행사변형을 채워 보시오. (단, 같은 모양 조각을 여러 번 사용할 수 있습니다.)

방법1

방법2
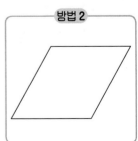

15 한 변이 9 cm이고 모든 변의 길이의 합이 180 cm인 정다각형이 있습니다. 이 도형의 이름을 써 보시오.

( )

잘 틀리는 문제

16 한 가지 모양 조각을 여러 번 사용하여 주어진 모양을 채우려고 합니다. 가와 나 모양 조각을 각각 사용하여 모양을 채울 때, 필요한 모양 조각은 각각 모두 몇 개입니까?

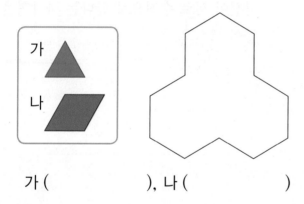

가 ( ), 나 ( )

17 정오각형 ㄱㄴㄷㄹㅁ에서 각 ㄷㄴㅁ의 크기는 몇 도입니까?

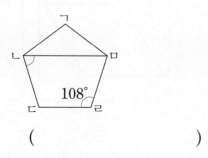

( )

서술형 문제

18 오른쪽 도형이 다각형인지 아닌지 쓰고, 그 이유를 설명해 보시오.

답 |

_____

_____

19 사각형 ㄱㄴㄷㄹ은 정사각형입니다. 선분 ㄱㄷ과 선분 ㄴㄹ의 길이의 합은 몇 cm인지 풀이 과정을 쓰고 답을 구해 보시오.

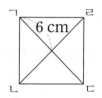

풀이 |

_____

_____

답 |

20 정육각형과 마름모를 겹치지 않게 이어 붙여 놓은 것입니다. 정육각형의 모든 변의 길이의 합이 42 cm일 때, 빨간색 선의 길이는 몇 cm인지 풀이 과정을 쓰고 답을 구해 보시오.

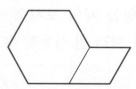

풀이 |

_____

_____

답 |

1 정다각형을 모두 찾아 (　　) 안에 도형의 이름을 써 보시오.

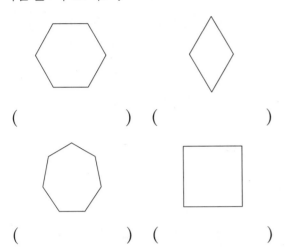

(　　　　　) (　　　　　)

(　　　　　) (　　　　　)

2 다각형에 대해 잘못 설명한 것을 찾아 기호를 써 보시오.

┌─────────────────────────────┐
│ ㉠ 선분으로만 둘러싸여 있습니다. │
│ ㉡ 꼭짓점의 수와 변의 수는 같습니다. │
│ ㉢ 변의 수는 각의 수보다 많습니다. │
└─────────────────────────────┘

(　　　　　)

3 정구각형의 모든 각의 크기의 합을 구해 보시오.

$140°$

(　　　　　)

4 주어진 도형에 그을 수 있는 대각선의 수의 합은 모두 몇 개입니까?

┌─────────────────────────────┐
│ •오각형　　　　•육각형 │
└─────────────────────────────┘

(　　　　　)

5 두 대각선의 길이가 같고, 두 대각선이 서로 수직으로 만나는 사각형은 어느 것입니까? (　　　　)

① 직사각형　　　② 마름모
③ 정사각형　　　④ 사다리꼴
⑤ 평행사변형

6 오른쪽 모양 조각을 여러 번 사용하여 만들 수 있는 다각형을 모두 찾아 기호를 써 보시오.

┌─────────────────────────────┐
│ ㉠ 직사각형　　　㉡ 마름모 │
│ ㉢ 정오각형　　　㉣ 정육각형 │
└─────────────────────────────┘

(　　　　　)

7

모양 조각을 모두 사용하여 주어진 모양을 채워 보시오. (단, 같은 모양 조각을 여러 번 사용할 수 있습니다.)

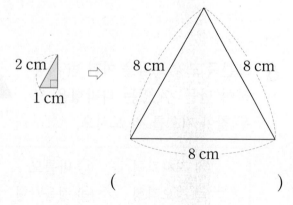

8 왼쪽 모양 조각으로 오른쪽 정삼각형을 채우려고 합니다. 필요한 왼쪽 모양 조각은 모두 몇 개입니까?

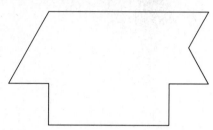

(   )

서술형 문제

9 정사각형의 모든 변의 길이의 합과 정육각형의 모든 변의 길이의 합은 같습니다. 정육각형의 한 변은 몇 cm인지 풀이 과정을 쓰고 답을 구해 보시오.

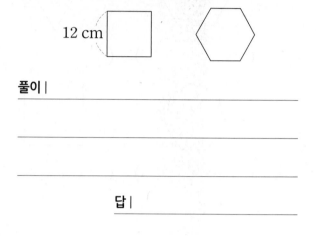

풀이 |

답 |

10 사각형 ㄱㄴㄷㄹ은 직사각형입니다. 삼각형 ㄱㅁㄹ의 세 변의 길이의 합은 몇 cm인지 풀이 과정을 쓰고 답을 구해 보시오.

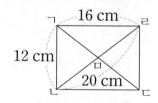

풀이 |

답 |

공부로 이끄는 힘

"책상 앞에 있는 모습을 보게 될 거예요!
완자 공부력은 계속 풀고 싶게 만드니깐!"

공부로 이끄는 힘!

- 초등 교과서 발행사 비상교육이 만든 **초등 필수 역량서**
- 매일 정해진 분량을 풀면서 기르는 **자기 주도 공부 습관**
- 학년별, 수준별, 역량별 세분화된 **초등 맞춤 커리큘럼**

예비 초등, 초등 1~6학년 / 쓰기력, 어휘력, 독해력, 계산력, 교과서 문해력, 창의·사고력

✦ 개념·플러스·유형·시리즈 개념과 유형이 하나로! 가장 효과적인 수학 공부 방법을 제시합니다.

대표전화 1544-0554
주소 경기도 과천시 과천대로2길 54
협의 없는 무단 복제는 법으로 금지되어 있습니다.